Dr. Harry Erhardt & Christina Krimke

Weichtiere Schwämme

Indopazifischer Korallenriffe

lehmanns media

Impressum

Bibliografische Information der Deutschen Nationalbibliothek
Die Deutsche Nationalbibliothek verzeichnet diese Publikation in der Deutschen Nationalbibliografie; detaillierte bibliografische Angaben sind im Internet unter `http://www.dnb.de` abrufbar.

Helmholtzstr. 2–9 • 10587 Berlin
E-Mail: verlag@lehmanns.de
Umschlag: Jasmin Plawicki
Bildnachweis: Unterwasserbildarchiv Erhardt/Krimke
Design De Lange D-34560 Fritzlar
Druck und Bindung: Mazowieckie Centrum Poligrafii • Marki • Polen
ISBN 978-3-96543-562-9 www.lehmanns.de

Danksagung

Es hat viele Jahrzehnte gedauert, bis wir unser Bildmaterial in Tausenden von Tauchgängen gesammelt, bestimmt und beschrieben haben. Nur auf uns alleine gestellt, wäre die Bestimmung der vielen Arten nicht zu bewältigen gewesen, sodass wir die Hilfe vieler Kollegen, die an den unterschiedlichen Tiergruppen an Universitäten und in den Museen arbeiten, in Anspruch nehmen mussten. Ihnen sind wir zu besonderem Dank verpflichtet:

Dr. P. Alderslade (Cnidaria); Dr. C. Bryce (Mollusca); Dr. St. Cairns (Cnidaria); Dr. K.-J. Götting (Mollusca); Dr. M. Grashoff (Cnidaria); Dr. J.C. Hartog (Cnidaria); Dr. C. Hartmann-Schröder (Polychaeta); Dr. B.W. Hoeksema (Cnidaria); Dr. N. A.Hooper (Porifera); Dr. D.E. Keith (Cnidaria); R. Kuiter (Pisces); Dr. F. Lorenz (Mollusca); Dr.L. Marsh (Echinodermata); Dr. D. Meyer (Echinodermata); Dr. C. Monniot (Tunicata); Dr. L. Newman (Plathelminthes); Dr. L. Van Ofwegen (Cnidaria); Dr. J. F. Randall (Pisces); Dr. F.W.E. Rowe (Echinodermata); Dr. S. Schoppe (Echinodermata); Dr. H. Schuhmacher (Cnidaria); Dr. R. Van Soest (Porifera); Dr. L. Vale (Echinodermata); Dr. W. Vervoort (Cnidaria); Dr. J. Watson (Cnidaria); Dr. N. Yonow (Mollusca).

Sie können mit einer E-Mail an verlag@lehmanns.de die zugehörigen E-Books anfordern, die wir allen Käufern des gedruckten Bands kostenlos zur Verfügung stellen. Wir benötigen dafür Ihre E-Mail-Adresse und einen Kaufnachweis.

Dr. Harry Erhardt & Christina Krimke

SCHWÄMME

INDOPAZIFISCHER KORALLENRIFFE

INHALT

EINLEITUNG

Die überwiegende Anzahl aller bekannten Schwammarten leben in unseren Weltmeeren. Schätzungen gehend davon aus, dass es über 7000 Arten sein könnten.
Ihre Gestalt und ihre Größe sind von ihrem Standort, ihrer Ernährung und von den vielen Umweltbedingungen abhängig, die in ihrem Lebensraum und speziell an ihrem Standort vorherrschen. Man kennt Winzlinge unter ihnen, die nur wenige Millimeter groß werden, aber auch Riesen, die eine stattliche Größe von über 300 cm erreichen.
Besonders an tropischen Korallenriffen sind Schwämme verbreitet und begegnen uns in einer erstaunlichen Vielfalt an Arten, Formen und Farben.
Schwämme sind nach Ansicht der Wissenschaft der erste Versuch der Evolution, einen aus vielen Zellen zusammengesetzten Organismus zu schaffen. Und wie erfolgreich dieser Versuch war, zeigt der paläontologische Nachweis, dass Schwämme seit vielen Millionen von Jahren auf unserer Erde existieren und in dieser Zeit nur unwesendlich ihren Bauplan verändert haben. Damit sind Schwämme einer der erfolgreichsten Tierstämme auf unserem Planeten.
Wie man weiß, besitzen Schwämme keinen Magen, kein Herz, kein Gehirn, keine Muskulatur und keine Fortbewegungs- und Lichtsinnesorgane. Dennoch sind sie in der Lage, auf Strömungsreize zu reagieren, die Abgabe ihrer Geschlechtsprodukte mit den Mondzyklen zu synchronisieren und Berührungsreize wahrzunehmen.
Was aber Schwämme gerade für uns Menschen so interessant und wichtig macht ist die Tatsache, dass sie in der Lage sind, Abwehrmechanismen zu entwickeln, um sich gegen aggressive Nachbarn zu wehren und gegen Angreifer und Fressfeinde zu schützen.
Es sind vor allem Milliarden von Bakterien, die im weitverzweigten Kanalsystem von Schwämmen leben, die fast die Hälfte der Biomasse eines Schwammes ausmachen. Sie produzieren chemische und bioaktive Abwehrstoffe, die für uns Menschen von großem Interesse sind. Und sie erweisen sich als eine unerschöpfliche Fundgrube für neuartige Wirkstoffe, die aus ihnen gewonnen werden können.
Diese Wirkstoffe besitzen nützliche und therapeutische Eigenschaften und sind damit wichtige Kandidaten für die Arzneimittelherstellung in der Zukunft. Da sie antiviral und antibakteriell sind und so auch wirken, können sie bei der Wundheilung helfen und eröffnen der Medizin die Möglichkeit, das Wachstum von Krebszellen zu verhindern.
Ein gutes Beispiel dafür liefert der pazifische Schwamm *Theonella swinhoei*. In diesem Schwamm produzieren eine Vielfalt von Mikroorganismen bioaktive Wirkstoffe, die als Onnamide bekannt sind, und die sich für eine Anti-Tumor- Aktivität eignen und als solche auch eingesetzt werden können.
Freiberger Forscher arbeiten zurzeit mit Hochdruck an einem Mittel gegen das neuartige Coronavirus. Eine Schwammart des Mittelmeeres, *Aplysina aerophoba*, produziert Substanzen, die den Eintritt von Viren in Zellen hemmen oder verhindern können. Denn immer dann, wenn der Schwamm verletzt wird, produziert er Abwehrstoffe, die das Eindringen von Fremdkörpern in den Schwamm verhindert.

Nach Schätzungen der Welt- Gesundheits- Behörde (WHO) werden bis zum Jahr 2050 bis zu 10 Millionen Menschen an resistenten Keimen erkranken und wohl auch sterben. Neue Wirkstoffe aus Schwämmen zu synthetisieren wäre eine der Möglichkeiten, die sich anbietet, um eine derartige Infektionswelle durch resistente Keime zu verhindern. Und so ist das Potential, das Schwämme der chemischen Industrie bieten, noch lange nicht ausgeschöpft. Sicher ist, dass sich Schwämme im Meer auch weiterhin als eine unerschöpfliche Quelle für neuartige Wirkstoffe anbieten.
Doch in den letzten Jahrzehnten hat sich der Zustand der Korallenriffe durch die Verschmutzung der Meere weltweit nachteilig verändert und damit auch der Zustand der Schwämme. Gerade Schwämme, die als Staubsauger der Meere bekannt sind, können eine genaue Auskunft über die Belastung des sie umgebenden Meerwassers mit Mikropartikeln geben. Das haben Forscher der Universität München herausgefunden, die Untersuchungen an Schwämmen in einem Korallenriff in Indonesien durchführten. Sie konnten nachweisen, dass Schwämme mit einer Vielzahl von Mikropartikeln angereichert waren, wie die von Styropor, Baumwolle, mit verschiedenen Farbpigmenten und von Sonnencreme. Insgesamt wurden bei 91 Proben 612 solcher Partikel nachgewiesen, die sich in dem weit verzweigten Kanalsystem der Schwämme angereichert haben. Es ist zu erwarten, dass sich auch in den kommenden Jahrzehnten der Zustand der Korallenriffe und damit auch der Zustand der Schwämme soweit verschlechtern und das gesamte System Korallenriff durch die Verschmutzung der Meere so beschädigt wird, um letztendlich von diesem Planeten zu verschwinden. Damit geht verloren, was für die Menschheit auch in der Zukunft immer wichtiger wird: Das Potential chemischer Substanzen zur Bekämpfung von Krankheiten und Seuchen, die aus marinen Schwämmen gewonnen werden!

Ein Hinweis in eigener Sache:
Wir haben die in den Bildern gezeigten Schwämme in diesem Buch nicht gesondert beschrieben, da fast jede Schwammart in verschiedenen Wuchsformen und Farben vorkommt. Das liegt in den unterschiedlichen biotischen und abiotischen Faktoren begründet, die am Standort eines jeden Schwammes vorherrschen. Erwähnt seien die Wassertiefe, der Wasserdruck, der Siedlungsgrund, die Strömung es Wassers, die Exposition zum einfallenden Sonnenlicht, die Temperatur des Wassers und die Ernährung. Diese und noch weitere Faktoren beeinflussen das Leben von Schwämmen in unseren Weltmeeren und sind wichtige Voraussetzungen für das Wachstum mariner Schwämme am Meeresgrund.

„Schwämme spielen eine wichtige Rolle in vielen marinen Habitaten, doch bis jetzt weiß man sehr wenig über ihre Vielgestaltigkeit, Biologie und Ökologie im Zusammenleben mit anderen Tiergruppen" (HOOPER, 2000).

Diese Aussage ist außerordentlich zutreffend und auch bezeichnend dafür, dass man tatsächlich noch sehr wenig über Schwämme weiß. In der populärwissenschaftlichen Literatur, die für Laien auf diesem Gebiet verständlicher erscheint als die Fachliteratur mit ihren vielen lateinischen Ausdrücken, sind Informationen über diese Tiere nur spärlich zu finden. Und so lautet die Frage: Was sind die Gründe dafür, dass man dieser erdgeschichtlich sehr alten und für die Entstehung des Lebens auf unserem Planten so wichtigen Tierklasse bisher so wenig Beachtung geschenkt hat? Schließlich ist bei den Schwämmen in der erdgeschichtlichen Entwicklung der Natur der erste Versuch gelungen, einen vielzelligen Organismus zu konstruieren. Und das bereits schon vor vielen hundert Millionen von Jahren. Und so lautet die Antwort: Schwämme sind, bis auf den Badeschwamm des Mittelmeeres, ohne ökonomischen Wert. Sie sind als Handelsware ungeeignet und als Nahrungsmittel nicht brauchbar, denn man kann sie nicht essen. Und damit sind sie für die Ernährung der Weltbevölkerung nicht nutzbar. Lediglich für die chemische und pharmazeutische Industrie sind sie von besonderem Interesse, denn aus Schwämmen lassen sich viele Stoffe isolieren, die helfen, Krankheiten zu heilen.

Die chemische Industrie hat bereits seit Jahrzehnten weltweit begonnen, aus Schwämmen zahlreiche biochemische Substanzen zu isolieren, nachdem man erkannt hatte, dass sie einer der reichhaltigsten Produzenten von Naturstoffen im Meer sind. Aus keiner anderen Tiergruppe hat man bisher so viele bioaktive Substanzen gewinnen können, wie gerade aus den Schwämmen. So hat man herausgefunden, dass die Bakterien in den Schwämmen antibakterielle, antivirale, cytologische, fungizide und antiinflammatorische (entzündungshemmende) Stoffe produzieren, die sie als chemische Abwehrsubstanzen und zur Abschreckung von Fressfeinden im Verlaufe ihrer Evolution entwickelt haben und die sie überwiegend passiv zur Abwehr von Feinden und Konkurrenten im Kampf um Nahrung und Raum einsetzen. So wurden Antibiotika in Schwämmen entdeckt und Stoffe, die nachweislich das Wachstum bestimmter Tumore hemmen. Auch Hormone konnte man nachweisen und isolieren, die im Organismus höher entwickelter Tiere und im Menschen auf chemischem Wege Nachrichten vermitteln und Wachstum und Stoffwechsel beeinflussen. Und es scheint, dass Schwämme, die ja kein Nervensystem besitzen, sich offensichtlich besonders hormonhaltiger Substanzen für Regulations- und Kommunikationsprozesse bedienen. Auch Insulin haben Schwammforscher der Universität Mainz in einem Schwamm gefunden, dessen Bausteine zu über 80 % mit denen des menschlichen Insulins übereinstimmen. Schwämme haben damit bereits viele Millionen Jahre, bevor der Mensch auf dieser Erde existierte, Insulin produziert.

Zurzeit werden weltweit in den Laboratorien die chemischen Inhalts- und Abwehrstoffe von Schwämmen intensiv auf ihre Verwendbarkeit im Kampf gegen Aids, Malaria und weitere Einsatzmöglichkeiten gegen Krankheiten der verschiedensten Art geprüft. Es ist daher anzunehmen, dass Schwämme sowohl in naher als auch ferner Zukunft weiterhin für Chemiker, Pharmakologen und für Immunologen noch so manche Überraschung zu bieten haben. Auch die Glasschwämme sind in den Fokus der Wissenschaft gerückt, denn ihre besondere Fähigkeit, in der Tiefsee bei niedrigen Temperaturen und sehr hohem Druck Glas in Form von Kieselsäurenadeln zu bilden, wird in der Materialforschung und in der Nanotechnologie dazu genutzt, Produkte zu entwickeln, die bis heute von Zahnfüllungen und Knochenimplantaten bis hin zu Lichtleitern und Schiffslacken reicht.

Es ist also an der Zeit, diese bisher so wenig beachteten Tiergruppe einem breiten Publikum vorzustellen, um zu zeigen, wie schön, interessant, vielgestaltig und wichtig Schwämme auch für uns Menschen sind.

Beim Betrachten eines Schwammes in seiner natürlichen Umgebung wird der biologisch unkundige Betrachter mit großer Wahrscheinlichkeit nicht auf den Gedanken kommen, dass diese starren Gebilde, die er unter Wasser sieht, Tiere sein könnten. Diese in ihrer Vielgestaltigkeit reglosen Organismen, die keine Spur von Leben erkennen lassen, haben schon im 19. Jahrhundert die Zoologen dazu verleitet, sie den Pflanzen zuzuordnen. Und es ist in der Tat auch sehr schwierig, Schwämme rein makroskopisch im Tierreich einzuordnen, fehlt ihnen doch in erster Linie die Fähigkeit einer sichtbar aktiven Eigenbewegung, die nach unserer Auffassung zu dem Begriff „Tier" einfach dazu gehört. Dennoch sind Schwämme durchaus keine statischen Gebilde, wie man annehmen könnte, denn sie sind in einem gewissen Umfang schon in der Lage, geringe Bewegungen durchzuführen. Bis auf die **Kragengeißelzellen** können alle Zelltypen eines Schwammes ihre Lage durch amöbenartige Bewegungen verändern. Man hat nachweisen können, dass sich auch die Zellen der Außenhaut (**Pinakocyten**), die sich auf der Schwammoberfläche befinden, mit einer Geschwindigkeit von 4 mm am Tag fortbewegen können. In dieser gestreckten Zeitlupe sind diese langsamen Bewegungen für das menschliche Auge einfach nicht wahrnehmbar. Auch die **Mesohylzellen** sind in der Lage, Skelettpartikel innerhalb eines Schwammkörpers dorthin zu transportieren, wo ein Zuwachs erfolgen soll. Sie können so Kanalsysteme umbauen, um auf Umweltreize zu reagieren. So verändern auch große Schwämme kontinuierlich, zwar sehr langsam, doch stetig, ihre Gestalt. Zudem hat man hat nachgewiesen, dass Schwämme durchaus in der Lage sind, die eingestrudelte Wassermenge zu regulieren, indem sie den Durchmesser der Einströmöffnungen (**Ostien**) verkleinern oder vergrößern. Wird der Durchmesser der Ostien verkleinert, nimmt auch die eingestrudelte Wassermenge ab. Schwämme der Gattung *Placospongia* zum Beispiel, die plattenähnliche Oberflächenstrukturen besitzen, sind durchaus in der Lage, auf Berührungsreize zu reagieren, in dem sie ihre lang gestreckten Spaltöffnungen verkleinern oder sogar schließen. Einige Schwämme der Gattung *Tethya*, die im Verborgenen unter Steinen, Korallen oder in dunklen Nischen leben, können sich mit Hilfe ihrer zahlreichen und fadenförmigen Schwammprojektionen langsam fortbewegen, kleine Spalten überwinden und sich so neue Standorte erschließen. Diese wenigen Beispiele zeigen, dass Schwämme durchaus in der Lage sind, sich den Verhältnissen ihrer Umgebung anzupassen, auf Reize reagieren und sich, wenn auch nur in einem geringen Umfang, fortbewegen können, um sich in ihrer gesamten Struktur neuen Bedingungen anzupassen.

Nach jahrelangen wissenschaftlichen Untersuchungen steht heute unverrückbar fest, dass Schwämme einen hochspezialisierten und doch primitiven Tierstamm an der Basis der vielzelligen Tiere (Metazoa) bilden. Sie sind die entwicklungsgeschichtlich wohl ältesten vielzelligen Organismen im Tierreich, die sich bereits im Kambrium vor 600 - 700 Millionen von Jahren entwickelt haben und, wenn man so will, der erste Versuch der Natur gewesen ist, einen vielzelligen Organismus zu konstruieren. Dieser Versuch ist so erfolgreich ausgefallen, dass der Bauplan der Schwämme bis in die heutige Zeit nicht oder nur unwesentlich verändert wurde. So effektiv ist er!

Wie man heute aus Versteinerungen weiß, haben Schwämme in der Zeit des Erdaltertums mit Hilfe ihrer massiven Kalksklette riesige Schwammriffe gebildet, die zumindest in ihrer Ausdehnung den heutigen Korallenriffen entsprechen. Noch in der heutigen Zeit betätigen sich einige Schwammarten als Riffbildner.
Bis jetzt sind mehr als 7000 Schwammarten beschrieben worden und es ist anzunehmen, dass noch viele Arten hinzukommen werden, wenn man beginnt, unterseeische Höhlen, die Tiefsee, die Arktis und Antarktis intensiv zu erforschen. Wissenschaftler nehmen an, dass annähernd 15000 Schwammarten in unseren Weltmeeren und im Süßwasser der Seen, Flüsse und Bäche existieren.

Schwämme sind festsitzende, filtrierende und in ihrer Grundform becherförmige Lebewesen. Nur während ihres Larvenstadiums sind sie frei beweglich und driften im Plankton. Sie bilden keine Sinnesorgane aus, entwickeln kein Nervensystem, es fehlen echte Gewebe, Atmungs- und Exkretionsorgane und sie besitzen statt einer Muskulatur nur kontraktile Zellen. Außerdem fehlt ihnen auch ein Blutgefäßsystem. Die Masse ihres Körpers (**Mesohyl**) besteht aus einer Grundsubstanz, in die frei bewegliche Zellen eingebettet sind. Man kann bei Ihnen 10 verschiedene Zelltypen unterscheiden, die im Schwamm unterschiedliche Aufgaben erfüllen. Da ihre Differenzierung reversibel ist, vermutet man, dass es sich bei den meisten Zelltypen um verschiedene funktionelle Zustände vielleicht nur einer einzigen Zellart handelt. Hinsichtlich ihres Stoffwechsels, ihrer Osmoregulation und ihrer Ernährung ist jede der 10 verschiedenen Zelltypen nahezu autark.

Der wohl wichtigste Zelltyp in einem Schwamm sind die **Archaeocyten**, die Urzellen. Sie sind relativ unspezialisiert und in der Lage, alle anderen Zelltypen zu bilden. Die **Amöbocyten** nehmen kleine Nahrungspartikel auf, die sie umfließen und verarbeiten, um sie dann an andere Orte, wo sie benötigt werden, im Schwammkörper zu transportieren. **Collencyten** stehen über feine und kontraktile Fortsätze miteinander in Verbindung und übernehmen in einem geringen Umfang Gerüstfunktion. Ihre Fähigkeit sich zu kontrahieren und zu ent-

spannen ermöglicht es den Schwämmen auf Außenreize zu reagieren.
Eine epitheliale Deckschicht (Außenhaut, Pinacoderm), die von den **Pinacocyten** gebildet wird, überzieht den Schwamm von außen und kleidet auch die ihn durchziehenden Kanäle aus. Es handelt sich dabei um eine Lage polygonaler Zellen, die von zahlreichen verschließbaren Poren (Ostien) durchbrochen wird. Durch sie hindurch wird das Wasser in den Schwamm eingestrudelt.

Der innere Hohlraum eines Schwammes wird von einer Gastrodermis, auch als Choanoderm oder Gastrallager bezeichnet, ausgekleidet, das von einer Vielzahl von **Choanocyten** (Kragengeißelzellen) gebildet wird. Ihre Zellen tragen lange und schwingende Geißeln, um deren Basis sich ein kragenartig angeordneter Ring von Mikrovilli befindet.
Der oft recht umfangreiche Schwammkörper besitzt ein Skelett aus einzelnen Nadeln, die den Tieren Form, Struktur, Festigkeit und Stütze bieten. Sie sind in der Regel nur wenige Millimeter groß und werden von einer bis mehreren Skelettbildnern ausgeschieden. In der Tiefsee gibt es jedoch Schwämme, deren Nadeln (Spiculae) wesendlich größer sein können (bis zu 3 m bei dem Schwamm ***Monographis chuni***), an deren Bildung auch Tausende **Skleroblasten** beteiligt sind. 70 % des Trockengewichtes eines Schwammes besteht in der Regel aus diesen Skelettelementen. Diese Nadeln (Spiculae) werden von besonderen Skelettbildnern, den **Skleroblasten**, auch **Spiculocyten** genannt, gebildet und ausgeschieden und können aus Kalk oder aus Kieselsäure bestehen. Hornschwämme dagegen besitzen eine organische Gerüstsubstanz aus Spongin. Doch auch in dieser Klasse gibt es viele Schwämme, die zusätzlich Stützelemente aus Kieselsäure synthetisieren.

Über 85 % aller bekannten Schwammarten gehören zu den Gemeinen Schwämmen (Demospongidae). Die systematische Einordnung der Schwämme erfolgt anhand der Form der Skelettnadeln, die arttypisch sind. Die Formenvielfalt dieser Skelettnadeln ist außerordentlich groß. Man kennt einachsige, dreistrahlige, vierstrahlige, sechsstrahlige, sternförmige und vielgestaltige Skelettnadeln, die aufgrund ihrer Artspezifität in den überwiegenden Fällen die einzige sichere Möglichkeit der Artbestimmung sind. Die artspezifische Variabilität von Form und Farbe in Abhängigkeit von den unterschiedlichen Umweltfaktoren, macht es auch den Systematikern nicht leicht, Schwämme anhand von Fotos zu bestimmen, mögen diese auch an Schärfe und Brillanz nicht zu überbieten sein. Denn eine einzige Art kann im Flachwasser anders wachsen und aussehen als die, die im tiefen oder stark bewegten Wasser vorkommt.
Italienische Forscher haben herausgefunden, dass die Kieselsäurenadeln bei einigen Schwämmen noch eine weitere Funktion besitzen und zwar als optische Leiter, ähnlich den Glasfasern. Sie vermuten, dass sie Licht in das Schwamminnere leiten, um so die photosynthetische Leistung symbiotischer Algen zu erhöhen. Im antarktischen Ross-Meer hatten sie den Schwamm *Rosella racovizae* aus 120 m Meerestiefe gefischt und festgestellt, dass die fast 10 cm langen Silikatspiculae mit einem organischen Material ummantelt waren. Ver-

bindet man das kreuzförmige Ende der Kieselsäurenadeln mit einem Laserlicht, so ergaben die Messungen, dass bei einem Krümmungswinkel von 90° noch 65 % des eintretenden Lichtes 35 mm von der Spitze entfernt austrat. Bei 65 mm waren es noch 10 %. In welchem Umfang diese „Lichtleiter" tatsächlich die Symbiose der Algen begünstigen, bleibt noch zu untersuchen. Es ist durchaus möglich, dass das so generierte, bessere Lichtangebot in großen Meerestiefen, wo nur noch ein Rest des Lichtes von dem, was auf die Wasseroberfläche einstrahlt, vorhanden ist, den Schwämmen hilft, zu überleben.

Schwämme kommen auch im Süßwasser vor, wo sie in Flüssen, Bächen und Seen gelegentlich zu finden sind. Ihre Artenzahl ist jedoch im Verhältnis zu den Schwämmen, die im Meer leben, sehr gering. Annähernd 150 Süßwasserarten sind bis jetzt bekannt.

Die Außenhaut eines Schwammes ist von zahlreichen Poren (**Ostien**) durchsetzt, die mit dem reich verzweigten und dreidimensional angeordneten Kanalsystem in Verbindung stehen. Dieses mündet in zentral gelegene Gastralräume und endet in einer großen Ausströmöffnung (**Osculum**). Die Poren können durch sog. **Porocyten** geöffnet und geschlossen werden. Bei den Schwämmen unterschiedet man drei verschiedene Organisationstypen: Ascon-, Sycon-und Leucon-Typ. Der einfachste ist der **Ascon-Typ**. Hier kleiden die Kragengeißelzellen nur den zentral gelegenen Gastralraum aus. Arten, die diesem Typ angehören, werden nur wenige Millimeter groß. Beim **Sycon-Typ** ist die Anzahl der Kragengeißelzellen stark vermehrt, da die Oberfläche durch becherförmige Erweiterungen, den sog. Radialtuben, vergrößert wird. Der Innenraum der Schwämme ist stets frei von Kragengeißelzellen. Sycon-Arten werden maximal wenige Zentimeter groß. Die größeren Schwämme gehören alle zum **Leucon-Typ**, bei dem sich die Kragengeißelzellen in zahlreichen Geißelkammern befinden, die dreidimensional in mehreren Ebenen im Schwammkörper angeordnet und miteinander verbunden sind. Zum Leucon-Typ gehört die Mehrzahl aller Schwämme.

Schwämme sind Strudler, die das Wasser durch ihre Poren hindurch in ein umfangreiches Kanalsystem einstrudeln. Die Antriebsmotoren dieser gerichteten Wasserbewegung sind die vielen Millionen Geißeln der Kragengeißelzellen, auch **Choanocyten** genannt, die damit zum Lebensstrom eines jeden Schwammes werden. Aus diesem Grund sind Schwämme auch nichts anderes als strukturierte Filtrierapparate, die aktiv Wasser durch ihr dreidimensionales Kanalsystem pumpen und dabei Nährstoffe und Sauerstoff aus dem Wasser filtrieren. Mit dem eingestrudelten Wasser gelangen Nahrungspartikel und der im Wasser gelöste Sauerstoff in den Schwamm. Die Nahrungspartikel bleiben am klebrigen Plasmakragen der Geißelzellen hängen und werden von den Zellen aufgenommen. Der eigentliche Nahrungstransport erfolgt dann in der Regel durch frei bewegliche Zellen, den **Amoebocyten**. Das Wasser, das den Schwamm entweder nur durch eine Öffnung oder durch mehrere Ausströmöffnungen verlässt, ist weitgehend von organischen Stoffen befreit.
Um sich vor Fressfeinden zu schützen, bilden Schwämme keine wirksamen morphologischen

Schutzmechanismen aus, abgesehen von den Schwammnadeln (Spiculae), die jedoch nicht immer vorhanden sind. Obwohl die Biosynthese der Schwammtoxine in den wohl meisten Fällen durch die Schwämme selbst erfolgt, konnten in einigen Fällen bei der Untersuchung an verschiedenen Schwämmen gezeigt werden, dass symbiotische Mikroorganismen, speziell Dinoflagellaten und Cyanobakterien an ihrer Synthese beteiligt sind. Viele Schwämme leben demzufolge überwiegend jedoch in einer Symbiose mit phototrophen, blaugrünen Algen, den Cyanobakterien. Die Schwämme nutzen innerhalb dieser Zweckgemeinschaft die Produkte der Photosynthese der Algen, überwiegend Kohlehydrate, für ihre Ernährung. Einige Schwämme decken mit Hilfe der Algen ihren Nahrungsbedarf fast vollständig ab. Im Verlaufe der Evolution ihres Zusammenlebens haben Schwämme so einen phantastischen Mechanismus entwickelt, der die Algen regelrecht zwingt, 80 % ihrer Photosyntheseprodukte direkt an sie abzugeben. Damit sind sie gut versorgt und in gewisser Weise weitgehend unabhängig vom Nahrungsangebot driftender Planktonorganismen im Meer. Der Fang von Planktonorganismen über den Filtermechanismus der Schwämme gilt dann eigentlich nur als Nahrungsergänzung, um den Bedarf an Mineralien und Vitaminen für den Symbiosepartner, die Algen, zur Verfügung zu stellen. Durch die Produktion giftiger bioaktiver Substanzen sind Schwämme in der Lage, viele Tiere daran zu hindern, sie zu fressen. Zu ihnen gehören viele Polychaeten, Schnecken, Stachelhäuter und letztlich auch Fische. Gerade die Vielfalt der bisher gefundenen Schwammtoxine ist ein deutlicher Hinweis dafür, dass sich Schwämme diese Fähigkeit im Verlaufe der Evolution erworben haben, ausgelöst durch die Vielzahl der Fressfeinde und die Konkurrenz um Nahrung und um Lebensraum.

Um viel Sonnenlicht einzufangen, das für die Photosyntheseleistung der Bakterien unbedingt erforderlich ist, wachsen Schwämme im tiefen Wasser in flachen Formen. Ihre gesamte Oberfläche wird damit als Lichtfalle eingesetzt, denn die blaugrünen Algen sind durchaus in der Lage, noch bei wenig Licht in der Tiefe Photosynthese zu betreiben.

1995 war die Entdeckung carnivorer Schwämme in Höhlen des Mittelmeeres schon eine kleine Sensation. Schwämme der Gattung *Asbesopluma* ernähren sich nicht mehr als Strudler, sondern sie fangen passiv kleine Krebse. Diese bleiben an kleinen Häkchen auf der Schwammoberfläche hängen und können sich, einmal dort aufgespießt, aus dieser Umklammerung nicht mehr befreien. Die Beute wird umschlungen und nach nur wenigen Tagen ist ein kleines Krebschen vom Schwamm vollständig verdaut.

Ausgerüstet mit einem gut funktionierenden Filtermechanismus tragen Schwämme unaufhörlich auch dazu bei, das Wasser der Meere zu reinigen. Ihre Filterleistung ist erstaunlich, wenn man bedenkt, dass ein kleiner Schwamm von nur 10 cm im Durchmesser innerhalb von 24 Stunden über 100 Liter Wasser durch seinen kleinen Körper pumpt. Die für den Schwamm unverdaulichen Stoffe und die Stoffwechselabbauprodukte werden mit dem Atemwasser nach außen abgeführt. Da das eingestrudelte Wasser gleichzeitig der Sauerstoffversorgung der Schwämme dient, sind besondere Atmungsorgane, wie wir sie von anderen vielzelligen Tiergruppen kennen, nicht erforderlich.

Schwämme vermehren sich sowohl geschlechtlich als auch ungeschlechtlich. Sie reagieren

bei ihrer Fortpflanzung auf Mondphasen, wie viele andere Meerestiere auch, um die Abgabe von Ei- und Samenzellen zu synchronisieren. Dann beginnen Schwämme zu „rauchen", so nennt man den Ausstoß ihrer Gameten in das freie Wasser. Ihre Geschlechtsprodukte werden nicht von besonderen Organen, sondern verstreut im Schwamm gebildet. Die meisten Schwämme sind Hermaphroditen. Bei ihnen werden im Schwammkörper sowohl weibliche, als auch männliche Gameten gebildet, wobei die Eizellen von den Archaeocyten und die Spermien von den Choanocyten gebildet werden. Die Gameten reifen zu verschiedenen Zeiten heran, so dass eine Selbstbefruchtung ausgeschlossen wird. Werden beide Gameten in das freie Wasser abgegeben, dann findet auch hier die Befruchtung und die Larvenbildung statt. Werden aber nur die männlichen Spermatozoen in das Außenmedium Meerwasser abgegeben, dann gelangen diese mit dem eingestrudelten Wasser zu den frei beweglichen Eizellen eines anderen Schwammes und befruchten diese. Es entwickeln sich frei bewegliche Larven, die dann aus der Ausströmöffnung herausgespült werden.
Die einfach gebauten und in ihrer Gestalt kugelförmigen Larven sind in der Lage, mit Hilfe von Geißeln zu schwimmen. Mit deren Hilfe und mit der Unterstützung der Wasserbewegung werden sie zu neuen Standorten verdriftet, lassen sich zu Boden sinken, heften sich am Untergrund fest und bilden so einen neuen Schwamm. Damit wird die sexuelle Fortpflanzung zu einem wichtigen Faktor für die Areal- und Artverbreitung festsitzender Schwämme. Nach dem Festheften der Larven auf ein geeignetes Substrat verlagern sich die Geißel tragenden Zellen der Außenschicht in das Innere des sich neu bildenden Schwammes. Sie entwickeln sich dort zu den Kragengeißelzellen der Gastrodermis. Die Zellen der ursprünglichen Innenschicht der Larven werden dann zur Außenschicht, zum Pinakoderm des neuen Schwammes.
Die ungeschlechtliche Vermehrung erfolgt durch Sprossung und Knospenbildung. Sie findet fast ausschließlich bei den Süßwasserschwämmen statt. Oft lösen sich die Knospen vom Mutterschwamm nicht ab, bilden Stolonen ähnliche Ausläufer, so dass die Jungschwämme sich in der Nähe des Mutterschwammes ansiedeln, teilweise miteinander verwachsen und so einen kolonieähnlichen Verband bilden. Süßwasserschwämme und einige Meerwasserschwämme können sich darüber hinaus noch durch besondere beschalte und trockenresistente Überdauerungsformen (Gemmulae) vermehren, die stets dann in einer großen Anzahl produziert werden, wenn ungünstige ökologische Bedingungen (Trockenperioden, Dauerkälte) das Leben des Mutterschwammes bedrohen. Auch Fragmentierung als eine weitere Form der asexuellen Fortpflanzung ist bei den Schwämmen bekannt. Dabei werden Jungschwämme abgeschnürt, die sich später zu kompletten Schwämmen entwickeln. Man ist geneigt anzunehmen, dass eine Fragmentierung bei Schwämmen eine besondere ökologische Strategie darstellt.

Die Gestalt der Schwämme wird zu einem erheblichen Teil von ihrer Umgebung bestimmt. Sie wachsen, wie Unterlage, Raum und Nachbarschaft zu anderen Tieren es zulassen. Dennoch zeigen verschiedene Schwämme bestimmte Wuchsformen, die uns ein Erkennen erleichtern. Es hat den Anschein, als könnten Schwämme ihren Bauplan dazu nutzen, fast jede

geometrische Form und in diesem Zusammenhang auch jede Farbe anzunehmen. So überziehen sie im stark bewegten Wasser ihre Unterlagen krusten-, rinden- oder polsterförmig, während sie sich im tiefen Wasser zu freien Formen von Kugeln, Bechern, Geweihen, Trauben und, um das einfallende Restlicht aufzufangen, zu umfangreichen Platten entwickeln.
Viele Schwämme des Flachwassers sind in der Regel farbig und gelegentlich besonders bunt gefärbt. Das liegt an den Endosymbionten, die Pigmente produzieren. Rote, grüne, blaue, gelbe und orangefarbene Schwämme kommen vor und das sind noch nicht alle Farben, in denen sie uns unter Wasser begegnen. Im tiefen Wasser dagegen sind sie unscheinbar gefärbt. Meist grau, graugelb und schmutzigbraun. Ob diese Farben eine biologische Bedeutung haben, möglicherweise zur Abschreckung von Fressfeinden, ist bis heute noch nicht bekannt. Vielleicht erbringen gezielt angesetzte Experimente in der nahen Zukunft eine Klärung.
Schwämme besitzen ein großes Regenerationsvermögen. Kleine, abgetrennte Schwammteile regenerieren zu einem neuen Schwamm. Selbst wenn verschiedene Schwammarten zerkleinert, zerrieben und vermischt durch ein Sieb gedrückt werden, formieren sie sich zu neuen, kompletten Schwämmen. Das dürfte wohl einer der erstaunlichsten Vorgänge in der Natur sein!
Viele Schwammarten sind Kosmopoliten, die in allen Meeren vorkommen. Auch in dunklen, von vielen Meerestieren gemiedenen Grotten, Höhlen und Unterhöhlungen finden Schwämme reichliche Entfaltung. Zahlreiche Krebse nutzen sie als Tarnung, indem sie sich einen Schwamm auf ihren Rücken packen und damit herumspazieren. Der lücken- und porenreiche Schwammkörper bietet vielen Bakterien und kleinen wirbellosen Tieren Schutz, Versteck und Nahrungszufuhr. Besonders kleine Krebse, Würmer, Haar- und Schlangensterne, Schnecken, Wurmschnecken, Muscheln und Milben leben häufig in großer Individuendichte im Kanalsystem von Schwämmen und partizipieren von der enormen Filtrierleistung dieser Organismen. Dabei haben sich etliche Partnerschaften entwickelt, die von beiderseitigem Nutzen sind. So putzen Schlangensterne in der Nacht die Poren der Schwämme frei, die besonders in suspensionsreichen Gewässern leicht verstopfen. Aber auch Seewalzen der Gattungen ***Synapta***, ***Synaptula*** und ***Opheodesoma*** reinigen die Außenhaut der Schwämme und ernähren sich vom aufgelagerten, organischen Material.
Die Schwammoberflächen vieler Schwammarten sind selten oder nie von anderen Tieren bewachsen. Ein Aufwuchs von sog. Epibionten wäre auch ein großes Hindernis für die Wasserströmung, die den Schwamm durchfließt. Möglicherweise sind es chemische Stoffe, die das Festsetzen von epibiontischen Larven auf der Außenhaut von Schwämmen verhindern. Dennoch haben es besonders vor allem Seescheiden, Hydroiden, Moostierchen, Krustenanemonen und Röhrenkorallen geschafft, sich hier festzusetzen, um so von der enormen Filtrierleistung der Schwämme profitieren.
Schwämme sind die Kraftwerke in einem Korallenriff. Ohne ihre Anwesenheit könnten viele Tiere in einem Korallenriff überhaupt nicht existieren. Sie filtrieren ständig das Meereswasser und verhindern so, dass wichtige und wertvolle Nährstoffe im Ozean verschwinden, denn mit

ihren eigenen Ausscheidungen setzen sie diese gefilterten und konzentrierten Nährstoffe wieder frei, die jetzt für viele Riffbewohner nutzbar werden. Entfernt man nämlich in einem Experiment alle Schwämme in einem Riffabschnitt, dann sterben innerhalb von nur 6 Monaten etwa 40 % aller Riffkorallen. Das bedeutet letztlich, dass ohne die enorme Filterleistung der Schwämme viele Riffbewohner, die von Korallen abhängig sind, auch nicht überleben können.

Ein Grund für die große Artenvielfalt von Schwämmen an tropischen Korallenriffen liegt sicherlich darin begründet, dass sie nur wenige Feinde haben. Speziell Raumkonkurrenten wie Algen und Krustenanemonen verhindern oft eine räumliche Ausdehnung. Auch einige Schnecken, Nacktschnecken, frei lebende Borstenwürmer, Krebse, Fische und Schildkröten haben Schwämme auf ihren Speiseplan gesetzt.

Einige Schwammarten richten große volkswirtschaftliche Schäden an. Das gilt besonders für Bohrschwämme der Gattung ***Clione***, die dazu beitragen, Deiche und Hafenanlagen zu zerstören, Schiffskörper zu durchbohren und Austernkulturen zum Absterben zu bringen.

Schwämme werden in drei Klassen eingeteilt: In Kalkschwämme (Calcarea), Glasschwämme (Hexactillinidae) und in Gemeine Schwämme, auch Hornkieselschwämme genannt (Demospongiae), die 85 % aller rezenten Arten ausmachen.

Danksagung:

Da das Sammeln von Meerestieren an Korallenriffen weltweit verboten ist, war es uns aus diesem Grund nicht möglich von den Schwämmen, die wir fotografiert haben, Proben zu nehmen, um diese dann mit den beigefügten Fotografien den Wissenschaftlern zur Bestimmung der Arten zur Verfügung zu stellen.

Eine Bestimmung von Schwämmen nur anhand von Fotografien ist nicht nur problematisch, sondern in den meisten Fällen sogar unmöglich, es sei denn, die Forscher, die an Schwämmen arbeiten, sind selbst ausgebildete Taucher und kennen sich mit dieser Tierklasse bestens aus.

Seit vielen Jahrzehnten hilft uns Prof. Dr. Rob van Soest, vormals tätig an der Universität in Amsterdam, bei der Bestimmung unseres Bildmaterials. Heute forscht Prof. Dr. Rob van Soest als Emeritus an der Universität in Leiden (Niederlande). Auch Prof. Dr. John Hooper von der Universität in Brisbane (Australien) war für uns in der Vergangenheit eine große Hilfe bei der Bestimmung einiger Schwammarten, die wir in Form von Fotos seinem Museum zugeschickt hatten. In neuerer Zeit hat und Frau Prof. Dr. J.N. de Voogd von der Universität Leiden (Niederlande) bei der Bestimmung einiger Schwammarten geholfen. Allen diesen Wissenschaftler sind wir zu großem Dank verpflichtet, ohne deren Kenntnis der Schwammfauna des Indopazifiks es nicht möglich gewesen wäre, diese Publikation zu veröffentlichen.

Schwammbewuchs (*Lamellodysidea sp.*u.a.) einer Unterhöhlung Foto: Mikronesien, Palau, Außenriff

Plakortis nigra LEVI,1953
Ordnung: Homosclerophorida | Familie: Placinidae

Foto: Indonesien, Bali, Menjangan

Cinachyrella porosa (SANTODOMINGO & BECKING, 2018)
Ordnung: Tetractinellida | Familie: Tetillidae

Foto: Philippinen, Cebu

Cinachyrella paterifera (SANTODOMINGO & BECKING, 2018) Foto: Papua Neuguinea, Milne Bay
Ordnung: Tetractinellida | Familie: Tetillidae

Cinachyrella sp. Foto: Malaysia, Mantanani
Ordnung: Teractinellida | Familie: Tetillidae

Paratetilla bacca (SELENKA,1867)
Ordnung: Tetractinellida | Familie: Tetillidae

Foto: Indonesien, Moyo

Craniella abracadabra DE LAUBENFELS, 1954
Ordnung: Tetractinellida | Familie: Tetillidae

Foto: Philippinen, Bohol

Jaspis splendens DE LAUBENFELS, 1954 Foto: Indonesien, Salayar
Ordnung: Tetractinellida | Familie: Ancoronidae

Rhabdastrella globostellata (CARTER, 1886) Foto: Indonesien, Nusakode
Ordnung: Tetractinellida | Familie: Ancorinidae

Diacarnus sp.
Ordnung: Poecilosclerida | Familie: Podospongiidae

Foto: Malaysia, Lankayan

Diacarnus sp.
Ordnung: Poecilosclerida | Familie: Podospongiidae

Foto: Philippinen, Bohol

Diacarnus megaspinorhabdosa KALLY-BORGES & VACELET, 1995 Foto: Indonesien, Komodo
Ordnung: Poecilosclerida | Familie: Podospongiidae

Diacarnus spinipoculum (CARTER, 1879) Foto: Vanuatu
Ordnung: Poecilosclerida | Familie: Podospongiidae

Stelletta clavosa RIDLEY, 1884
Ordnung: Tetractinellida | Familie: Ancorinidae
Foto: Thailand, Surin-Inseln

Stelletta sp.
Ordnung: Tetractinellida | Familie: Ancorinidae
Foto: Indonesien, Batu Ata

Penares sp. Foto: Indonesien, Tomia
Ordnung: Tetractinellida | Familie: Geodiidae

Melophlus sarassinorum THIELE, 1903 Foto: Indonesien, Wakatobi
Ordnung: Tetractinellida | Familie: Geodiidae

Ecionemia acervus (BOWERBANK, 1862)
Ordnung: Tetractinellida | Familie: Ancorinidae

Foto: Indonesien, Sabalana

Geodia picteti (TOPSENT, 1897)
Ordnung: Tetractinellida | Familie: Geodiidae

Foto: Malaysia, Sipadan

Erylus sp.
Ordnung: Tetractinellida | Familie: Geodiidae
Foto: Indonesien, Rinca

Erylus sp.
Ordnung: Tetractinellida | Familie: Geodiidae
Foto: Malaysia, Lankayan

Theonella timmi SAMAAI, PILLAY & JANSON, 2019
Ordnung: Tetractinellida | Familie: Theonellidae

Foto: Ägypten, Sharm el Sheikh

Theonella swinhoei GRAY, 1867
Ordnung: Tetractinellida | Familie: Theonellidae

Foto: Ägypten, Ras Muhamed

Theonella swinhoei GRAY, 1867
Ordnung: Teractinellida | Familie: Theonellidae

Foto: Philippinen, Cebu, Ravanala Beach

Theonella sp.
Ordnung: Teractinellida | Familie: Theonellidae

Foto: Indonesien, Molukken

Theonella sp.
Ordnung: Teractinellida | Familie: Theonellidae

Foto: Indonesien, Molukken

Theonella sp. Foto: Indonesien, Sabolan
Ordnung: Tetractinellida | Familie: Theonellidae

Theonella sp. Foto: Philippinen, Cabilao
Ordnung: Tetractinellida | Familie: Theonellidae

Crella cyatophora (CARTER,1869)
Ordnung: Poecilosclerida | Familie: Crallidae

Foto: Malaysia, Mantanani

Pione mussae (KELLER, 1891)
Ordnung: Clionaida | Familie: Clionidae

Foto: Ägypten, Safaga

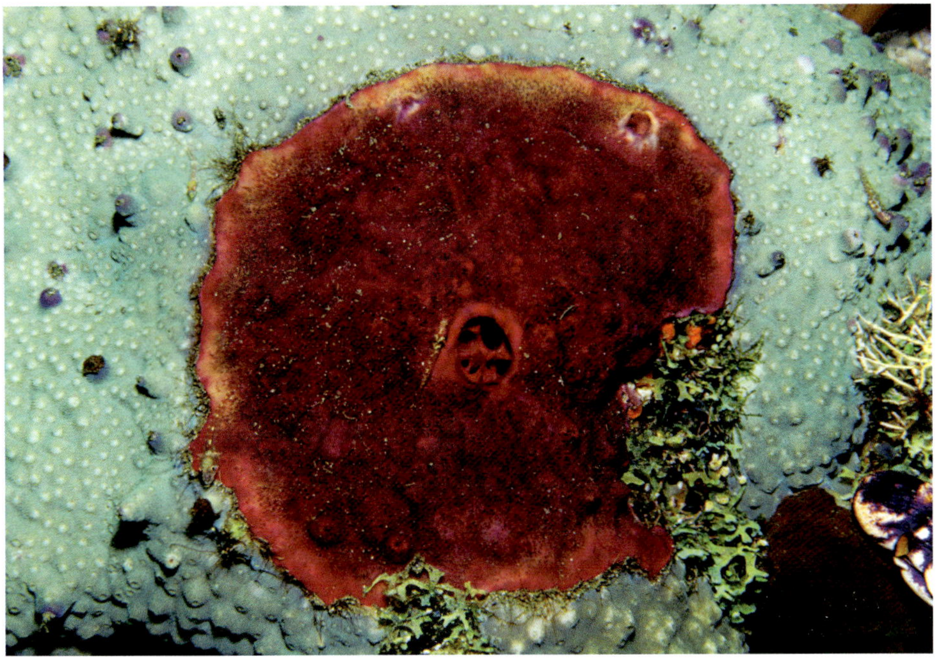

Spheciospongia congenera (RIDLEY, 1884) Foto: Papua Neuguinea, Milne Bay
Ordnung: Clionaida | Familie: Clionidae

Spheciospongia inconstans CARBALLO, CRUZ-BARRAZA & GOMEZ, 2004 Foto: Malediven, Baa-Atoll
Ordnung: Clionaida | Familie: Clionidae

Spheciospongia vagabunda (RIDLEY, 1884)
Ordnung: Clionaida | Familie: Clionidae

Foto: Indonesien, Komodo

Spheciospongia vagabunda (RIDLEY, 1884)
Ordnung: Clionaida | Familie: Clionidae

Foto: Papua Neuguinea, Milne Bay

Spheciospongia sp. Foto: Indonesien, Nord Sulawesi
Ordnung: Clionaida | Familie: Clionidae

Spheciospongia sp. Foto: Indonesien, Nord Sulawesi
Ordnung: Clionaida | Familie: Clionidae

Placospongia melobesioides GRAY, 1867
Ordnung: Clionaida | Familie: Clionidae

Foto: Indonesien, Nord Sulawesi

Tethya sp.
Ordnung: Tethyida | Familie: Tethyidae

Foto: Papua Neuguinea, Milne Bay

Tethya sp.
Ordnung: Tethyida | Familie: Tethyidae

Foto: Indonesien, Bali

Tethya sp.
Ordnung: Tethyida | Familie: Tethyidae

Foto: Indonesien, Nusakode

Aaptos sp. Foto: Malaysia, Mabul
Ordnung: Suberitida | Familie: Suberitidae

Aaptos lobata CALCINAI et al. 2017 Foto: Ägypten, Sinai
Ordnung: Suberitida | Familie: Suberitidae

Terpios hoshinota RÜTZLER & MUZIK, 1993 Foto: Vanuatu, Santa Cruz
Ordnung: Suberitida | Familie: Suberitidae

Acarnus topsenti DENDY, 1922 Foto: Indonesien, Nusa Laut
Ordnung: Poecilosclerida | Familie: Acarnidae

Iophon laevistylus (BOWERBANK, 1866) Foto: Thailand, Burma Banks
Ordnung: Poecilosclerida | Familie: Acarnidae

Clathria basilana LEVI, 1981 Foto: Indonesien, Rinca
Ordnung: Poecilosclerida | Familie: Microcionidae

Clathria cervicornis WIEDENMAYER, 1989 Foto: Indonesien, Moyo
Ordnung: Poecilosclerida | Familie: Microcionidae

Clathria mima (LAUBENFELS, 1954) Foto: Indonesien, Rinca
Ordnung: Poecilosclerida | Familie: Microcionidae

Clathria procera (RIDLEY, 1884)
Ordnung: Poecilosclerida | Familie: Micrcionidae

Foto: Malediven, Rasdu-Atoll

Clathria sp. Foto: Malaysia, Lankayan
Ordnung: Poecilosclerida | Familie: Microcionidae

Clathria sp. Foto: Malaysia, Lankayan
Ordnung: Poecilosclerida | Familie: Microcionidae

Clathria sp.
Foto: Indonesien, Bali, Menjangan
Ordnung: Poecilosclerida | Familie: Microcionidae

Clathria sp.
Foto: Philippinen, Balikasac
Ordnung: Poecilosclerida | Familie: Microcionidae

Echinoclathria gigantea (HANSEN, 1880) Foto: Australien, GBR
Ordnung: Poecilosclerida | Familie: Microcionidae

Echinoclathria laboutei HOOPER & LEVI, 1993 Foto: Indonesien, Zentral Sulawesi
Ordnung: Poecilosclerida | Familie: Microcionidae

Negombata magnifica (KELLER, 1889) Foto: Ägypten, Safaga
Ordnung: Poecilosclerida | Familie: Podospongiidae

Echinochalina* *sp. Foto: Indonesien, Menjangan
Ordnung: Poecilosclerida | Familie: Microcionidae

Podospongia collini SIM-SMITH & KELLY, 2011 Foto: Indonesien, Komodo
Ordnung: Poecilosclerida | Familie: Podospongiidae

***Psammoclema* sp.** Foto: Indonesien, Molukken
Ordnung: Poecilosclerida | Familie: Chondropsidae

Strongylacidon fasciculatum PULIZER-FINALI, 1993 Foto: Indonesien, Raja Ampad
Ordnung: Poecilosclerida | Familie: Chondropsidae

Acanthodoryx fibrosa LEVI, 1961 Foto: Philippinen, Cebu
Ordnung: Poecilosclerida | Familie: Coelosphaeridae

Monanchora clathrata CARTER, 1883 Foto: Philippinen, Cebu
Ordnung: Poecilosclerida | Familie: Crambeidae

Monanchora unguiculata (DENDY, 1922) Foto: Malaysia, Sipadan
Ordnung: Poecilosclerida | Familie: Crambeidae

Monanchora sp. Foto: Malediven, Baa-Atoll
Ordnung: Poecilosclerida | Familie: Crambeidae

Hamigera strongylata BURTON, 1934 Foto: Indonesien, Nord Sulawesi
Ordnung: Poecilosclerida | Familie: Hymedesmiidae

Hemimycale arabica ILAN & GUGEL, 2001 Foto: Ägypten, Ras Muhamed
Ordnung: Poecilosclerida | Familie: Hymedesmiidae

Hymedesmia lancifera LUNDBECK, 1909
Ordnung: Poecilosclerida | Familie: Hymedesmiidae

Foto: Vanuatu, Mola

Hymedesmia sp.
Ordnung: Poecilosclerida | Familie: Hymedesmiidae

Foto: Malaysia, Mantanani

Phorbas roxasi (LAUBENFELS, 1935) Foto: Indonesien, Rinca
Ordnung: Poecilosclerida | Familie: Hymedesmiidae

Phorbas sp. Foto: Malediven, Baa-Atoll
Ordnung: Poecilosclerida | Familie: Hymedesmiidae

Phorbas sp. LUNDBECK, 1909
Ordnung: Poecilosclerida | Familie: Hymedesmiidae

Foto: Indonesien, Nusakode

Iotrochota baculifera R1884
Ordnung: Poecilosclerida | Familie: Iotrochotidaeae

Foto: Papua Neuguinea, Milne Bay

Tedania dirhaphis HENTSCHEL, 1912 Foto: Indonesien, Komodo
Ordnung: Poecilosclerida | Familie: Tedaniidae

Tedania sp. Foto: Indonesien, Rinca
Ordnung: Poecilosclerida | Familie: Tedaniidae

Tedania sp.
Ordnung: Poecilosclerida | Familie: Tedaniidae

Foto: Indonesien, Komodo

Ulosa sp.
Ordnung: Poecilosclerida | Familie: Esperiopsidae

Foto: Philippinen, Silquijor

Mycale fistularia (DENDY, 1905) Foto: Indonesien, Komodo
Ordnung: Poecilosclerida | Familie: Mycalidae

Mycale cleistochela VACELET & VASSEUR, 1971 Foto: Indonesien, Nusakode
Ordnung: Poecilosclerida | Familie: Mycalidae

Mycale crassissima (DENDY, 1905)
Ordnung: Poecilosclerida | Familie: Mycalidae

Foto: Indonesien, Zentral Sulawesi

Mycale humilis (THIELE, 1903)
Ordnung: Poecilosclerida | Familie: Mycalidae

Foto: Indonesien, Nord Sulawesi

Mycale grandis „white", GRAY, 1867 Foto: Indonesien, Rinca
Ordnung: Poecilosclerida | Familie: Mycalidae

Mycale tubiporicola (DENDY & FREDERIK, 1924) Foto: Indonesien, Komodo
Ordnung: Poecilosclerida | Familie: Mycalidae

Coelocarteria agglomerans AZZINI et. al 2007
Ordnung: Poecilosclerida | Familie: Isodictyidae
Foto: Malaysia, Mantanani

Coelocarteria singaporense (CARTER, 1883)
Ordnung: Poecilosclerida | Familie: Isodictyidae
Foto: Papua Neuguinea, Milne Bay

Strongylodesma sp.**,** Foto: Papua Neuguinea, Milne Bay
Ordnung: Poecilosclerida | Familie: Lartunculiidae

Biemna ehrenbergi (KELLER, 1889) Foto: Ägypten, Ras Muhamed
Ordnung: Biemnida | Familie: Biemnidae

Biemna trirhaphis (TOPSENT, 1897)
Ordnung: Biemnida | Familie: Biemnidae

Foto: Indonesien, Bali

Biemna sp.
Ordnung: Biemnida | Familie: Biemnidae

Foto: Indonesien, Zentral Sulawesi

Rhabderemia indica DENDY, 1905 Foto: Salomonen, Neggele Sule
Ordnung: Biemnida | Familie: Rhabderemiidae

Neofibularia sp. Foto: Indonesien, Zentral Sulawesi
Ordnung: Biemnida | Familie: Biemnidae

Dragmacidon australe (BERGQUIST, 1970)
Ordnung: Axinellida | Familie: Axinellidae

Foto: Indonesien, Bali

Dragmacidon durissimum (DENDY, 1905)
Ordnung: Axinellida | Familie: Axinellidae

Foto: Indonesien, Komodo

Dragmacidon sp.
Ordnung: Axinellida | Familie: Axinellidae

Foto: Indonesien, Molukken

Pseudaxinella sp.
Ordnung: Axinellida | Familie: Axinellidae

Foto: Indonesien, Batu Ata

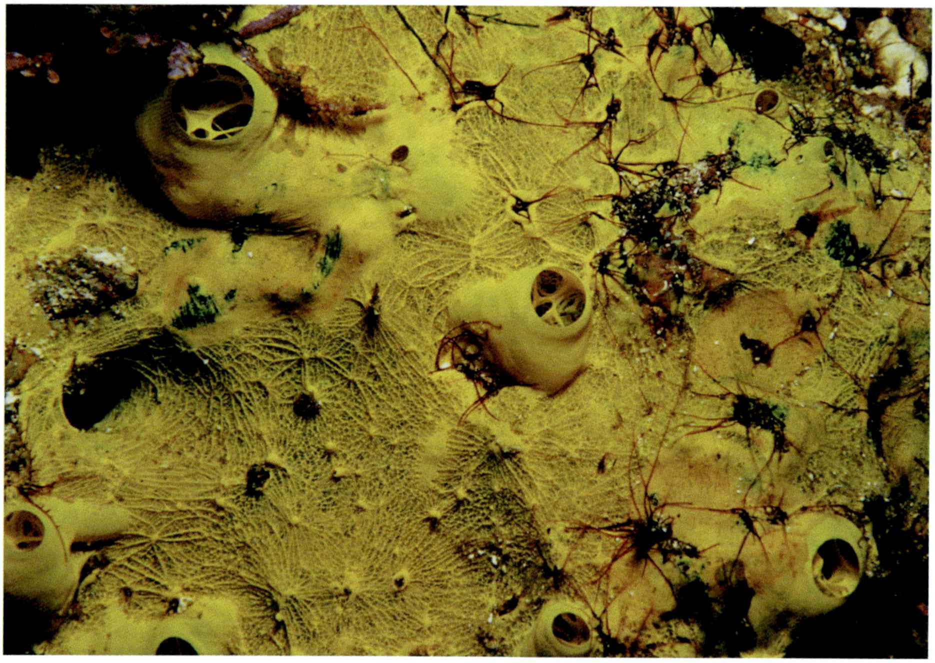

Pseudaxinella sp.
Ordnung: Axinellida | Familie: Axinellidae

Foto: Indonesien, Nusakode

Reniochalina sp.
Ordnung: Axinellida | Familie: Axinellidae

Foto: Malaysia, Lankayan

Reniochalina stalagmitis LENDENFELD, 1888 Foto: Indonesien, Rinca
Ordnung: Axinellida | Familie: Axinellidae

Axinella aruensis (HENTSCHEL, 1912) Foto: Papua Neuguinea, Milne Bay
Ordnung: Axinellida | Familie: Axinellidae

Axinella aruensis (HENTSCHEL, 1912)
Ordnung: Axinellida | Familie: Axinellidae

Foto: Indonesien, Komodo

Axinella badungensis ALVAREZ et.al 2014
Ordnung: Axinellida | Familie: Axinellidae

Foto: Papua Neuguinea, Milne Bay

Axinella loribellae (ALVAREZ & HOOPER, 2009) Foto: Australien, Lizard Island
Ordnung: Axinellida | Familie: Axinellidae

Acanthella cavernosa DENDY, 1921 Foto: Indonesien, Nord Sulawesi
Ordnung: Dubarida | Familie: Dictyobellidae

Acanthella cavernosa DENDY, 1921 Foto: Papua Neuguinea, Milne Bay
Ordnung: Dubarida | Familie: Dictyobellidae

Pipestela candelabra ALVAREZ, HOOPER, van SOEST, 2008 Foto: Papua Neuguinea, Milne Bay
Ordnung: Axinellida | Familie: Axinellidae

Pipestela hooperi VAN SOEST et.al, 1996 Foto: Indonesien, Bali
Ordnung: Axinellida | Familie: Axinellidae

Ptilocaulis fusiformis LEVI, 1967
Ordnung: Axinellida | Familie: Axinellidae
Foto: Indonesien, Sabolan

Cymbastela coralliophila HOOPER & BERGQUIST, 1992
Ordnung: Axinellida | Familie: Axinellidae
Foto: Papua Neuguinea, Milne Bay

Cymbastela marshae HOOPER & BERGQUIST, 1992
Ordnung: Axinellida | Familie: Axinellidae

Foto: Indonesien, Zentral Sulawesi, Palu

Cymbastela sp.
Ordnung: Axinellida | Familie: Axinellidae

Foto: Indonesien, Raja Ampad

Myrmekioderma granulatum ESPER, 1829
Ordnung: Axinellida | Familie: Heteroxydae

Foto: Indonesien, Nord Sulawesi, Lembeh

Liosina paradoxa THIELE, 1899
Ordnung: Tethyida | Familie: Hemiastrellidae

Foto: Malaysia, Sipadan

Liosina arenosa VACELER & VASSEUR, 2007
Ordnung: Tethyida | Familie: Hemiastrellidae

Foto: Philippinen, Cabilao

Scopalina sp.
Ordnung: Scopalinida | Familie: Scopalinidae

Foto: Malaysia, Mabul

Raspailia nuda HENTSCHEL, 1911
Ordnung: Axinellida | Familie: Raspailiidae

Foto: Indonesien, Nord Sulawesi

Higginsia robusta BURTON, 1959
Ordnung: Axinellida | Familie: Stelligeridae
Foto: Mauritius, Flic en Flac

Higginsia sp.
Ordnung: Axinellida | Familie: Stelligeridae
Foto: Papua Neuguinea, Milne Bay

Stylissa carteri (DENDY, 1889)
Ordnung: Scopalinida | Familie: Scopalinidae

Foto: Indonesien, Komodo

Swenzea sp.
Ordnung: Scopalinida | Familie: Scopalinidae

Foto: Malaysia, Lankayan

Axinyssa aplysinoides (DENDY, 1922)
Ordnung: Suberitida | Familie: Halichondriidae
Foto: Malaysia, Lankayan

Axinyssa sp.
Ordnung: Suberitida | Familie: Halichondriidae
Foto: Indonesien, Molukken

Hymeniacidon sp. Foto: Mikronesien, Palau
Ordnung: Suberitida | Familie: Halichondriidae

Agelas nakamurai HOSHINO, 1985 Foto: Papua Neuguinea, Milne Bay
Ordnung: Agelasida | Familie: Agelasidae

Agelas gracilis (WHITELEGGE, 1897)
Ordnung: Agelasida | Familie: Agelasidae

Foto: Philippinen, Apo Island

Agelas nemoechinata HOSHINO, 1985
Ordnung: Agelasida | Familie: Agelasidae

Foto: Indonesien, Komodo

Callyspongia aerizusa DESQUEYROUX-FAUNDEZ, 1984
Ordnung: Haplosclerida | Familie: Callyspongiidae

Foto: Malaysia, Lankayan

Callyspongia crassa (KELLER, 1889)
Ordnung: Haplosclerida | Familie: Callyspongiidae

Foto: Ägypten, Safaga

Callyspongia fenestrata DESQUEROUX-FAUNDEZ, 1984
Ordnung: Haplosclerida | Familie: Callyspongiidae

Foto: Indonesien, Raja Ampad

Callyspongia fibrosa (RIDLEY & DENDY, 1886) Foto: Malaysia, Lankayan
Ordnung: Haplosclerida | Familie: Callyspongiidae

Callyspongia flammea LAMARCK, 1814 Foto: Indonesien, Nord Sulawesi
Ordnung: Haplosclerida | Familie: Callyspongiidae

Callyspongia hispidoconulosa DESQUEYROUX-FAUNDEZ, 1984 Foto: Indonesien, Komodo
Ordnung: Haplosclerida | Familie: Callyspongiidae

Callyspongia joubini (TOPSENT, 1897) Foto: Indonesien, Rinca
Ordnung: Haplosclerida | Familie: Callyspongiidae

Callyspongia monilata (RIDLEY, 1884) Foto: Philippinen, Bohol
Ordnung: Haplosclerida | Familie: Callyspongiidae

Callyspongia samarensis WILSON, 1925 Foto: Malaysia, Lankayan
Ordnung: Haplosclerida | Familie: Callyspongiidae

Callyspongia siphonella (LAMARCK, 1814) Foto: Malaysia, Lankayan
Ordnung: Haplosclerida | Familie: Callyspongiidae

Callyspongia subarmigera (RIDLEY, 1884) Foto: Malaysia, Lankayan
Ordnung: Haplosclerida | Familie: Callyspongiidae

Callyspongia biru DE VOOGD, 2004
Ordnung: Haplosclerida | Familie: Callyspongiidae

Foto: Philippinen, Cebu

Callyspongia carens PULITZER-FINALI, 1982
Ordnung: Haplosclerida | Familie: Callyspongiidae

Foto: Indonesien, Nusakode

Callyspongia fruticosa DESQUEROUX-FAUNDEZ, 1984 Foto: Papua Neuguinea, Milne Bay
Ordnung: Haplosclerida | Familie: Callyspongiidae

Dactylia elegans (LENDENFELD, 1888) Foto: Salomonen, Hanisavo
Ordnung: Haplosclerida | Familie: Callyspongiidae

Arenosclera sp. Foto: Indonesien, Nord Sulawesi
Ordnung: Haplosclerida | Familie: Callyspongiidae

Haliclona sp. Foto: Papua Neuguinea, Milne Bay
Ordnung: Haplosclerida | Familie: Chalinidae

Haliclona amboinensis (LEVI, 1961) Foto: Indonesien, Komodo
Ordnung: Haplosclerida | Familie: Chalinidae

Haliclona cymaeformis (ESPER, 1806) Foto: Philippinen, Cebu
Ordnung: Haplosclerida | Familie: Chalinidae

Haliclona fascigera (HENTSCHEL, 1912)
Ordnung: Haplosclerida | Familie: Chalinidae

Foto: Indonesien, Nusakode

Haliclona olivacea FROMONT, 1995
Ordnung: Haplosclerida | Familie: Chalinidae

Foto: Indonesien, Rinca

Haliclona osiris (DE LAUBENFELS, 19954)
Ordnung: Haplosclerida | Familie: Chalinidae

Foto: Malediven, Ari-Atoll

Haliclona cf. poseidon (HENTSCHEL, 1912) Foto: Papua Neuguinea, Milne Bay
Ordnung: Haplosclerida | Familie: Chalinidae

Haliclona "red" Foto: Philippinen, Bohol
Ordnung: Haplosclerida | Familie: Chalinidae

Haliclona vanderlandi DE WEERDT & VAN SOEST, 2001 Foto: Indonesien, Nord Sulawesi
Ordnung: Haplosclerida | Familie: Chalinidae

Haliclona sp.
Ordnung: Haplosclerida | Familie: Chalinidae

Foto: Indonesien, Menjangan

Haliclona sp.
Ordnung: Haplosclerida | Familie: Chalinidae

Foto: Ägypten, Hurghada

Haliclona sp. Foto: Philippinen, Apo Island
Ordnung: Haplosclerida | Familie: Chalinidae

Haliclona sp. "blue" Foto: Philippinen, Silquijor
Ordnung: Haplosclerida | Familie: Chalinidae

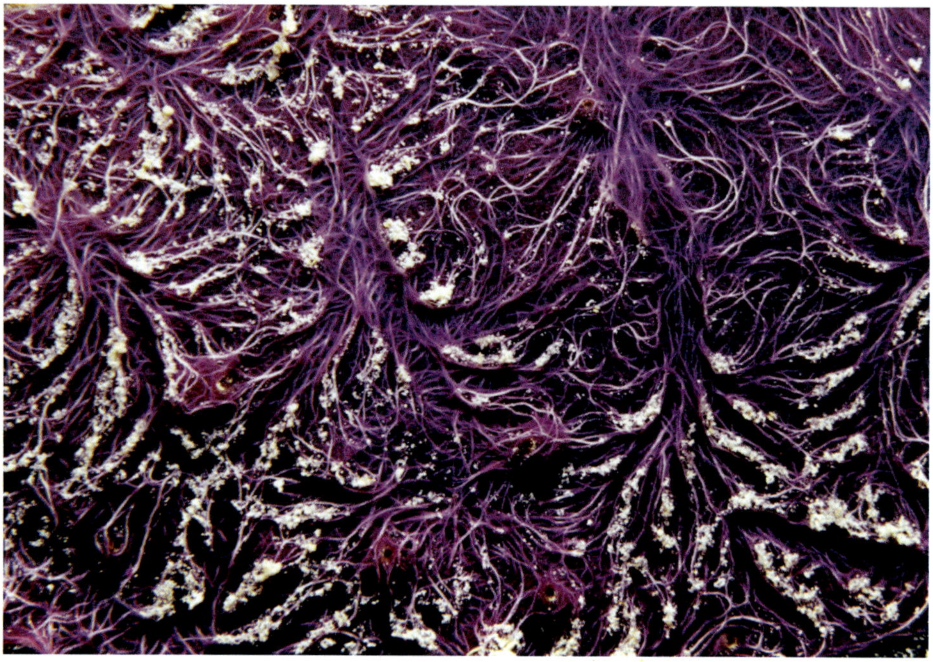

Chalinula nematifera (DE LAUBENFELS, 1954) Foto: Malaysia, Mantanani
Ordnung: Haplosclerida | Familie: Chalinidae

Chalinula hooperi (NISHIJAMA & BAHNS, 1999) Foto: Papua Neuguinea, Milne Bay
Ordnung: Haplosclerida | Familie: Chalinidae

Dasychalina fragilis RIDLEY & DENDY, 1886
Ordnung: Haplosclerida | Familie: Niphatidae
Foto: Indonesien, Raja Ampad

Dasychalina sp.
Ordnung: Haplosclerida | Familie: Niphatidae
Foto: Indonesien, Raja Ampad

Niphates olemda (DE LAUBENFELS, 1954)
Ordnung: Haplosclerida | Familie: Niphatidae

Foto: Indonesien, Komodo

Amphimedon sp.
Ordnung: Haplosclerida | Familie: Niphatidae

Foto: Indonesien, Rinca

Amphimedon sp.
Ordnung: Haplosclerida | Familie: Niphatidae

Foto: Malaysia, Lankayan

Siphonodictyon sp.
Ordnung: Haplosclerida | Familie: Phleodictyidae

Foto: Indonesien, Zentral Sulawesi

Siphonodictyon mucosum BERGQUIST, 1965 Foto: Vanuatu, Vanouva Lava
Ordnung: Haplosclerida | Familie: Phloedictyidae

Oceanapia amboinensis TOPSENT, 1897 Foto: Indonesien, Nusakode
Ordnung: Haplosclerida | Familie: Phleodictyidae

Oceanapia ramsayi (LENDENFELD, 1888) Foto: Indonesien, Moyo
Ordnung: Haplosclerida | Familie: Phleodictyidae

Oceanapia sagittaria (SOLLAS, 1902) Foto: Indonesien, Rinca
Ordnung: Haplosclerida | Familie: Phleodictyidae

Oceanapia triangulata (DESQUEROUX & FAUNDEZ, 1987) Foto: Papua Neuguinea, Milne Bay
Ordnung: Haplosclerida | Familie: Phleodictyidae

Oceanapia sp. Foto: Philippinen,Gato
Ordnung: Haplosclerida | Familie: Phleodictyidae

Acanthostrongylophora ashmorica HOOPER, 1984
Ordnung: Haplosclerida | Familie: Phleodictyidae

Foto: Indonesien, Komodo

Acanthostrongylophora ingens (THIELE, 1899)
Ordnung: Haplosclerida | Familie: Phleodictyidae

Foto: Indonesien, Nusakode

Niphates sp. Foto: Indonesien, Molukken
Ordnung: Haplosclerida | Familie: Niphatidae

Petrosia alfiani DE VOOGD & VAN SOEST, 2002 Foto: Malaysia, Bathu Puthi
Ordnung: Haplosclerida | Familie: Petrosiidae

Petrosia capsa DESQUEYROUX-FAUNDEZ, 1987
Ordnung: Haplosclerida | Familie: Petrosiidae

Foto: Indonesien, Nusakode

Petrosia hoeksemai DE VOOGD & VAN SOEST, 2002
Ordnung: Haplosclerida | Familie: Petrosiidae

Foto: Indonesien, Zentral Sulawesi

Petrosia lignosa WILSON, 1925 Foto: Indonesien, Kakabia
Ordnung: Haplosclerida | Familie: Petrosiidae

Petrosia plana WILSON, 1925 Foto: Indonesien, Batu Ata
Ordnung: Haplosclerida | Familie: Petrosiidae

Petrosia corticata WILSON, 1925
Ordnung: Haplosclerida | Familie: Petrosiidae

Foto: Indonesien, Balabalkang

Petrosia durissima DENDY, 1905
Ordnung: Haplosclerida | Familie: Petrosiidae

Foto: Indonesien, Banta

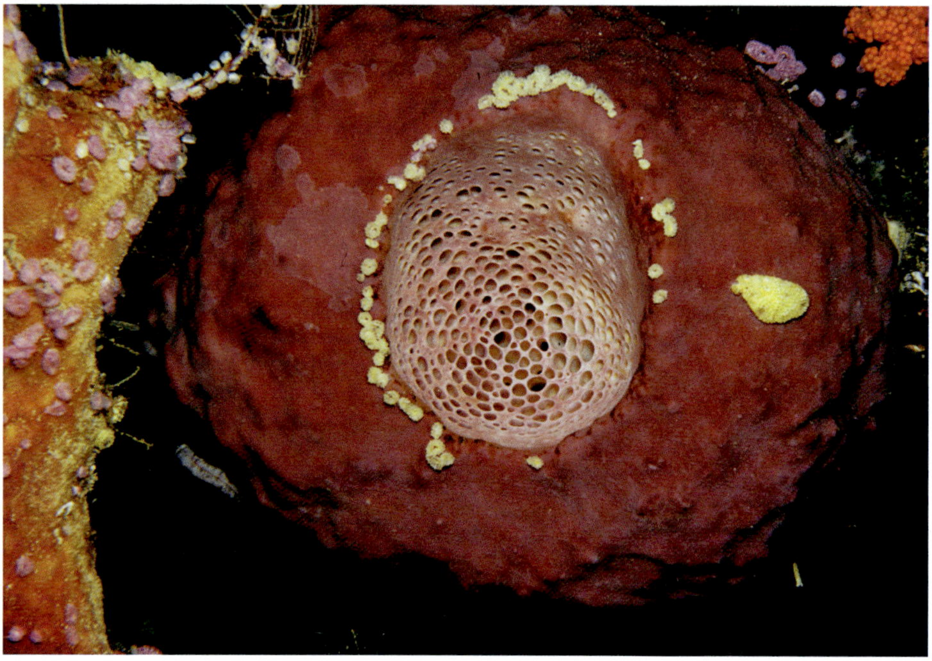

Petrosia sp.
Ordnung: Haplosclerida | Familie: Petrosiidae
Foto: Indonesien, Wakatobi

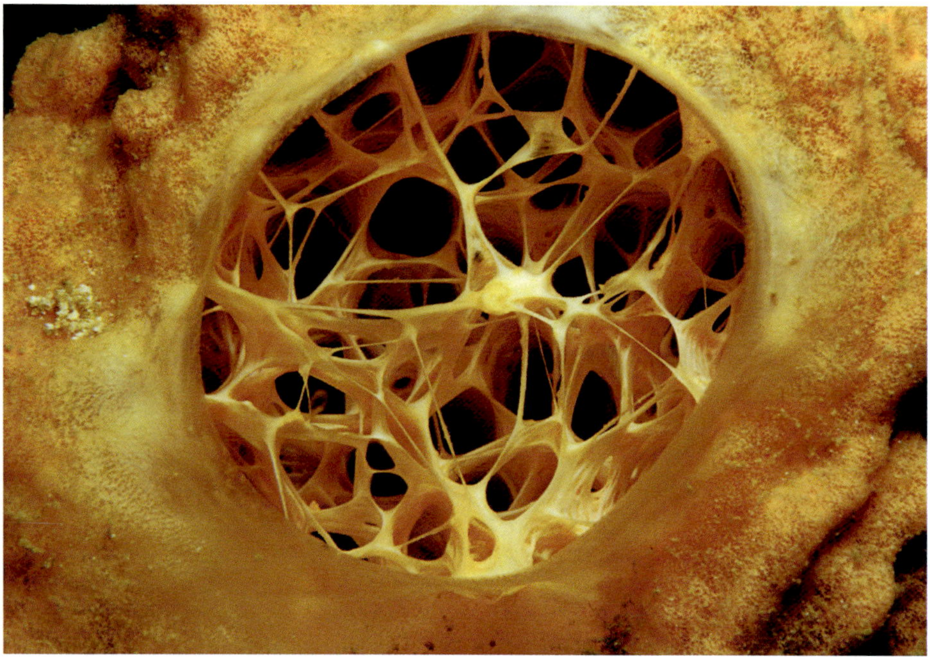

Petrosia sp.
Ordnung: Haplosclerida | Familie: Petrosiidae
Foto: Malaysia, Lankayan

Petrosia sp. Foto: Indonesien, Bali
Ordnung: Haplosclerida | Familie: Petrosiidae

Petrosia sp. Foto: Mauritius, Flic en Flac
Ordnung: Haplosclerida | Familie: Petrosiidae

Neopetrosia sp. „red" Foto: Indonesien, Komodo
Ordnung: Haplosclerida | Familie: Petrosiidae

Neopetrosia chaliniformis (THIELE, 1899) Foto: Papua Neuguinea, Milne Bay
Ordnung: Haplosclerida | Familie: Petrosiidae

Neopetrosia chaliniformis (THIELE, 1899) Foto: Indonesien, Bali, Menjangan
Ordnung: Haplosclerida | Familie: Petrosiidae

Neopetrosia sp. Foto: Malaysia, Lankayan
Ordnung: Haplosclerida | Familie: Petrosiidae

Coscinoderma mathewsi (LENDENFELD, 1886)
Ordnung: Dictyoceratida | Familie: Spongiidae

Foto: Indonesien, Raja Ampad

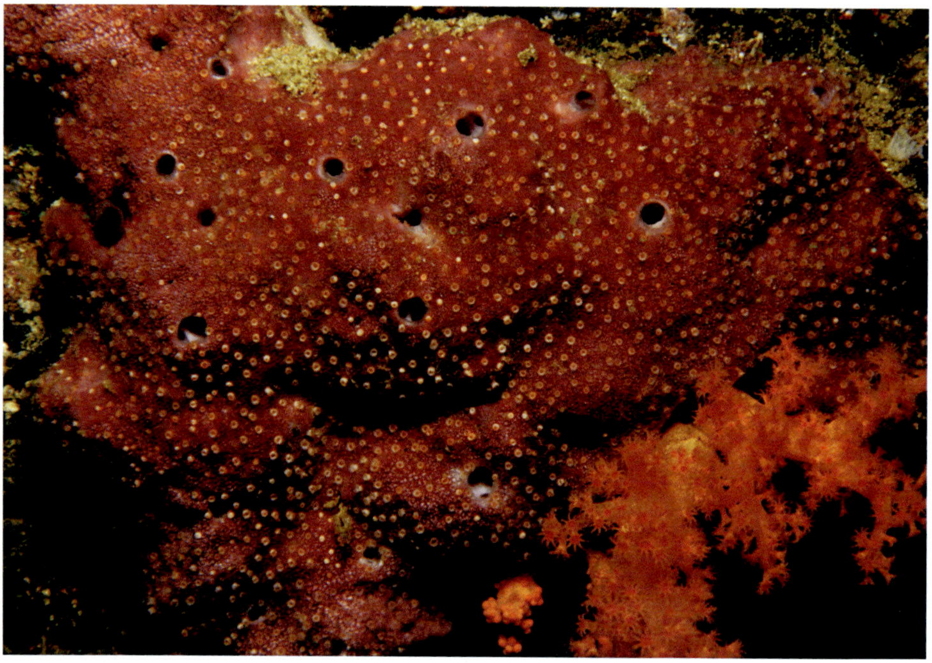

Xestospongia mammillata PULITZER-FINALLI, 1982
Ordnung: Haplosclerida | Familie: Petrosiidae

Foto: Indonesien, Raja Ampad

Xestospongia vansoesti BAKUS & NISHIYAMA, 2000 Foto: Indonesien, Pantai Mera
Ordnung: Haplosclerida | Familie: Petrosiidae

Xestospongia testudinaria (LAMARCK, 1815) Foto: Malaysia, Lankayan
Ordnung: Haplosclerida | Familie: Petrosiidae

Xestospongia testudinaria (LAMARCK, 1815)
Ordnung: Haplosclerida | Familie: Petrosiidae

Foto: Indonesien, Tatawa

Xestospongia sp.
Ordnung: Haplosclerida | Familie: Petrosiidae

Foto: Indonesien, Tatawa

Xestospongia sp.
Ordnung: Haplosclerida | Familie: Petrosiidae

Foto: Philippinen, Cebu

Collospongia auris BERGQUIST et.al, 1990 Foto: Indonesien, Kakatoa
Ordnung: Dictyoceratida | Familie: Thorectidae

Strepsichordaia sp. Foto: Indonesien, Molukken
Ordnung: Dictyoceratida | Familie: Thorectidae

Leiosella ramosa BERGQUIST, 1995
Ordnung: Dictyoceratida | Familie: Spongiidae
Foto: Indonesien, Nord Sulawesi

Leiosella sp. (LAMARCK, 1815)
Ordnung: Dictyoceratida | Familie: Spongiidae
Foto: Papua Neuguinea, Milne Bay

Ircinia irregularis (POLEJAEFF, 1884)
Ordnung: Dictyoceratida | Familie: Irciniidae

Foto: Malaysia, Mabul

Ircinia sp.
Ordnung:Dictyoceratida | Familie: Irciniidae

Foto: Indonesien, Bali, Menjangan

Ircinia sp.
Ordnung: Dictyoceratida | Familie: Irciniidae

Foto: Indonesien, Tomia

Carteriospongia contorta (BERGQUIST, 1988)
Ordnung: Dictyoceratida | Familie: Thorectidae

Foto: Indonesien, Molukken

Carteriospongia foliascens PALLAS, 1816
Ordnung: Dictyoceratida | Familie: Thorectidae
Foto: Indonesien, Bali, Tulamben

Phyllospongia papyracea (ESPER, 1806)
Ordnung: Dictyoceratida | Familie: Thorectidae
Foto: Papua Neuguinea, Milne Bay

Phyllospongia lamellosa (ESPER, 1794) Foto: Philippinen, Gato
Ordnung: Dictyoceratida | Familie: Thorectidae

Dysidea arenaria BERGQUIST, 1965 Foto: Malaysia, Sipadan
Ordnung: Dictyoceratida | Familie: Dysideidae

Dysidea arenaria BERGQUIST, 1965
Ordnung: Dictyoceratida | Familie: Dysideidae

Foto: Philippinen. Apo Island

Dysidea fondosa BERGQUIST, 1995
Ordnung: Dictyoceratida | Familie: Dysideidaee
Foto: Indonesien, Zentral Sulawesi

Dysidea sp.
Ordnung: Dictyoceratida | Familie: Dysideidae
Foto: Indonesien, Banta

Lamellodysidea sp. Foto: Mikronesien, Palau
Ordnung: Dictyoceratida | Familie: Dysideidae

Aplysilla sp.
Ordnung: Dendroceratida | Familie: Darwinellidae

Foto: Philippinen, Cebu

Aplysilla sp.
Ordnung: Dendroceratida | Familie: Darwinellidae

Foto: Philippinen, Bohol

Dictyodendrilla dendyi BERGQUIST, 1996 Foto: Vanuatu, Vanicolo
Ordnung: Dendroceratida | Familie: Darwinellidae

Pseudoceratina arabica (KELLER, 1889) Foto: Israel, Golf von Aqaba
Ordnung: Verongiida | Familie: Pseudoceratinidae

Pseudoceratina sp.
Ordnung: Verongiida | Familie: Pseudoceratinidae
Foto: Philippinen, Cebu

Pseudoceratina sp.
Ordnung: Verongiida | Familie: Pseudoceratinidae
Foto: Philippinen, Cabilao

Ianthella flabelliformis (PALLAS, 1766) Foto: Papua Neuguinea, Milne Bay
Ordnung: Verongiida | Familie: Pseudoceratinidae

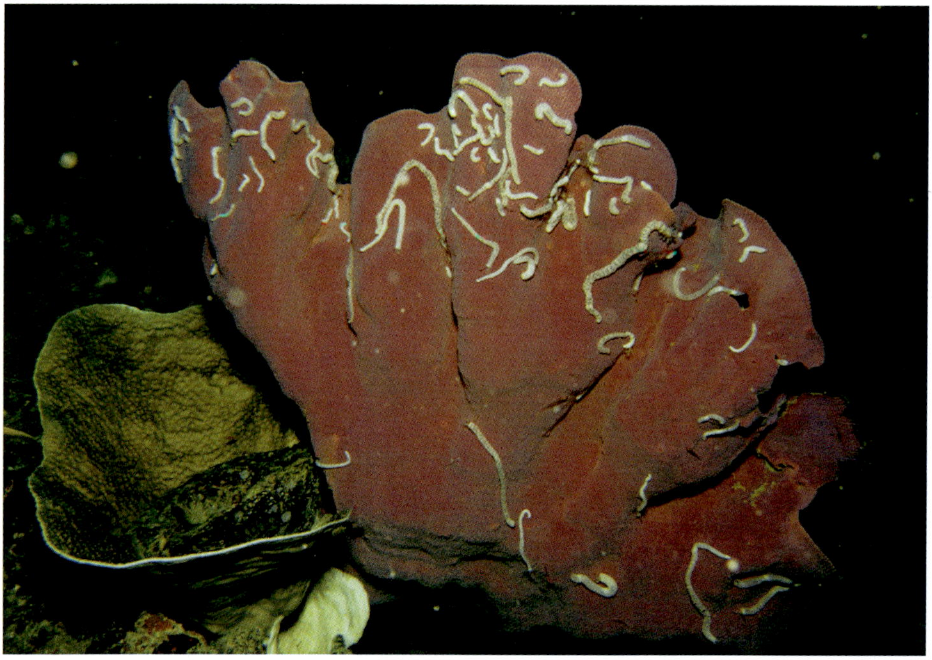

Ianthella sp. Foto: Philippinen, Bohol
Ordnung: Varongiida | Familie: Pseudoceratinidae

Ianthella basta (PALLAS, 1766)
Ordnung: Verongiida | Familie: Pseudoceratinidae

Foto: Philippinen, Cabilao

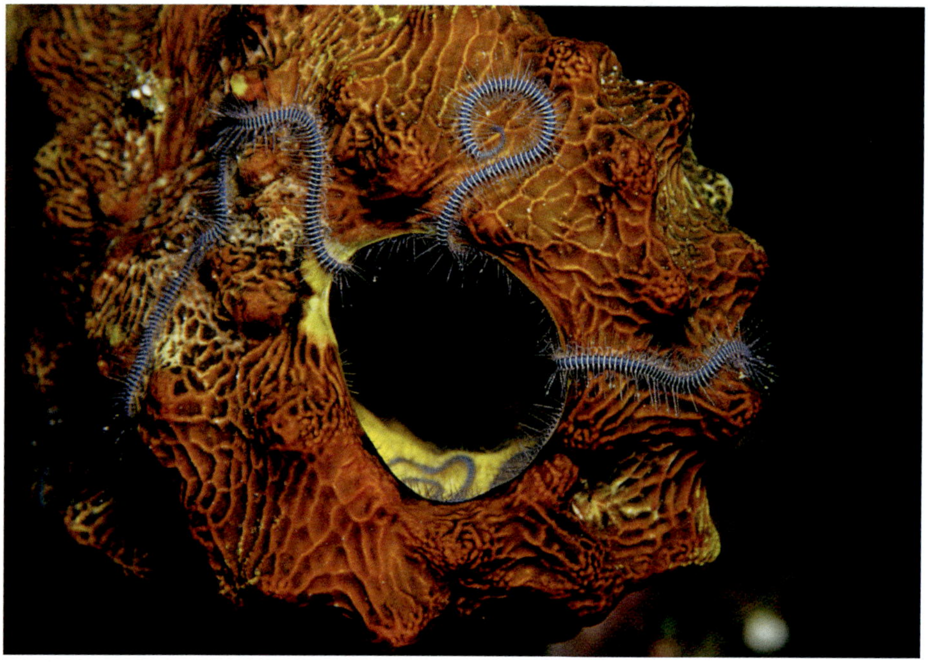

Suberea clavata (PULITZER-FINALI, 1982)
Ordnung: Verongiida | Familie: Aplysinellidae

Foto: Papua Neuguinea, Milne Bay

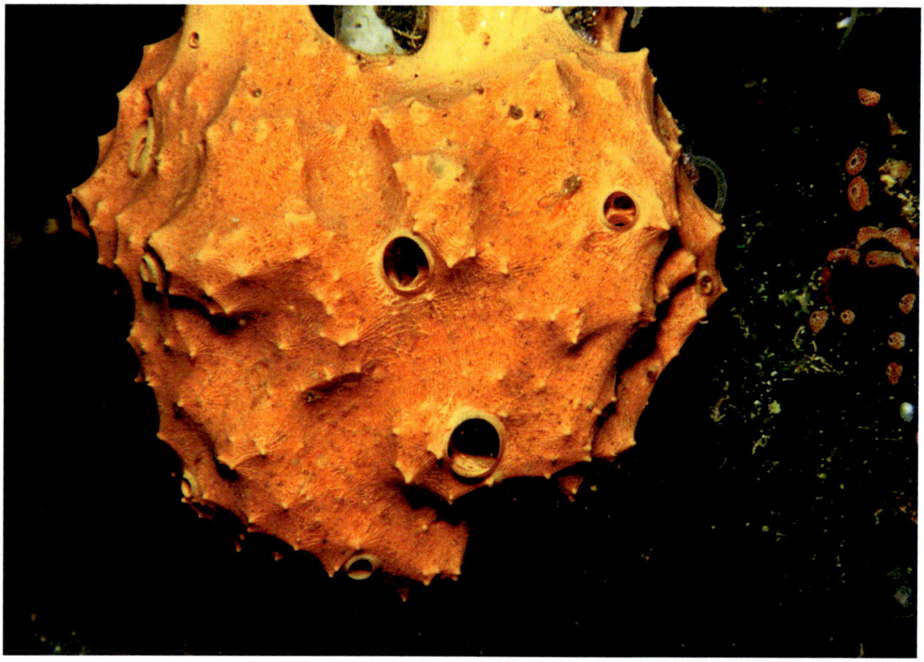

Suberea sp.
Ordnung: Verongiida | Familie: Aplysinellidae

Foto: Indonesien, Sabolan

Fascaplysinopsis reticulata (HENTSCHEL, 1912) Foto: Philippinen, Cabilao
Ordnung: Dictyoderatida | Familie: Thorectidae

Euryspongia sp. Foto: Papua Neuguinea, Milne Bay
Ordnung: Dictyoceratida | Familie: Dysideidae

Ernstia naturalis (VAN SOEST & DE VOOGD, 2015) Foto: Indonesien, Sabolan
Ordnung: Clathrinida | Familie: Clathrinidae

Leucetta chagosensis DENDY, 1913 Foto: Philippinen, Bohol
Ordnung: Clathrinida | Familie: Leucasidae

Leucetta microraphis (HAECKEL, 1872)
Ordnung: Clathrinida | Familie: Leucasidae

Foto: Indonesien, Kokotan

Heteropia minor (VAN SOEST & DE VOOGD, 2015)
Ordnung: Leucosolenida | Familie: Heteropiidae

Foto: Indonesien, Gili Lava

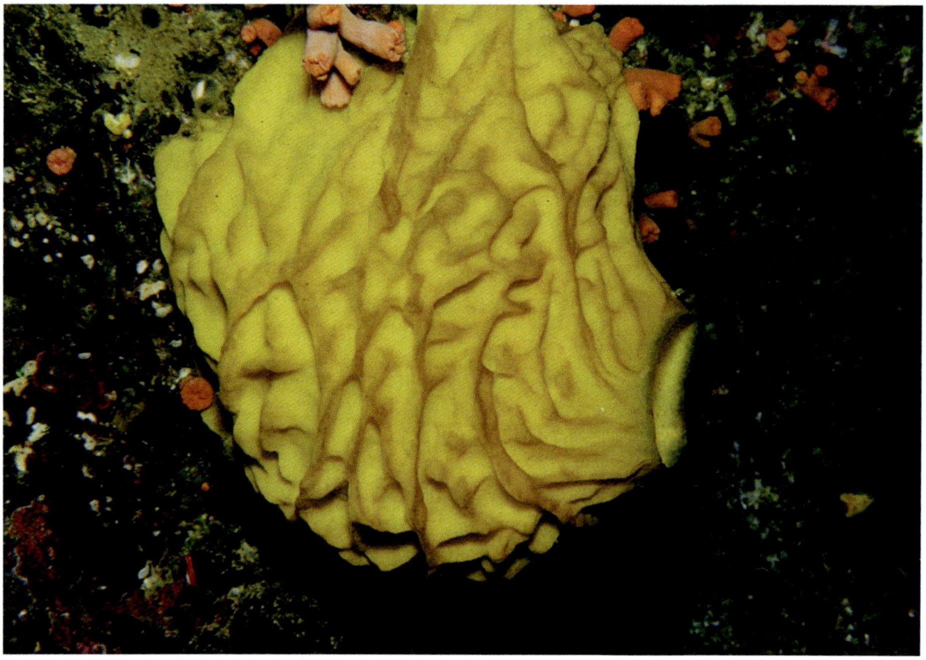

Pericharax orientalis (VAN SOEST & DE VOOGD, 2015) Foto: Philippinen, Cebu
Ordnung: Clathrinida | Familie: Leucasidae

Soleneiscus sp. Foto: Salomonen, Negele Sule
Ordnung: Clathrinida | Familie: Soleneiscidae

Burtonulla sibogae (VAN SOEST & DE VOOGD, 2015) Foto: Papua Neuguinea, Milne Bay
Ordnung: Clathrinida | Familie: Levinellidae

Anamyxilla singaporensis (VAN SOEST & DE VOOGD, 2015) Foto: Indonesien, Nord Sulawesi
Ordnung: Leucosolenida | Familie: Heteropiidae

Uteopsis argentea (VAN SOEST & DE VOOGD, 2015) Foto: Papua Neuguinea, Milne Bay
Ordnung: Leucosolenida | Familie: Heteropiidae

Leucaltis nodusgordii (VAN SOEST & DE VOOGD, 2015) Foto: Malediven, Baa-Atoll
Ordnung: Clathrinida | Familie: Leucaltidae

An tropischen Korallenriffen gibt es eine Vielzahl von Tieren, die mit Schwämmen in einer Gemeinschaft leben. Einige davon sind Dauergäste auf Schwämmen und partizipieren von ihrer Filterleistung (Kommensalen), andere nutzen sie als Siedlungssubstrat (Epibionten). Eine große Anzahl von Tieren sucht in Schwämmen Schutz und Versteck vor ihren Feinden oder benutzt sie als Ruheplätze, Ausguck, Tarnung oder Freßsubstrat. Das sind zumindest die makroskopisch sichtbaren Gäste, die mit Schwämmen dauerhaft oder zeitlich limitiert eine Gemeinschaft bilden.

Es sind vor allem die Kommensalen und die Parasiten, die sich auf und in Schwämmen aufhalten. Dabei sind es besonders die wirbellosen Tiere, die mit Schwämmen zusammenleben, wie Wurmseewalzen, Schlangensterne, Haarsterne, Moostierchen, verschiedene Nesseltiere, Polychaeten und viele Kleinkrebse, wie Partnergarnelen, Porzellankrebse und Spinnenkrabben.

Auch im weit verzweigten, dreidimensionalen Kanalsystem von Schwämmen halten sich viele kleine Tiere als Gäste auf. Es sind überwiegend Mikroben, winzig kleine Lebewesen wie Bakterien und Cyanobakterien, von denen einige chemische Abwehrstoffe produzieren, die die Schwämme dann passiv zu ihrer Verteidigung nutzen, um nicht von anderen, benachbarten Tieren oder Tiergemeinschaften verdrängt und überwuchert zu werden. Zudem dienen diese chemischen Abwehrstoffe als Fraßgifte und damit dem Selbstschutz. Und daher ist es durchaus denkbar, dass gerade die Schwämme seit ihrem ersten Auftreten vor etwas mehr als 580 Millionen von Jahren, mit großer Wahrscheinlichkeit schon in einer Symbiose mit verschiedenen Mikroorganismen zusammenlebten, weil diese Symbiose ein Garant für ihren Fortbestand darstellte.

Betrachtet man die einzelnen Tiergruppen gesondert, die mit Schwämmen in einer Gemeinschaft leben, dann sind es zuerst die Fische, die auffallend häufig Schwämme als Ausgucke, Ruheplätze, Schlafplätze, Verstecke und zur Tarnung aufsuchen, denn nur wenige Fische ernähren sich von Schwämmen. Die Räuber unter ihnen überwältigen von ihrem Standort Schwamm aus vorbeischwimmende Beute in einem schnellen Spurt, während andere, die Lauerjäger und im Besonderen die Anglerfische ihre Fähigkeit, sich bis zu einer Unkenntlichkeit zu tarnen, zum Beutefang derart nutzen, dass Sie ihre Angel auswerfen, einen kleinen und wurmähnlichen Hautfortsatz daran zappeln lassen, diesen hin- und herbewegen, um dann die potentielle Beute, wenn sie nahe genug ist, in ihr Maul zu saugen.

Manteltiere benutzen die Schwammoberfläche überwiegend als Siedlungssubstrat und verankern sich mit wurzelähnlichen Ausläufern auf ihrer Oberfläche. Kolonie bildende Manteltiere können Schwämme großflächig oder völlig bedecken, so dass bei den Schwämmen nur noch die Ein- und Auströmöffnungen frei bleiben. Nur so können die Schwämme überleben, denn das eingestrudelte Wasser in einem Schwammkörper bedeutet Nahrung und ist wichtig für die Sauerstoffversorgung.

Wurmseewalzen der Gattungen Opheodesoma, Synapta und Synaptula findet man an tropischen Korallenriffen häufig auf der Schwammoberfläche besonders großer Schwämme. Möglicherweise handelt es sich dabei um symbioseähnliche Lebensformen, denn die Schwämme

profitieren von der Reinigungstätigkeit der Seewalzen, die die Einströmöffnungen von einer auflagernden Sedimentation und organischen Sinkstoffen befreien und sich gleichzeitig von dem ernähren, was die Schwämme aus dem Umgebungswasser eingestrudelt haben und was auf der Schwammoberfläche davon haften geblieben ist. Besonders in suspensionsreichen Riffgebieten, wo das Wasser getrübt und von Sediment angereichert ist, sind diese Anhäufungen von Seewalzen auf Schwämmen besonders häufig zu beobachten.
Haarsterne benutzen weniger am Tag, dafür jedoch ganz besonders in der Nacht Schwämme als exponierten Standort für den Fang von Plankton, das in der Nacht aus der Tiefe der Ozeane an die Oberfläche aufsteigt. Dann sieht man auch vielarmige Schlangensterne, so genannte Gorgonenhäupter der Gattungen Astroboa und Euryale Schwämme erklimmen, die dann ihre reich verzweigten Arme zu einem riesigen Fächer ausbreiten und aufstellen, um ausreichend Plankton aus der Strömung des Wassers für ihre Ernährung zu fangen, was ein unvergessliches und beeindruckendes Schauspiel und Erlebnis während eines Tauchgangs in der Nacht ist!
Auch verschiedene Krebse nutzen Schwämme als Basis, Versteck und als Tarnung. Kleine Krebse, wie Garnelen und Spinnenkrabben sind nur zeitlich begrenzte Gäste auf und in Schwämmen. Sie nutzen sie überwiegend als Versteck. Andere Krebse besitzen der Fähigkeit, sich Teile von Schwämmen mit Hilfe ihrer Schweren abzutrennen und als Tarnung und Protektion auf ihrem Körper und ihren Beinen zu befestigen. Und so ist man als Taucher gelegentlich doch recht erstaunt darüber, wenn in der Nacht plötzlich ein Schwamm „Beine" bekommt und am Taucher vorbeispaziert, obwohl der Schwamm doch eigentlich am Riffgrund festgewachsen sein sollte.
Auch Moostierchenkolonien nutzen die Schwammoberfläche als Siedlungssubstrat und verankern sich darin. So profitieren nur sie von der enormen Filterleistung der Schwämme und sind daher als Parasiten zu bezeichnen.
Viele Nacktschnecken sind auch Schwammfresser. Findet man Nacktschnecken auf Schwämmen, dann kann man ziemlich sicher sein, dass sie sich auf ihrem Freßsubstrat befinden. Sie nutzen hierbei das Gift der Schwämme zu ihrem Vorteil, indem sie es in ihrem eigenen Körpersaum oder in den Rückenanhängen speichern und dabei selbst für ihre Fressfeinde giftig werden. Das macht die Nacktschnecken selbst zu giftigen und potentiellen Räubern.
Häufig findet man auf Schwämmen winzig kleine und weiße Würmchen, die hier in einer unglaublichen Individuendichte die Schwammoberfläche bevölkern, so dass der Betrachter den Eindruck hat, die Schwammoberfläche sei gepudert. Es sind Schwammwürmer, Kosmopoliten der Gattung Haplosyllis, die in tropischen und subtropischen Meeren vorkommen und die die Schwammoberfläche bevölkern. Ihre Nahrung besteht aus feinem Detritus, dass der Schwamm herbeistrudelt. Er wird auf der Schwammoberfläche ablagert und die Schwammwürmer tupfen ihn auf, sammeln ihn ab und verwerten diese organischen Sinkstoffe für ihre eigene Ernährung.
Krustenanemonen der Gattung Parazoanthus findet man häufig auf Schwämmen. Dieses Zusammenleben zwischen Schwamm und Anemone erinnert an eine echte Symbiose, denn die

Tiere schützen sich gegenseitig. Beide sind außerordentlich giftig und daher für potenzielle Fressfeinde völlig ungenießbar.
Auch Hydroiden verschiedener Gattungen siedeln auf Schwämmen und befestigen sich darauf mit Hilfe wurzelähnlicher Ausläufer, auch Stolonengeflecht genannt. Sie erheben sich auf dünnen Stielen und strecken ihre kleinen und zarten Polypenköpfchen dem freien Wasser entgegen und filtern so Plankton aus dem einströmenden Wasser, das die Schwämme mit Hilfe ihrer Kragengeißelzellen im Inneren ihres Schwammkörpers erzeugen. Damit profitieren sie von der enormen Filtrierleistung ihres Siedlungssubstrates, den Schwämmen.
Rote Bohrschwämme verschiedener Gattungen überziehen dünnhäutig und vielfach auch großflächig viele Muscheln, Schneckenschalen und Korallen und ätzen mit Hilfe einer selbsterzeugten Säure nach und nach kleine Kalkplättchen aus der Kalksubstanz, so dass ein Netzwerk aus feinen Kanälen entsteht, durch die das losgelöste Kalkgestein abtransportiert wird. Bei den Korallen führt diese Säurebehandlung zum Absterben der einzelnen Polypen und bei einem weiteren Befall zum Absterben einer ganzen Korallenkolonie. Aus diesem Grund sind rote Bohrschwämme auch als „Korallenkiller" in der Literatur bekannt geworden.

Augenstreifen-Schleimfisch *(Meiacanthus dorsalis)* Foto: Philippinen, Cabilao

Schwarzpunkt-Kugelfisch *(Arothron nigropunctatus)* Foto: Indonesien, West Papua

Bärtiger Drachenkopf *(Scorpaenopsis oxycephala)* Foto: Indonesien, Molukken

Riesen-Anglerfisch *(Antennarius commersoni)* Foto: Papua Neuguinea, Milne Bay

Riesen-Anglerfisch *(Antennarius commersoni)* Foto: Philippinen, Cabilao

***Gefleckter Büschelbarsch** (Cirrhitichthys aprinus)* Foto: Indonesien, Bali

***Papua-Kugelfisch** (Canthigaster papua)*, nachts Foto: Papua Neuguinea, Milne Bay

Koloniale Seescheide *(Symplegma rubra)* Foto: Indonesien, Molukken

Weiche Seescheide *(Familie: Didemnidae)* Foto: Indonesien, Nord Sulawesi

Gestielte Seescheide *(Archidistoma diminuta)* Foto: Malaysia, Sipadan

Kirsch-Seescheide *(Eusynstyela misakiensis)* Foto: Papua Neuguinea, Milne Bay

Kissen-Seescheide *(Eudistoma gilboviride)* Foto: Indonesien, Zentral Sulawesi

Gelbe Seescheide *(Perophora modificata)* Foto: Indonesien, Raja Ampad

Loch-Seescheide *(Didemnum cuculiferum)* Foto: Papua Neuguinea, Milne Bay

Loch-Seescheide *(Didemnum sp.)* Foto: Papua Neuguinea, Milne Bay

Wurmseewalze *(Opheodesoma sp.)* Foto: Indonesien, Bunaken

Lamperts Wurmseewalze *(Synaptula lamperti)* Foto: Philippinen, Island Pescador

Gefleckte Wurmseewalze *(Opheodesoma sp.)* Foto: Indonesien, Nord Sulawesi

Serpentinen-Seewalze *(Opheodesoma serpentina)* Foto: Indonesien, Rinca

Gelbe Seewalze *(Colochirus robustus)* Foto: Papua Neuguinea, Milne Bay

Haarsterne *(Comasteridae)* Foto: Indonesien, West Papua

Schwammkrabbe *(Dromia dromia)* Foto: Indonesien, Zentral Sulawesi, Palu

Violette Schwammkrabbe *(Lauriea siagiana)* Foto: Malaysia, Lankayan

Hydroidkrabbe *(Hyastenus sp.)* Foto: Indonesien, Bunaken

Tanzgarnele *(Rhynchocinetes durbanensis)* Foto: Papua Neuguinea, Milne Bay

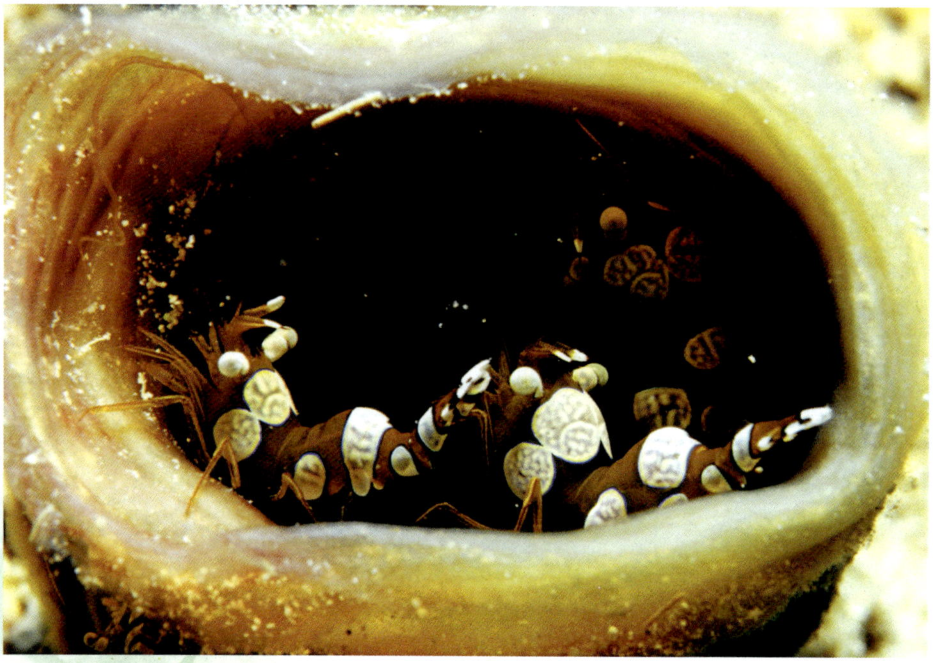

Hohlkreuz-Garnele *(Thor amboinensis)* Foto: Papua Neuguinea, Milne Bay

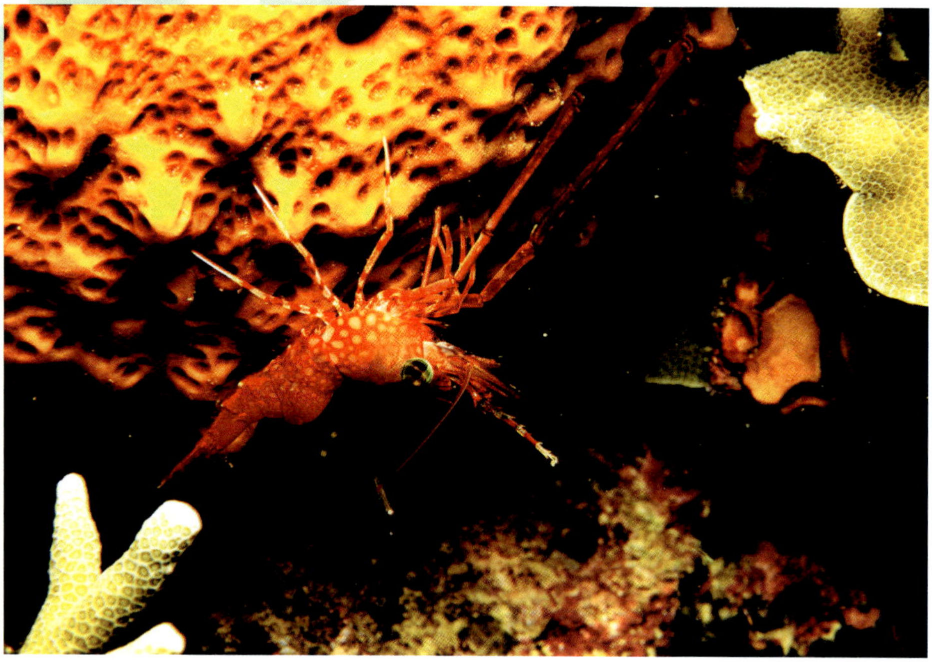

Netz-Garnele *(Cintorhynchus reticulatus)* Foto: Philippinen, Balikasac

Spinnenkrabbe *(Chirostylus sandyi)* Foto: Philippinen, Cabilao

Nereiden-Schlangenstern *(Macrophiothrix nereidina)* Foto: Papua Neuguinea, Milne Bay

Schöner Plattwurm *(Pseudoceros gloriosus)* Foto: Indonesien, Rinca

Gelbpunkt-Plattwurm *(Thysanozoon flavomaculatum)* Foto: Thailand, Surin-Inseln

***Feuerwurm** (Eurythoe sp.)* Foto: Papua Neuguinea, Milne Bay

***Schwammwürmer** (Haplosyllis spongicola)* Foto: Indonesien, Molukken

Geweih- Moostierchen *(Hornea ramosa)* Foto: Papua Neuguinea, Milne Bay

Stacheliges Moostierchen *(Idmidronea sp.)* Foto: Papua Neuguinea, Milne Bay

Zahn-Moostierchen *(Bugula dentata)* Foto: Indonesien, Rinca

Stachelauster *(Spondylus sp.)* Foto: Papua Neuguinea, Milne Bay

Pinguin-Auster *(Pteria penguin)* Foto: Indonesien, West Papua
Bedeckt vom Schwamm Chalinula nematifera

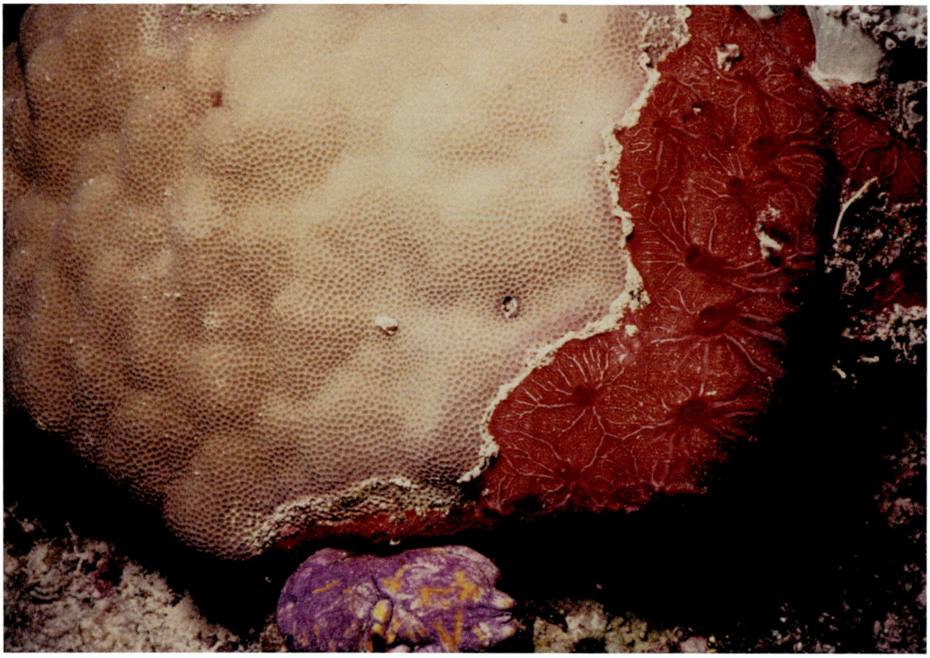

Porenkoralle *(Porites sp.)* Foto: Australien, GBR, Lizard Island

Pilz-Nacktschnecke *(Reticulidia fungia)* Foto: Indonesien, Zentral Sulawesi

Gelbe Nacktschnecke *(Notodoris minor)* Foto: Philippinen, Silquijor

Streifen-Nembrotha *(Nembrotha lineolata)* Foto: Philippinen, Bohol

Annas Nacktschnecke *(Chromodoris annae)* Foto: Malaysia, Lankayan

Pyjama-Nacktschnecke *(Chromodoris quadricolor)* Foto: Ägypten, Ras Muhamed

Augenflecken-Nacktschnecke *(Phyllidia ocellata)* Foto: Indonesien, Bali

Variable Warzenschnecke *(Phyllidia varicosa)* Foto: Indonesien, Raja Ampad

Warzige Sternschnecke *(Dendrodoris tuberculosa)* Foto: Papua Neuguinea, Milne Bay

Neonsternschnecke *(Gymnodoris aurita)* Foto: Indonesien, Nusakode

Langschwanz-Hammerschnecke *(Ceratosoma sp.)* Foto: Indonesien, Bali, Tulamben

Geschmückte Nacktschnecke *(Cadlinella ornatissima)* Foto: Indonesien,Bali, Tulamben

Stachelpolyp *(Hydrocordyne sp.)* Foto: Indonesien, Nusakode

Schwamm-Krustenanemone *(Parazoanthus sp.)* Foto: Indonesien, Nord Sulawesi

Krustenanemone *(Epizoanthus sp.)* Foto: Papua Neuguinea, Milne Bay

Stamm: **Porifera** (Schwämme)
Klasse: **Demospongiae** (Gemeine Schwämme)
Ordnung: **Homosclerophorida**
Familie: Plakinidae
Gattung: *Plakortis*

Ordnung: **Tetractinellida**
Familie: Tetillidae
Gattungen: *Cinachyrella*
Craniella
Paratetilla
Familie: Theonellidae
Gattung: *Theonella*
Familie: Ancorinidae
Gattungen: *Ecionemia*
Jaspis
Rhabdastrella
Steletta
Familie: Geodiidae
Gattungen: *Geodia*
Erylus
Melophlus
Penares
Familie: Theonellidae
Gattung: *Theonella*

Ordnung: **Clionaida**
Familie: Clionaidae
Gattungen: *Cliona*
Pione
Spheciospongia
Familie: Placospongiidae
Gattung: *Placospongia*

Ordnung: **Tethyida**
Familie: Tethyidae
Gattung: *Tethya*

Ordnung: **Suberitida**
Familie: Suberitidae
Gattungen: *Aaptos*
Terpios

Ordnung: **Poecilosclerida**
Familie: Acarnidae
Gattungen: *Acarnus*
Iophon
Familie: Crallidae
Gattung: *Crella*
Familie: Microcionidae
Gattungen: *Clathria*
Echinoclathria
Echinochalina
Raphidophlus
Familie: Hymedesmiidae
Gattung: *Hamigera*
Familie: Podospongiidae
Gattungen: *Diacarnus*
Negombata
Podospongia
Familie: Chondropsidae
Gattungen: *Psammoclema*
Strongylacidon
Familie: Coelosphaeridae
Gattungen: *Acanthodoryx*
Lissodendoryx
Familie: Crambeidae
Gattung: *Monanchora*
Familie: Hymedesmiidae
Gattungen: *Hamigera*
Hemimycale
Hymedesmia
Phorbas
Familie: Iotrochotidae
Gattung: *Iotrochota*
Familie: Tedaniidae
Gattung: *Tedania*

Familie: Esperiopsidae
Gattung: *Ulosa*
Familie: Mycalidae
Gattung: *Mycale*
Familie: Isodictyidae
Gattung: *Coelocarteria*
Familie: Latrunculiidae
Gattungen: *Latrunculia*
Strongylodesma

Ordnung: **Biemnida**
Familie: Biemnidae
Gattungen: *Biemna*
Neofibularia
Familie: Rhabderemiidae
Gattung: *Rhabderemia*

Ordnung: **Axinellida**
Familie: Axinellidae
Gattungen: *Axinella*
Cymbastela
Dragmacidon
Eurypon
Echinodictyum
Phakellia
Pipestela
Pseudaxinella
Ptilocaulus
Reniochalina
Familie: Heteroxyidae
Gattung: *Myrmekioderma*
Familie: Raspailiidae
Gattungen: *Echinodictyum*
Eurypon
Raspailia
Familie: Stelligeridae
Gattung: *Higginsia*

Ordnung: **Desmacellida**
Familie: Desmacellidae
Gattung: *Desmacella*

Ordnung: **Bubarida**
Familie: Dictyobellidae
Gattung: *Acanthella*

Ordnung: **Tethyida**
Familie: Hemiastrellidae
Gattung: *Liosina*

Ordnung: **Scopalinida**
Familie: Scopalinidae
Gattungen: *Stylissa*
Svenzea
Scopalina

Ordnung: **Suberitida**
Familie: Halichondriidae
Gattungen: *Axynissa*
Hymeniacidon

Ordnung: **Agelasida**
Familie: Agelasidae
Gattung: *Agelas*

Ordnung: **Haplosclerida**
Familie: Callyspongiidae
Gattungen: *Arenosclera*
Callyspongia
Dactylia
Familie: Chalnidae
Gattungen: Haliclona
Chalinula
Familie: Niphatidae
Gattungen: *Amphimedon*
Dasychalina
Niphates

Familie: Phloeodictyidae
Gattungen: *Aka*
Acanthostrongylophora
Oceanapia
Siphonodictyon
Familie: Petrosiidae
Gattungen: *Neopetrosis*
Petrosia
Xestospongia

Ordnung: **Dictyoceratida**
Familie: Spongiidae
Gattungen: *Coscinoderma*
Leiosella
Familie: Thorectidae
Gattungen: *Carteriospongia*
Collospongia
Fascaplysinopsis
Phyllospongia
Strepsichordaia
Familie: Irciniidae
Gattung: *Ircinia*
Familie: Dysideidae
Gattungen: *Dysidea*
Euryspongia
Lamellosysidea

Ordnung: **Dendroceratida**
Familie: Darwinellidae
Gattungen: *Aplysilla*
Chelonapsylla
Dictyodendrilla

Ordnung: **Verongiida**
Familie: Pseudoceratinidae
Gattung: *Pseudoceratina*
Iantella
Familie: Aplysinellidae
Gattung: *Suberea*

Klasse: **Calcarea** (Kalkschwämme)
Ordnung: **Clathrinida**
Familie: Clathriniidae
Gattung: *Ernstia*
Familie: Leucasidae
Gattungen: *Heteropia*
Leucetta
Pericharax
Familie: Leucaltidae
Gattung: *Leucaltis*

Ordnung: **Leucosolenida**
Familie: Heteropiida
Gattung: *Uteopsis*

Alvarez, B., Hooper, J.N.A & van Soest, R.W.M. (2008): Pipestela, a new genus of Axinellidae (Porifera, Demospongiae: Halichondrida) and description of new species. Memoirs of the Queensland Museum 52.

Alvarez, B. & J.N.A. Hooper (2011): Taxonomic revision of the order Halichondria (Porifera: Demospongiae) of Northern Australia. The Beagle, Record of the Museum of Art and Galleries.

Alvarez, B., N.J. Voogd & R.W.M. van Soest (2016): Sponges of the family Axinellidae (Porifera, Demosponiae) in Indonesia. Zootaxa 4137 (4).

Allen, G. R. (1994): Indo-Pacific coral reefs. Field Guide, Tropical Reef Research, Singapore

Coleman, N. (1991): Encyclopedia of marine animals. Blandford, London, UK.

Coleman, N. (2000): Marine List of the Maledives. Atoll Edition

Colin, P.L. & Arneson, Ch. (1995): Tropical Pacific Invertebrates. Coral Reef Press, Beverly Hills, USA.

Collin, P.L (2009): Marine environments of Palau. Indo-Pacific Press. California, USA.

De Voogd, N.J., Becking, L.E. & Cleary, D.F.R. (2009): Sponge Community composition in the Derawan Island, NE Kalimatan, Indonesia. Marine Ecology y Progress Series 396.

Erhardt, H. & Moosleitner, H. (1995): Meerwasser-Atlas Band 2 und 3 Wirbellose Tiere, Mergus-Verlag, Melle, BRD.

Erhardt, H. & Baensch, H. (1998): Meerwasser-Atlas, Band 4 Wirbellose Tiere. Mergus-Verlag, Melle, BRD.

Erhardt, H. & Baensch, H. (2000): Meerwasser-Atlas Band 5 Wirbellose Tiere, Mergus-Verlag, Melle, BRD.

Erhardt, H. & Knop, D. (2005): Korallenführer Indopazifik. Kosmos, Stuttgart, BRD

Erhardt, H. & Krimke, Ch. (2019): Tiere tropischer Korallenriffe. Druck & Design De Lange, Fritzlar, BRD.

Hooper, J.N.A & R.M.W. van Soest (2002): Systema porifera: A Guide to the Classification of Sponges. Volume 1, Springer N.Y.

Hooper, J.N.A. & R.W.M. van Soest (2002): Systema Porifera, a guide to the classification of the sponges. Vol. 1+ 2. Kluwer Academic/ Planum Publishers, N.Y, Boston, Dordrecht, London, Moscow.

Hoover, J.P. (1999): Hawaiis Sea Creatures. Mutual Publications, Honolulu, USA.

Longakit, M.B.A. & Sotto, F. and Kelly (2005): The Shallow Water Marine Sponges (Porifera) of Cebu, Philippines. University of San Carlos, Philippines.

Kelly, M. & Bell, L.J. (2016): Splendid sponges of Palau, Version 1.

Kelly, M. & L. Vacelet (1995): A revision of *Diacarnus* BURTON and *Negombata* De LAUBENFELD (Demospongiae: Latrunculida) with description of new species from the west central Pacific and the red Sea. Memoirs of the Queensland Museum 38.

Müller, W.E.G & Schröder, H.C. (1997): Bioaktive Substanzen aus Schwämmen: Gene weisen den Weg bei der Suche nach neuen Arzneimitteln. Biologie unserer Zeit, Band 27 (6),

Santodomingo, N. & L.E. Becking (2018): Unravelling the moons: review of the genus *Paratetila* and *Cinachyrella* in the Indo-Pacific (Demospongiae, Tetractenellida, Tetillidae). Zookeys 1.

Van Soest, R.W.M. (1989). The Indonesian Sponge Fauna: A Status Report. Netherlands Journal of Sea Research 23 (2), Netherlands.

Van Soest, R.W.M. (1990): Shallow Water Sponges of Eastern Indonesia. Washington DC: Smithsonian Institutions Press, USA.

Van Soest, R.W.M & De Voogd, N.J. (2015): Calcereous sponges of Indonesia. Zootaxa 395 (1).

Van Soest, R. & De Voogd, N.J. (2018): Calcereous sponges of the Western Indian Ocean and Red Sea. Zootaxa 4426 (1).

Internet:

www.floridamuseum.ufl.edu/iz/recources/guam-reefs/porifera

www.marinespecies.org/aphia.php?p=taxdetails&id=166610

www.starfish.ch/c-invertebrates/schwamm.html

www.coralreefpalau.org/wp-content/uploads/2017/04/splendid-sponges-of-palau.pdf

www.meerwasser-lexikon.de

www.anamaldiversity.org/account/porifera

www.britanica.com/animal/sponge-animal

www.floridamuseum.ufl.edu/recources/guam-reefs/porifera

www.biologie-seite.de/Biologie/Schwämme

www.marinespecies.org/photogallery.php

www.planet-wissen.de/natur/tiere_der_tiefsee

www.william-hogarth.de/Aachen 2001

www.spiegel.de

Christina Krimke & Dr. Harry Erhardt

WEICHTIERE

INDOPAZIFISCHER KORALLENRIFFE

INHALT

Meeresschnecken begleiten mein Leben, solange ich zurückdenken kann, denn schon als Kleinkind habe ich sehr gerne mit ihnen gespielt. Ihre glatte und glänzende Oberfläche mit all den großartigen Mustern haben mich magisch und optisch fasziniert.

Bei uns zuhause befanden sich, versteckt in den Schubfächern unserer Wohnwand, viele bunte und unterschiedlich große Schnecken vieler Gattungen und Arten, die in durchsichtigen Acrylschachteln einsortiert und mit Namen, Fundort und Datum versehen waren.

Ich habe sie zum Spielen aus den Schachteln herausgeholt, im Wohnzimmer auf den Boden verteilt oder sie einfach nur angefasst. Gar nicht bewusst, welchen Schatz ich da in den Händen hielt, habe ich sie nach Größe sortiert, Familienstrukturen gebaut und mit ihnen „gemurmelt". Mein Vater war nicht gerade begeistert davon, als er nachhause kam und das Schneckenchaos betrachtete, das ich angerichtet hatte. Nur mit Hilfe eines Bestimmungsbuches waren die vielen Schnecken wieder in die dafür vorgesehenen Acrylschachteln einzuordnen.

Aber woher kamen eigentlich die vielen Schnecken, die mich in meiner Jugend begleiteten? Die großen Schnecken, die sich in einem Glasregal stapelten, kamen aus der Karibik. Mein Vater hatte sie im Karibischen Meer während eines mehrjährigen, wissenschaftlichen Aufenthaltes gesammelt. Eine große Flügelschnecke der Gattung Strombus (Strombus gigas) mit einem rosaroten Mund in der Apertur war dabei, wie auch eine große Turmschnecke der Gattung Turbinella (Turbinella angulatus) und Helmschnecken der Gattung Cassis (Cassis madagascariensis). Sie alle befinden sich heute in einem Museum.

Die kleinen Schnecken und besonders die, die sich in den Schubfächern der Wohnwand befanden, hatte mein Vater von einem befreundeten Weltumsegler im Tausch gegen eine spezielle Schiffsschraube, die nur in der Schweiz zu erwerben war, eingetauscht. Diese vielen wunderbaren Schnecken hatte der Weltumsegler auf seinem langen Weg von der Westküste Amerikas und Kanadas quer über den weiten Pazifik bis in das Rote Meer gesammelt, präpariert und gereinigt. Zu der damaligen Zeit war das Sammeln von Meeresorganismen noch erlaubt, anders, als es sich heute - Gott sein Dank - darstellt. Auch ein Großteil dieser Schnecken befindet sich heute in einem Museum.

Viele Jahre später, während meiner Zeit als Teenager, fuhren wir alljährlich während der großen Ferien mit unserem „Bulli", einem Motorboot an der Anhängerkupplung und mit umfangreichem Tauchgerödel im Gepäck nach Kroatien an das Mittelmeer. Und während dieser Zeit begleitete ich meinen Papa täglich auf seinen Tauchgängen und war begeistert von dem, was ich unter Wasser sah. Denn auch hier waren Muscheln und Schnecken zu finden. Besonders die hell glitzernd aus der Tiefe leuchtenden Seeohren (Haliotis lamellosa), die bereits von Tintenfischen ausgefressen, und deren innere Schalenwände mit Perlmutt ausgekleidet waren, erregten meine Aufmerksamkeit und steigerten meine Sammeltätigkeit.

Besonders gerne bin ich unter Wasser auf die Suche nach bunten Nacktschnecken gegangen, auf die ich dann meinen Vater aufmerksam gemacht habe, damit er sie fotografiert. Aus dieser Zeit am Mittelmeer verbinden mich auch besondere Erlebnisse, die ich beim Tauchen mit

Seehasen des Mittelmeeres (Aplysia depilans, Aplysia fasciata) hatte. Hatte ich eines dieser großen und samtweichen Tiere gefunden, dann habe ich sie während des Tauchgangs so lange mit mir herumgetragen, bis sie begannen, ihren Tintenbeutel zu leeren und die Tinte in das Meerwasser zu entlassen. Wolken dieser ausgestoßenen Tinte verdunkelten dann das Gesichtsfeld. Dann war auch mir klar, dass ein Seehase kein Kuscheltier ist. Ich habe die Tiere dann schnellstmöglich wieder in die Freiheit entlassen.

Auch noch heute begleiten mich und meine Familie viele Schnecken in unserem Wohnbereich. Sie befinden sich bei uns unter einer Glasscheibe des Couchtisches verteilt auf Meeressand. Ein schöner Anblick, der stets Erinnerung wachruft.

Auch wenn wir heute als Familie Urlaub an der See machen, dann laufen wir stets in gebückter Haltung die Strände entlang, immer auf der Suche nach einer schönen Schnecke oder Muschel, die das Meer an den Strand gespült hat. Die Liebe zu den wunderschönen Schnecken und Muscheln der Weltmeere habe ich auch an meine liebe Tochter vererbt.

Letztlich haben alle Erlebnisse dazu geführt, dass wir unser umfangreiches Unterwasser-Bildarchiv nach Weichtieren durchsucht haben, denn wir wollten herausfinden, wie viele Weichtiere wir in alle den vielen Jahren fotografisch erfasst hatten und ob die Ausbeute reicht, ein Buch zu veröffentlichen. Für den Faunenbereich des Indopazifk hat es gereicht, doch für den Bereich der Karibik und den Atlantik jedoch nicht. Und so präsentieren wir hier unsere Ergebnisse aus dem Faunenbereich des Indopazifiks in diesem Buch.

Fritzlar, Januar 2022 — Christina Krimke

Weichtiere sind ein sehr erfolgreicher Tierstamm und mit weit über 150.000 unterschiedlichen Arten auf unserer Erde vertreten. Sie haben fast alle Lebensräume erobert, so die Meere, das Süßwasser und das Festland. Ihre Formenvielfalt und ökologische Verbreitung ist im Meer besonders vielfältig, denn sie besiedeln alle Bereiche der Weltmeere und kommen von den extremen Brandungszonen der Küsten bis in die Sedimente der Tiefsee vor. Einige sind sogar in der Lage, frei und aktiv zu schwimmen.

Zu den Weichtieren zählen folgende Klassen: Käferschnecken (Placophora), Wurmmollusken (Aplacophora), Schnecken (Gastropoda), Muscheln (Bivalvia), Kahnfüßler (Scaphopoda) und die Kopffüßler (Cephalopoda). Nur einige dieser Klassen werden folgend beschrieben und verschiedene Arten vorgestellt.
Der Körper der Weichtiere gliedert sich in drei Abschnitte: In **Kopf, Fuß** und **Eingeweidesack**, der von einem Mantel umhüllt wird. Dieser scheidet auch die äußere Schale ab, die uns in Form von Stacheln, Schuppen, Schalen, Platten und Gehäusen bekannt sind. Sie alle können extrem vielgestaltig sein und waren seit jeher Objekte menschlicher Sammelleidenschaft.

In der Regel bestehen die Kalkbildungen der Weichtiere aus drei Schichten: Einer inneren Perlmuttschicht, einer mittleren Prismenschicht und einer chitinigen Außenhaut, dem Periostracum. Diese Außenhaut ist bei verlassenen oder ausgefressenen Gehäusen, bei Strandfunden und gekauften Sammelobjekten meist nicht mehr vorhanden, da diese Außenhaut durch Austrocknung oder bei der Erosion durch Wind und Wellen abgeblättert ist. Ein inneres Skelett tritt nur bei einigen Kopffüßlern auf, wie bei den Sepien, das wir als Rückenschulp (Os sepium) kennen.

Der **Kopf** ist vom Rumpf nicht immer eindeutig abgesetzt. Bei einigen Weichtieren ist er reduziert oder, wie bei den Muscheln, nicht mehr vorhanden. Am Kopf befinden sich der Mund und die zentralen Teile des Nervensystems sowie viele Sinnesorgane. Neben den Mechano- und Chemorezeptoren haben viele Weichtiere Lichtsinnesorgane entwickelt. So besitzen Schnecken und Kopffüßler Linsenaugen in den unterschiedlichsten Entwicklungsstufen. Einige Muscheln, wie die Pilgermuscheln (Pecten) tragen viele kleine und primitive Grubenaugen am Mantelrand, die eine Hell-Dunkel-Wahrnehmung ermöglichen. Die Mechanorezeptoren (Fühler, Tastorgane) befinden sich an vielen Kopftentakeln, an den Rhinophoren (Strömungsorgane) und an den Saugnäpfen bei den Kopffüßlern. Am Kopf befindet sich der Mund, der bei den Muscheln fehlt. Diese sind Filtrierer, die mit Hilfe von Kiemen ihre Nahrung aus dem vorbeidriftenden Wasser herausfiltern. Bei den parasitisch lebenden Schnecken ist der Mund weitgehend reduziert.

Im Mundraum befindet sich eine für diesen Tierstamm so typische Raspelzunge (**Radula**), die aus einer Membran besteht, auf der „Zähne" in Längs- und Querreihen angeordnet sind.

Diese Raspelzunge ist eine Spezialeinrichtung der Weichtiere, die zum Erwerb, Verschlingen und Zerkleinern der Nahrung eingesetzt wird. Sie kann verschieden gestaltet sein und ist abhängig von der Art der Nahrungsaufnahme.
Bei den pflanzenfressenden Weichtieren ist sie weitgehend gleichförmig, bei den Carnivoren (fleischfressenden) dagegen vielgestaltig ausgebildet. Mit Hilfe der Radula haben Weichtiere die unterschiedlichsten Lebensräume und deren Nahrungsquellen erschlossen und sind dabei im Verlaufe der Evolution außerordentlich erfolgreich gewesen. Sind die Zähne einer Radula abgenutzt oder abgebrochen, so werden sie durch ständig nachwachsende Reihen ersetzt, ähnlich wie bei einem Haigebiss.

Der **Fuß** hat sich aus einem Hautmuskelschlauch entwickelt und ist ursprünglich als Kriechfuß angelegt worden. Er besteht aus einem dreidimensionalen Muskelgeflecht und aus flüssigkeitsgefüllten Lakunen. Mit seiner Hilfe können Weichtiere graben, kriechen und schwimmen. Sonderbildungen des Fußes sind z.B. die lappenartigen Verbreiterungen (Parapodien) bei den Seehasen, die zum Schwimmen eingesetzt werden. Aber auch die zungenförmige Gestalt des Fußes bei den Muscheln ist eine Anpassung an ihre grabende Tätigkeit. Die wohl stärkste Modifikation des Fußes ist bei den Kopffüßlern zu beobachten. Bei ihnen ist der Fuß zu den langen Fangarmen umgestaltet worden.

Der **Eingeweidesack** ist vom Fuß durch eine ringförmige Mantelfalte getrennt und stelle eine dorsale Erweiterung des Körpers dar. Er enthält alle wichtigen vegetativen Organe, wie Darm, Magen, Gonaden, Mitteldarmdrüse, Herz und Nieren. Das Blutgefäßsystem ist offen, doch nur bei den Kopffüßlern ist es weitgehend geschlossen. Ein Herz ist vorhanden, das in Kammer und Vorkammer gegliedert ist. Es wird von einem Herzbeutel (Pericard) umschlossen.

Weichtiere sind entweder getrennt geschlechtlich oder Zwitter. Die äußere Befruchtung der Keimzellen findet im freien Wasser statt. Die Entwicklung und Verbreitung läuft über planktische Larvenstadien. Kopulationen sind bei den Schnecken, Kopffüßlern und bei den Lungenschnecken bekannt. Zwittrige Schnecken bilden manchmal Fortpflanzungsketten. Die Fortpflanzungs- und Laichzeit wird durch Hormone und Neurosekrete gesteuert. Aber auch äußere Faktoren spielen hier eine wichtige Rolle, wie die Temperatur und die Mondphasen. Einfache Formen der Brutpflege gibt es in mehreren Klassen der Weichtiere.

Weichtiere haben eine große wirtschaftliche Bedeutung. Sie sind für viele Menschen auf dieser Erde eine wichtige Proteinquelle, allen voran die Muscheln, die in unterseeischen Farmen gezüchtet werden. Weit über 6 Millionen Tonnen an Weichtieren werden alljährlich aus den Meeren gefischt, wobei die Muscheln und die Kopffüßler auch hier den größten Anteil stellen. Wenn man noch die vielen Industriezweige hinzurechnet, die sich mit der Zucht und Verarbeitung von Weichtieren beschäftigt (Schmuck- und Perlenindustrie, Austernzucht), dann kommt ein Milliardengeschäft zusammen. Früher wurden Weichtiere vielfältiger genutzt als heute. Sie waren Zahlungsmittel und eine Kalkquelle für die Bauindustrie.

Leider hat der Mensch schon lange begonnen, viele Arten durch Aufsammeln zu dezimieren oder sogar auszurotten. Durch die Verschmutzung der Meere hält dieser Negativtrend bis heute an und verstärkt sich zunehmend von Jahr zu Jahr. Wenn diese Entwicklung so weiter voranschreitet, dann wird der Mensch eine sehr wichtige Nahrungsgrundlage und Eiweißquelle auf dieser Erde in nur wenigen Jahrzehnten vernichtet haben.

Schnecken *(Gastropoda)* –Leben in einem Gehäuse

Schnecken sind innerhalb des Stammes der Weichtiere eine sehr formenreiche Klasse, die über 100 000 Arten umfasst. Die meisten von ihnen leben im Meer. Hier haben sie fast alle Lebensräume von den Brandungszonen der Küsten bis hinab in die Tiefsee erobert. Eine grosse Anzahl von ihnen lebt im Brack- und Süßwasser und die über Lungen atmenden Schnecken haben sogar das Festland erobert. Die Grösse ihrer Gehäuse reicht von nur wenigen Millimetern bis zu 70cm Länge.
Schnecken sind den ökologischen Bedingungen ihres jeweiligen Lebensraumes ausserordentlich gut angepasst. Sie können vielfach extreme Schwankungen in ihrem Lebensraum und sich ständig ändernden Umweltbedingungen vertragen und sie auch kompensieren. Lediglich Säure- und Salzgehaltsschwankungen sind Faktoren, die ihrer Verbreitung Grenzen setzen.
Das wohl bekannteste und auffälligste Merkmal aller Schnecken ist das Schneckengehäuse. Seit Jahrtausenden haben sie die Menschen fasziniert und begeistert. Sie wurden als Schmuck-, Tausch- und Zahlungsmittel verwendet und zu Gebrauchsgegenständen umfunktioniert. Bis in die heutige Zeit hat diese Faszination nicht nachgelassen.
Das Schneckengehäuse besteht aus Kalziumkarbonat und wird vom Mantel der Tiere gebildet und abgeschieden. Es ist in der Regel spiralig aufgedreht. Die einzelnen Windungen beginnen an der Gehäusespitze (Apex), die damit auch die älteste Windung darstellt. Alle folgenden Windungen werden im Verlaufe des Wachstums der Schnecken größer und weitlumiger und enden in einer grossen Öffnung, der Apertura.
Schneckengehäuse sind in der Regel rechts gewunden. Gelegentlich kommen auch bei ein und derselben Art links gewundene Schalen vor, die Seltenheitswert besitzen und die besonders von Schneckensammlern ausserordentlich geschätzt und gut bezahlt werden.
Die inneren Wandungen der Gehäuseumgänge verschmelzen in der Regel zu einer Kalkspindel (Columella), ähnlich einer Wendeltreppe, die von der Mündung der Schale bis hinauf zur Spitze führt. Von der engsten Windung entspringt ein Muskelstrang (Spindelmuskel), der in den Kopf und in den Fuss der Tiere hineinstrahlt und der die Aufgabe hat, den Weichkörper der Schnecken bei Gefahr oder sich verschlechternden Umweltbedingungen in das schützende Gehäuse hineinzuziehen. Das Schneckengehäuse ist damit über den Spindelmuskel fest mit den Tieren verbunden.
Das Schneckengehäuse schützt seine Bewohner vor ihren zahlreichen Fressfeinden und vor widrigen Umweltbedingungen. Zusätzliche Verstärkungen an der Schalenoberfläche wie Stacheln, Dornen, Wülste, Höcker und spezielle Verdickungen erhöhen die Haltbarkeit der Gehäuse und dienen damit in erster Linie dem Schutz der Tiere. Zusätzlich kann bei vielen Schnecken die grosse Schalenöffnung durch eine chitinige oder kalkige Platte (Operculum) verschlossen werden. Dieses Operculum ist eine selbstständige, organische Bildung des Fusses und hat mit der Kalkschalenbildung der Schneckenschale nichts zu tun.
Eine Schalenhaut (Periostracum) bedeckt stets das gesamte Schneckengehäuse. Sie ist sehr

dünn, kann aber bei einigen Arten auch recht kräftig ausgebildet sein. Daher blättert sie auch sehr schnell ab, sobald das Gehäuse ausgefressen ist und auszutrocknen beginnt.
Der Fuss, der das oft sehr schwere Schneckengehäuse und das sich darin sich befindliche Tier trägt, ist auffallend gross und muskulös. Er dient der Fortbewegung. Eine Voraussetzung dafür ist, dass er anschwillt und sich vergrössert. Das bewirken zahlreiche Blutlakunen, die mit Hämolymphe gefüllt werden und den Fuss prall anschwellen lassen. Die Fussunterseite ist sohlenartig abgeplattet. Das Haften am Untergrund wird durch Schleimabsonderungen verstärkt, wobei eine grosse und schlauchförmige Drüse im Fuss das Sekret dafür liefert. Mit Hilfe wellenartiger und rhythmischer Muskelkontraktionen, die von vorne nach hinten verlaufen, kriechen Schnecken praktisch auf selbst erzeugten Schleimbahnen. Die vorwärts gerichteten Bewegungen sind langsam, ja fast bedächtig. Bei jeder Vorwärtsbewegung prüfen Sinneszellen an den Seitenrändern des Fusses den Untergrund, so dass die Schnecken Hindernissen ausweichen und sie umkriechen können.
Etwas oberhalb des Fusses, am vorderen Bewegungspol gelegen, befindet sich der Kopf. Er ist in der Regel gut ausgebildet und trägt 2 oder 4 Fühler, ein paar Augen und die Mundöffnung. An der Basis des einen Fühlerpaares befinden sich Napf- oder Linsenaugen, die der optischen Wahrnehmung dienen. Die Leistung der Augen ist gering und ihr Sehbereich hält sich in Grenzen. Er reicht nur von wenigen Millimetern bis hin zu einigen Zentimetern.
Zahlreiche Sinneszellen für die chemische und mechanische Wahrnehmung befinden sich im anderen Fühlerpaar. Mit ihrer Hilfe tasten Schnecken den Boden ab, finden ihren Weg zur Nahrung und prüfen diese chemisch. Die Mundöffnung trägt die für alle Weichtiere typische Reibplatte (Radula), die mit zahlreichen Zähnchen dicht besetzt ist und aus Chitin besteht. Sie ist vielgestaltig und fehlt nur den parasitisch lebenden Schnecken.
Die Form und die Anordnung der Radulazähnchen sind artspezifisch. Sie dient als wichtiges Bestimmungsmerkmal der Arten. Den bestimmten Formen der Zähnchen lassen sich auch bestimmte Ernährungsweisen zuordnen. So erkennt man sofort im mikroskopischen Bild einer Radulaoberfläche, ob es sich bei der zu untersuchenden Schnecke um einen Weidegänger, einen Strudler, Bohrer oder um einen Schlinger handelt. Stets dient die Radula der Nahrungsaufnahme, der Zerkleinerung grösserer Brocken und bei den räuberisch lebenden Schnecken zum Bohren in Muscheln. Ganz einfach gesagt befähigt die Radula die Schnecken zur Nutzung einer breiten Palette von Nahrungsquellen.
Die Nahrung wird von den Schnecken chemisch und mechanisch aufgespürt, wobei auch Geschmacksinneszellen innerhalb der Mundregion die Qualität der Nahrung prüfen. Da Schnecken überwiegend Pflanzenfresser sind, nehmen sie Pflanzenteile auf oder schaben den pflanzlichen Aufwuchs vom Untergrund mit Hilfe ihrer Radula ab. Viele Schnecken sind Räuber und Aasfresser. Manche betätigen sich als Strudler, wobei sie sich vom Plankton ernähren.
Der Eingeweidesack ist von einem Mantel bedeckt, der sich vom Rücken her über den Körper der Tiere zieht. Der verbleibende Raum zwischen dem Mantel und dem Eingeweidesack bildet die Mantelhöhle. In ihr münden die Kiemen (Ctenidien), der After und die Ausführgänge

der Nieren und Gonaden. Der Eingeweidesack folgt den Spiralwindungen des Gehäuses. Daher erscheinen dem Anatomen die Organe der Schnecken verdreht, kompliziert und unübersichtlich. Bereits schon die Larven zeigen diese Verschiebungen, wobei die inneren Organe ihre Lage verändern. Alles, was vormals hinten lag, wird durch eine maximale Drehung (Torsion) um 180 ° nach vorne verlagert, wobei sich die grossen Nervenkomissuren überkreuzen (Streptoneurie). Dieser Vorgang ist so komplex und zudem so kompliziert, dass man ihn in der Spezialliteratur nachlesen sollte. Dennoch ist dieser Vorgang für die Zuordnung der Arten zu den beiden Unterklassen ein wichtiges Kriterium. Sind nämlich die beiden Nervenkommissuren nach erfolgter Torsion überkreuzt, dann gehören die Schnecken zu der Unterklasse der **Streptoneura**. Sind die Kommissuren nicht überkreuzt, dann sind die Schnecken der Unterklasse der **Euthyneura** zuzuordnen.
Die meisten Schnecken sind getrennt geschlechtlich. Einige von ihnen sind Zwitter und nur ganz wenige lebend gebärend. Die Geschlechtprodukte werden in das Meerwasser entlassen, wo auch die Befruchtung stattfindet. Aus den im Plankton treibenden Eizellen entwickeln sich über 2 Larvenstadien (1. Larve: **Trochophora**; 2. Larve: **Veliger**) die Jungschnecken. Das 1. Larvenstadium dauert in der Regel nur wenige Stunden.
Schnecken mit höher entwickelten Geschlechtorganen kopulieren. Der Samen wird mit Hilfe eines Penis in die weibliche Geschlechtsöffnung eingebracht. Die befruchteten Eier werden in hornige Kapseln gepackt und in Form von Bändern, Klumpen und Schnüren abgelaicht und an Steinen, Pflanzen oder anderen festen Gegenständen befestigt. Aus ihnen schlüpfen Larven, die sich zu Jungschnecken entwickeln.
Schnecken sind entweder tagaktiv, nachtaktiv oder beides. Sie zu finden, wird immer schwerer, da sie fast überall entlang der Küsten aufgesammelt und in Souvenirläden verkauft werden.
Schnecken werden in 3 Unterklassen eingeteilt: In die Vorderkiemer (Prosobranchia), die Hinterkiemer (Opisthobranchia) und in die Lungenschnecken (Pulmonata). Fast alle Meeresschnecken, die ein Schneckengehäuse tragen, sind Vorderkiemer. Diese Bezeichnung beschreibt die Tatsache, dass bei ihnen die Kiemen nach der Torsion des Eingeweidesackes vor dem Herzen zu liegen kommen.
Die Bedeutung von Schnecken als Nahrung für eine Vielzahl von Tieren im Meer ist gigantisch. Ihre wirtschaftliche Bedeutung für uns Menschen ist oft nur regional zu beurteilen. Die grosse Flügelschnecke der Karibik z.B., Strombus gigas, hatte noch vor 40 Jahren eine grosse Bedeutung für die Ernährung der Küstenbevölkerung im tropischen Westatlantik. Mittlerweile ist sie aufgesammelt und an vielen Küsten im Karibischen Raum unwiderbringbar ausgerottet. Kegel- und Porzellanschnacken sind weltweit begehrte Sammelobjekte und werden oft zu stolzen Preisen gehandelt. In Südostasien stellt man noch in Handarbeit Schmuck, Ziergegenstände und auch viel Kitsch aus Schneckengehäusen her.

Gehörnte Helmschnecke (Cassis cornuta) Foto: Malaysia, Lankayan

Gehörnte Helmschnecke (*Cassis cornuta*) Apertur Foto: Papua Neuguinea, Milne Bay

Warziger Furchenfuß *(Epimenia verrucosa)*

Furchenfüßer besitzen einen länglichen, fast wurmförmigen Körper, der seitlich abgerundet ist. Auf der flachen Bauchseite befindet sich eine schmale Furche, die sich von der Mundöffnung bis zur Kloake zieht. Man deutet diese Furche als einen zurückgebildeten Fuß. Die Haut der Tiere trägt glänzende Hautschuppen. Die Art ihrer Forwärtsbewegung ist schlängelnd, wobei sie sich auf kurzen Wimpern fortbewegen. Überwiegend jedoch sitzen sie auf ihren Fresssubstraten, mit der Mundöffnung daran festgesaugt. Als eine wurmähnliche Struktur übersieht man diese Tiere sehr schnell, da man ihre Gestalt nicht mit dem Begriff einer Schnecke verbindet. Warzige Furchenfüßler werden maximal 18cm lang und sind vom Indischen Ozean bis nach Australien und Japan verbreitet.

Foto: Malediven, Ari-Atoll

Variables Seeohr *(Haliotis varia)*

Variable Seeohren besitzen schmale, flache und ohrenförmige Gehäuse mit einer kleinen und flachen Spirale am Schalenende. Die Schalenoberfläche ist rau, warzig bis pustulös und in der Regel von Kalkalgen und verschiedenen Wirbellosen bewachsen und von feinem Sediment bedeckt. Auffallend ist die Lochreihe an der Seite der Schale, durch die die Kiemen zur Atmung in das Wasser gestreckt werden. Seeohren sind Einzelgänger, die tagsüber festgesaugt mit einem breiten Fuß an toten Korallen, Steinen und in Ritzen leben und erst in der Nacht der Untergrund nach Algen abweiden. Sie sind Tiere des Flachwassers, die sich besonders in den Brandungszonen aufhalten. Ihr Fleisch ist essbar. Gerade Variable Seeohren sind in ihrer Skulptur und in Farbe und Muster der Schale, sehr verschieden. Sie sind im Indopazifik von Ostafrika, Indonesien und den Philippinen bis nach Australien, Melanesien und Japan weit verbreitet.

Foto: Papua Neuguinea, Milne Bay

Epimenia verrucosa, Malediven, Ari-Atoll

Haliotis varia, Papua Neuguinea, Milne Bay

Schwarze Schildschnecke *(Scutus unguis)*

Schildschnecken besitzen eine weiße, länglich-ovale, napfförmige, 3-4cm große und flache Schale, die von einem schwarzbraunen, mosaikförmig gezeichneten Mantel völlig bedeckt wird. Die schlitzförmige Öffnung des Mantels auf dem Bild zeigt einen Teil der weißen Schalenoberfläche. Damit ist das Tier selbst wesentlich größer als die Schale und kann sich darin nicht mehr bei Gefahr zurückziehen. Stattdessen verstecken sie sich tagsüber unter Steinen und toten Korallen und begeben sich erst in der Nacht auf Nahrungssuche. Ihre Beute sind koloniale Manteltiere. Schwarze Schildschnecken sind Tiere des Flachwassers. Sie sind im Roten Meer und im gesamten Indopazifik weit verbreitet und werden, bei geschlossenem Mantel, sehr oft für Nacktschnecken gehalten.

Fotos: Papua Neuguinea, Milne Bay, Indonesien, Raja Ampad

Scutus unguis, Papua Neuguinea, Milne Bay

Scutus unguis, Indonesien, Raja Ampad

Schlüsselloch-Napfschnecke *(Macrochisma sp.)*
Napfschnecken sind Tiere des flachen Wassers und überwiegend Felsbewohner, die besonders in der Spritzwasserzone ihren Lebensraum finden. Das hier gezeigte Tier bewegt sich auf Korallenbruch im Bereich zwischen Ebbe und Flut und nimmt gerade in der Nacht einen Stellungswechsel vor. Sein langgestreckter Körper trägt im vorderen Teil des Rückens ein kleines, längliches und sattelförmiges Gehäuse, das in seinem Zentrum ein längliches Loch besitzt. Es hat die Form eines Schlüsselloches. Aus diesem Loch hervor ragt ein langer und schlauchförmiger Sipho in das freie Wasser. An den radial gerippten Schalenrändern befinden sich die baumförmigen Kiemen. Lochnapfschnecken sind nachtaktive Weidegänger, die sich von Algen ernähren, die sie vom Untergrund abschaben. Mehrere Arten sind an den indopazifischen Riffen zu finden, die anhand von Bildern nicht eindeutig zu bestimmen sind. Ein Taxonom benötigt unbedingt die Schale der Tiere für die eindeutige Bestimmung der jeweiligen Art.

Foto: Indonesien, Komodo

Gefleckte Kegelschnecke *(Trochus maculatus)*
Gefleckte Kegelschnecken besitzen ein kegelförmiges und festes Gehäuse mit rötlich gefleckten Zeichnungen und flacher Basis. Die rötlichen Flecken auf der Schale sieht man bei älteren Tieren allerdings nicht mehr. Ihr Gehäuse ist in der Regel bis zur Unkenntlichkeit von Kalkalgen, Schwämmen, Moostierchen und anderen krustenbildenden Wirbellosen bedeckt. Nur die langen und schwarz-gelb gezeichneten Fühler und Teile des Fußes und des Mantels werden sichtbar, wenn die Schnecken sich bewegen. Ein dünner und horniger Deckel (Operculum) kann die Gehäuseöffnung bei Gefahr verschließen. Gefleckte Kegelschnecken sind Weidegänger des Flachwassers. Sie leben auf Riffdächern, in der Brandungszone und am oberen Riffhang und ernähren sich von benthischen Algen, die sie mit Hilfe ihrer Raspelzunge (Radula) vom Untergrund abschaben. Sie leben einzeln, kommen jedoch in ihrem Verbreitungsgebiet mancherorts in einer größeren Individuendichte vor. Verbreitet sind sowohl im Roten Meer als auch im gesamten Indopazifik.

Foto: Indonesien, Bali

Macrochisma sp., Indonesien, Komodo

Trochus maculatus, Indonesien, Bali

Gezahnte Kreiselschnecke *(Tectus dentatus)*

Gezahnte Kreiselschnecken besitzen ein kräftiges, dickwandiges und kegelförmiges Gehäuse mit einem hohen und spitze Gewinde und vielen, stumpfen Knoten an den Umgängen. Mit einer runden Basis, die dem Profil des Untergrundes angepasst ist, leben sie, festgesaugt auf Hartsubstrat mit einem kräftigen Fuß, im Flachwasser der Riffe auf Riffdächern, in der Brandungszone und an der Riffkante nahe der Wasseroberfläche. Meist sieht man nur ihre Fühler unter dem kräftigen Gehäuse sich vortasten. Die Schalenöffnung kann mit einem dünnen und hornigen Deckel verschlossen werden. Gezahnte Kreiselschnecken sind Pflanzenfresser, die in der Nacht den Untergrund nach Algen abweiden. Ihre großen Gehäuse sind oftmals von Kalkalgen, Moostierchen und anderen kleinen wirbellosen Tieren so bewachsen, so dass die Schneckenschale darunter kaum noch zu erkennen ist. Gezahnte Kreiselschnecken werden maximal 10cm groß und leben an den Riffen im Roten Meer und im gesamten Indopazifik.

Foto: Ägypten, Safaga

Pyramiden-Kreiselschnecke *(Tectus pyramis)*

Schnecken dieser Art sind Tiere des Flachwassers. Sie besitzen ein pyramidenförmiges und dickwandiges Gehäuse, das eine flache Basis, ein hohes Gewinde und eine perlmuttige Mündung besitzt. Feine und unregelmäßige Knoten in Spiralreihen sind darauf angeordnet. Bei älteren Tieren kann das Gehäuse stark von Kalkrotalgen und Moostierchen bewachsen sein. Es wird maximal 8cm groß. Pyramiden-Kreiselschnecken sind Weidegänger, die sich überwiegend von Algen ernähren, die sie mit Hilfe ihrer Raspelzunge (Radula) vom Untergrund abschaben. Die Schnecke selbst ist auf seinen Weidegängen fast nicht sichtbar und bleibt im Gehäuse verborgen. Nur die zarten Fühler werden vorsichtig ausgestreckt. Die Verbreitung der Art reicht im Indopazifik von Indonesien und den Philippinen bis nach Australien und Japan.

Foto: Papua Neuguinea, Milne Bay

Tectus dentatus, Ägypten, Safaga

Tectus pyramis, Papua Neuguinea, Milne Bay

Knopf-Kreiselschnecke *(Tectus niloticus)*

Knopf-Kreiselschnecken sind die größten Kreiselschnecken an den Riffen im Indopazifik. Sie leben an exponierten und algenbestandenen Riffabschnitten, so an wellenexponierten Brandungszonen, auf dem Riffdach und am oberen Riffhang, wo sie den Untergrund nach Algen abweiden. Ihr großes und kegelförmiges Gehäuse, das bis zu 15cm wachsen kann, ist in der Regel weitgehend von Kalkalgen und anderen, wirbellosen Tieren bewachsen, so dass man die rostrote Bänderung der Schale nicht mehr erkennen kann. Erst nach einer gründlichen Reinigung wird diese Bänderung sichtbar. In früherer Zeit wurden die Schneckengehäuse von den Fischern in großen Jutesäcken freitauchend gesammelt, gekocht, die Schale poliert und an die Knopfindustrie verkauft. Ihr wohlschmeckendes Fleisch wurde geräuchert und auf den Märkten zum Verkauf angeboten. Heute sind sie kaum auffindbar und wenn ja, dann findet man ihre Gehäuse gelegentlich noch in Andenkenläden, aber nicht dort, wo sie hingehören: An den Riffen im Indopazifik.

Foto: Papua Neuguinea, Milne Bay

Indopazifische Turbanschnecke *(Turbo setosus)*

Turbanschnecken sind Einzelgänger auf Hartsubstrat, wo sie sich als Algenfresser von verschiedenen Algen ernähren. Sie sind Tiere des Flachwassers. Ihr dickschaliges Gehäuse wird maximal 6cm groß und ist mit zahlreichen abgeflachten Spiralrippen und dunkelbraunen bis grünlichen Flecken bedeckt, die sich mit hellen Tupfen abwechseln. Alle Turbanschnecken besitzen ein dickes, helles und stark verkalktes Operculum, das ihr Gehäuse verschließt und so vor Feinden und bei Ebbe vor Austrocknung schützt. Im gesamten Indopazifik sind sie weit verbreitet und wurden in schlechten Zeiten von der Küstenbevölkerung gesammelt, gekocht und gegessen.

Foto: Micronesien, Palau

Tectus niloticus, Papua Neuguinea, Milne Bay

Turbo setosus, Micronesien, Palau

Goldmund-Turbanschnecke *(Turbo chrysostomus)*

Goldmund-Turbanschnecken sind kleine Schnecken, die zwischen 5-8cm groß werden und ein kreiselförmiges Gehäuse besitzen, das zahlreiche Spiralrippen trägt. Ein kleines, dickes und annähernd rundes Operculum, das unterschiedlich gefärbt sein kann, verschließt die Schalenöffnung. Auf dem Bild ist das Operculum schwarz. Die Apertur, also die Schalenöffnung, ist goldfarben und ein wichtiges Bestimmungsmerkmale. Goldmund-Turbanschnecken sind im Indopazifik von Ostafrika bis nach Indonesien, Australien und Samoa verbreitet. Es sind Tiere des flachen Wassers, die auf Hartsubstrat auf dem Riffdach und in der Spritzwasserzone ihre Nahrung suchen, die aus Algen besteht. Das Operculum wird ähnlich wie bei der Katzenaugen-Turbanschnecke (Turbo petholatus) in der Schmuckindustrie verarbeitet.

Fotos: Indonesien, Molukken

Turbo chrysostomus, Indonesien, Molukken

Turbo chrysostomus, Apertur

Katzenaugen-Schnecke *(Turbo petholatus)*

Katzenaugen-Schnecken leben einzeln und sind im Flachwasser der Riffe im Roten Meer und im Indopazifik von Ostafrika bis Polynesien und Australien weit verbreitet. Sie besitzen ein glattes, glänzendes und wunderschön gezeichnetes Gehäuse, das sehr variabel gefärbt sein kann. So kann es ockerfarben, fleischfarben, cremefarben oder rosa mit weiten und unregelmäßigen, dunklen, meist braunen bis rotbraunen Axialbändern aussehen. Die Spiralreihen zeigen dunkle bis helle Bänder in Wellenlinien und dazu flammenartige Markierungen. Das Operculum ist dick und kalkig. Es wird wegen seines blaugrünen Zentrums auch als „Katzenauge" bezeichnet und in der Schmuckindustrie verarbeitet. Katzenaugen-Schnecken sind Algenfresser, die sich in Löchern und in Spalten tagsüber aufhalten und nachts mit Hilfe ihrer Raspelzunge (Radula) Algen vom Untergrund abraspeln.

Fotos: Philippinen, Cebu

Turbo petholatus, Philippinen, Cebu

Turbo petholatus, Apertur

Weißgefleckte Schwimmschnecke *(Nerita albicilla)*

Weißgefleckte Schwimmschnecken sind Einzelgänger, die jedoch aufgrund ihrer Häufigkeit gelegentlich kleine Gruppen bilden. Sie sind nachtaktive Weidegänger, die sich von Algen ernähren, die sie vom Untergrund mit Hilfe ihrer Radula abschaben. Tagsüber leben sie in Felsspalten im Bereich des Flachwassers und der Spritzwasserzone. Ihre Gehäuse zeigen eine große Variationsbreite an Farben, die von weiß und schwarz-weiß gebändert bis hin zu braunschwarz und schwarz reicht. Mit einem kalkigen Operculum sind sie in der Lage, ihr Gehäuse zu verschließen. So können sie ausreichend Wasser in ihrem Gehäuse speichern und sind damit in der Lage, längere Trockenperioden zu überstehen. Alle Arten aus dieser Familie besitzen nur eine Kieme und eine Niere, die bei anderen Schnecken paarig vorkommen.

Foto: Australien, Großes Barriereriff

Große Wurmschnecke *(Dendropoma maxima)*

Große Wurmschnecken leben in einer selbstgebauten, kreisrunden, anfangs spiralig gewundenen, dann gestreckten Kalkröhre, die sie mit einem hornigen Deckel, dem Operkulum, verschließen können. Die Kalkröhren werden von ihrer Siedlungskoralle umwachsen und bleiben zeitlebens darin eingeschlossen. In manchen Korallen erreichen sie eine erstaunliche Siedlungsdichte (Bild). Mit Hilfe eines Schleimnetzes, das eine Drüse erzeugt und das von der Strömung ausgebreitet wird, fangen sie Sinkstoffe und Planktonorganismen aus dem Wasser. Das ausgelegte Schleimnetz wird mehrmals in der Stunde eingeholt und verschlungen. Die daran haftenden und verwertbaren Anteile werden verdaut. Dieser Vorgang wiederholt sich bei Tag und in der Nacht. Große Wurmschnecken betreiben Brutfürsorge in ihrer Kalkröhre. Aus ihr werden Jungtiere in das freie Wasser entlassen, die schon eine kleine und spiralig gewundene Schale besitzen. Große Wurmschnecken leben mit ihren Wirtskorallen an gut durchströmten Riffabschnitten im Roten Meer und im gesamten Indopazifik.

Foto: Indonesien, Nusakode

Nerita albicilla, Australien Großes Barierereriff

Dendropoma maxima, Indonesien, Nusakode

Große Wurmschnecke *(Serpulorbis grandis)*

Große Wurmschnecken leben einzeln oder in größeren Gruppen. Sie bauen sich gewundene und röhrenförmige Kalkgehäuse und zementieren sie auf festen Substraten. Die Kalkröhre selbst ist stets von anderen Tieren bewachsen. So auf dem Bild zu sehen von einem roten Strahlenschwamm (Clathria mima), der die Wurmschnecke völlig überwuchert hat. Wurmschnecken sind Schleimnetzfänger. Sie legen zum Fang ihrer Nahrung Schleimnetze aus, die sie mit Hilfe der Wasserbewegung in ihrer unmittelbaren Umgebung ausbreiten, um damit organisches Material und Sinkstoffe für ihre Ernährung einzufangen. Periodisch wird das ausgelegte Schleimnetz eingezogen und aufgefressen. Danach wird ein neues Schleimnetz ausgelegt. Große Wurmschnecken sind im Roten Meer und im gesamten Indopazifik von Ostafrika bis nach Australien und Japan weit verbreitet.

Foto: Indonesien, Komodo

Wurmschnecke *(Petaloconchus sp.)*

Wurmschnecken der Gattung Petaloconchus sind Kosmopoliten, die mit 40-50 Arten in allen Meeren vertreten sind. Aber so ganz genau weiß man das nicht. Das Gehäuse der Schnecken ist röhrenförmig und mit der ersten Windung am Hartsubstrat festzementiert. Es kann eine Länge von 15cm erreichen. In der Regel sind sie aber kleiner, weil ständig Fressfeinde an ihnen knabbern. Die Mündung des Schneckengehäuses ist rund und kann mit einem konkaven und multispiraligen Operkulum verschlossen werden. Wurmschnecken sind Suspensionsfresser und Schleimnetzfänger. Ihre Fußdrüsen erzeugen einen Schleimfaden oder einen Schleimteppich, der ausgeworfen wird und an dem Detritus und Kleinorganismen haften bleiben. Von Zeit zu Zeit wird der Schleimteppich eingezogen und die anhaftenden Organismen verdaut. Das Bild zeigt eine ganze Kolonie dieser Wurmschnecken, die an einem abgestorbenen Ast einer Schwarzen Koralle der Gattung Antipathes in das freie Wasser hängen. Ein ausgezeichneter Standort, der die Ernährung der Kolonie sichert.

Foto: Malediven, Ari-Atoll

Serpulorbis grandis, Indonesien, Komodo

Petaloconchus sp., Malediven, Ari-Atoll

Nadelschnecke *(Ceritium sp.)*

Nadelschnecken leben einzeln auf verschiedenen Substraten und kommen zur Fortpflanzungszeit in einer größeren Individuendichte vor. Sie ernähren sich von filamentösen Algen und organischen Sinkstoffen, besitzen ein festes, dickschaliges und turmförmiges Gehäuse mit großer Mündung und einem kurzen Siphonalkanal. Leider war es nicht möglich, die abgebildete Schnecke eindeutig zu identifizieren, da innerhalb der Gattung Cerithium zu viele Arten mit örtlichen Varianten vorkommen.

Foto: Indonesien, Bali

Spindelschnecken *(Rhinoclavis sp.)*

Spindelschnecken sind anhand von Bildern sehr schwer zu bestimmen, denn es gibt zu viele Arten davon. Und alle sehen fast gleich aus. Das spindelförmige Gehäuse der Schnecken ist schlank, dickschalig und etwa 6cm lang. Die Umgänge zeigen feine Spiralstreifen und feine Axial-und Spirallinien zwischen den Knötchen. Der Siphonalkanal ist um annähernd 90 ° zurückgebogen und steht senkrecht zu Achse der Schale. Das Gehäuse kann weiß oder cremefarben sein. Spindelschnecken sind Tiere des Flachwassers. Sie leben auf und in weichen Sedimenten und graben darin nach kleinen Borstenwürmern (Polychaeten), von denen sie sich ernähren. Schnecken aus dieser Gattung sind in allen tropischen und subtropischen Meeren verbreitet.

Fotos: Philippinen, Cebu

Ceritium sp., Indonesien, Bali

Rhinoclavis sp., Philippinen, Cebu

Spindelschnecken *(Rhinoclavis sp.)*

Spindelschnecken sind anhand von Bildern sehr schwer zu bestimmen, denn es gibt zu viele Arten davon. Und alle sehen fast gleich aus. Das spindelförmige Gehäuse der Schnecken ist schlank, dickschalig und etwa 6cm lang. Die Umgänge zeigen feine Spiralstreifen und feine Axial-und Spirallinien zwischen den Knötchen. Der Siphonalkanal ist um annähernd 90 ° zurückgebogen und steht senkrecht zu Achse der Schale. Das Gehäuse kann weiß oder cremefarben sein. Spindelschnecken sind Tiere des Flachwassers. Sie leben auf und in weichen Sedimenten und graben darin nach kleinen Borstenwürmern (Polychaeten), von denen sie sich ernähren. Schnecken aus dieser Gattung sind in allen tropischen und subtropischen Meeren verbreitet.

Fotos: Philippinen, Malaysia

Edle Kriechschnecke *(Pseudovertagus nobilis)*

Edle Kriechschnecken sind selten zu finden. Sie leben auf verschiedenen Sand- und Schlammböden und kommen von der Gezeitenzone bis in Tiefen von 100m vor. Krabbenkutter fischen sie gemeinsam mit Garnelen als Beifang aus dieser Tiefe. Das bis zu 15cm lange, dickschalige und schlanke Gehäuse ist turmförmig und zeigt viele, abgeflachte Umgänge. Es ist blaß gelbbraun gefärbt und besitzt viele helle Flecken und Quadrate. Der letzte Umgang ist relativ groß und trägt einen kurzen und aufwärts gerichteten Siphonalkanal. Kriechschnecken sind nachtaktive Weidegänger, die sich von verschiedenen Wirbellosen und von Aas ernähren. Sie sind aus den Gewässern von Indonesien, den Philippinen, Australien und Papua Neuguinea bekannt.

Foto: Papua Neuguinea, Milne Bay

Rhinoclavis sp., Lankayan, Malaysia

Pseudovertagus nobilis, Papua Neuguinea, Milne Bay

Träger-Schnecke *(Xenophora sp.)*

Träger-Schnecken leben, aufgrund ihrer Tarnung, weitgehend im Verborgenen. Während ihres Schalenwachstums zementieren sie in ihre Gehäuse, rund um die Windungen angeordnet, Fragmente von Muschelschalen, Korallenbruchstücke und sogar Steine. Darunter verschwindet das eigentliche Gehäuse fast völlig. Häufig sind diese Aufbauten noch von Algen und Sediment bedeckt. Nur wenn sich die Schnecke bewegt, bewegt sich auch der vermeintliche Korallen-Muschel-und Steinhaufen. Das erregt natürlich die Neugier des Tauchers, der dann erstaunt feststellt, dass es sich bei diesem Gebilde eigentlich um eine Schnecke handelt. Träger-Schnecken sind Tiere des Weichbodens, die sowohl im flachen, als auch im tiefen Wasser tropischer Meere vorkommen. Ihre dünnwandigen Gehäuse können, ohne eingebaute Fremdkörper, bis zu 6cm im Durchmesser groß werden. Die Bestimmung der Arten ist außerordentlich schwierig, da ihre Verbreitungsgebiete sich überlagern.

Fotos: Malaysia, Mantanani

Xenophora sp., Malaysia, Mantanani

Xenophora sp., Apertur

Bootshaken *(Lambis chiragra chiragra)*

Ciragra-Spinnenschnecken, auch Bootshaken genannt, besitzen ein kräftiges Gehäuse, das oft bis zur Unkenntlichkeit von Algen und einer Vielzahl krustenbildender Organismen bewachsen ist. Erst dann, wenn sich die Tiere ruckartig fortbewegen, wird man auf sie aufmerksam. Auffallend sind 6 kräftige, lange und gebogene „Finger", die eine Bildung der Außenlippe darstellen. Sie verhindern ein Einsinken der schweren Gehäuse in weiches Sediment und erschweren einem Räuber sie umzudrehen und auszufressen. Die Schalenmündung ist cremig-weiß bis bräunlich. Axial angeordnete Flecken und Tupfen befinden sich auf ihr. Spinnenschnecken dieser Art werden bis zu 25cm groß. Sie leben überwiegend im flachen Wasser indopazifischer Riffe auf Weichböden und auf Korallenbruch, in Seegraswiesen, in seichten Lagunen und auf dem Riffdach und ernähren sich hier von Algen. Einige Tiere verirren sich immer wieder in tiefere Gewässer und leben am Fuße des Riffhanges auf Korallenbruch. Leider werden auch sie in großen Stückzahlen bei Niedrigwasser gesammelt, gesäubert und in Andenkenläden verkauft. Das ist auch der Grund dafür, dass sie selten geworden sind. Ihre Verbreitung reicht im Indopazifik von Ostafrika bis in den Westpazifik.

Fotos: Malaysia, Lankayan

Lambis chiragra chiragra, Malaysia, Lankayan

Lambis chiragra chiragra, Apertur

Aprikosen-Spinnenschnecke *(Lambis crocata)*

Das Gehäuse der Tiere ist fest und dickschalig. Es trägt 7 lange und gebogene Fortsätze. 6 davon befinden sich entlang der Lippe. Sie scheinen in Längsrichtung gefaltet und mit Linien versehen zu sein. Die Lippe selbst ist aprikosenfarbig oder orange. Die große Endwindung hat 3-4 Knotenreihen. Spinnenschnecken dieser Art sind Sandlieger, die auf verschiedenen mobilen Böden vom Flachwasser bis in größere Tiefen vorkommen. Sie ernähren sich von Algen und sind im Indopazifik von Ostafrika bis Samoa und Nordaustralien verbreitet. Sie werden maximal bis zu 17cm groß. Leider werden ihre Schalen in großen Stückzahlen gesammelt und in den Souvenirläden verkauft.

Fotos: Papua Neuguinea, Milne Bay

Lambis crocata, Papua Neuguinea, Milne Bay

Lambis crocata, Apertur

Teufelskralle *(Lambis millepeda)*

Teufelskrallen erkennt man erst auf den zweiten oder dritten Blick oder vielleicht erst dann, wenn sie sich sprunghaft bewegen. Ihr Gehäuse ist meist bis zur Unkenntlichkeit von Fadenalgen, Rotalgen, Moostierchen und anderen Epibionten bewachsen. Erst wenn man das Gehäuse umdreht, erkennt man die ganze Pracht ihrer Farbzeichnungen. Auffallend sind die 10-12 fingerartigen Fortsätze am Mündungsrand, die bei den anderen Arten aus dieser Gattung nicht so zahlreich sind. Die Gehäuse der männlichen Tiere sind in der Regel etwas kleiner als die der Weibchen, so dass man hier durchaus von einem Geschlechtsdimorphismus sprechen kann. Flügelschnecken sind Bodenlieger, die sich von Algen, kleinen Weichtieren und von Aas ernähren. Sie sind typische Lagunenschnecken, die aber auch auf Riffdächern und am oberen, seicht abfallenden Riffhang vorkommen. Sie werden bis zu 15cm groß und sind im gesamten Indopazifik bis in den Westpazifik verbreitet. Sie werden intensiv gesammelt, von Aufwuchs gesäubert und in Souvenirläden den Touristen zum Kauf angeboten. Dadurch sind sie in ihrem Verbreitungsgebiet selten geworden und drohen auszusterben.

Fotos: Philippinen, Bohol; Indonesien, Bali

Lambis millepeda, Philippinen, Bohol

Lambis millepeda, Apertur, Indonesien, Bali

Skorpion-Fingerschnecke *(Lambis scorpius)*

Fingerschnecken besitzen ein festes und dickschaliges Gehäuse mit stumpfen Knoten auf den Gewinden. Die Endwindung ist groß und ihr Mündungsrand flügelartig erweitert. Schwarz-weiße Gaumenfalten befinden sich auf purpurfarbenen Grund darauf. 7 kräftige, lange, leicht gebogene und fingerförmige Fortsätze trägt die Schale, wobei der vordere und hintere Fortsatz mit dem Gehäuse eine gerade Linie bilden. Fingerschnecken dieser Art werden 10-18cm groß. Sie liegen auf Sand- und Geröllgrund und sind schwer zu erkennen, da ihr Gehäuse in der Regel stark von Algen und vielen Wirbellosen bewachsen ist. Nur wenn die Tiere sich mit Hilfe ihres muskulösen Fußes ruckartig bewegen, nimmt man sie wahr. Flügelschnecken besitzen einen ausgeprägten Sexualdimorphismus, wobei die Schalen der weiblichen Tiere meist größer sind als die den Männchen. Die Schnecken ernähren sich von mikroskopisch kleinen Algen und sind im Indopazifik von Ostafrika bis Samoa und Australien verbreitet.

Fotos: Philippinen, Bohol

Lambis scorpius, Philippinen, Bohol

Lambis scorpius, Apertur

Gemeine Fingerschnecke *(Lambis truncata)*

Gemeine Fingerschnecken besitzen ein großes und schweres Gehäuse, das stumpfe Knoten trägt. Die warzige Schalenoberfläche besitzt grobe Rillen und eine dicke Schalenhaut (Periostracum), die sich schnell ablöst, wenn das Schneckengehäuse trocknet. Die helle bis rötlichbraune Außenlippe ist stark verdickt und trägt 7 kräftige, annähernd gerade, fingerförmige Fortsätze. Sie vergrößern die Schalenoberfläche beträchtlich und verhindern ein Absinken des schweren Gehäuses in mobile Böden. Der kräftige Fuß ist mit einem sichelförmigen Horndeckel (Operculum) bewehrt, der zum Graben, zur Verteidigung und zum Verschließen des Gehäuses eingesetzt wird. Gemeine Fingerschnecken leben auf Sand und auf Korallenbruch vom Flachwasser der Lagunen bis in geringe Wassertiefen vom Roten Meer bis in den Indopazifik. Sie werden bei Ebbe gesammelt, der kräftige Fuß gegessen und die Schale in Andenkenläden an Touristen verkauft. Mittlerweile sind sie in ihren angestammten Biotopen sehr selten geworden.

Fotos: Ägypten, Safaga

Lambis truncata, Ägypten, Safaga

Lambis truncata, Apertur

Gewehrkugel-Flügelschnecke *(Terebellum terebellum)*

Die abgebildeten Tiere sehen eher einer Bohrschnecke ähnlich, und nicht wie eine Flügelschnecke. In ihrer Form gleicht die Schale einer Gewehrkugel, denn sie ist lang gestreckt, spindelförmig und zeigt eine kanalartig eingelassene Naht. Die Mündung der Schale ist lang und schmal und nach vorne weit geöffnet. Ihre Oberfläche ist glänzend, glatt und kann sehr unterschiedlich in der Färbung und Musterung sein. Gewehrkugel-Flügelschnecken leben tagsüber im Korallensand versteckt und kommen erst nachts an die Oberfläche. Es sind sehr bewegliche Schnecken, die sich bei Störungen blitzschnell eingraben können oder, bei großer Bedrängnis, mit Hilfe ihres muskulösen Fußes zentimeterweit springen können. Leider hat ihr verstecktes Dasein dazu geführt, dass es bisher keine Informationen über ihre Biologie und die Form ihrer Eigelege gibt. Die hier vorgestellten Tiere sind die einzige Art innerhalb dieser Gattung im Indopazifik.

Fotos: Malaysia, Mantanani; Indonesien, Komodo

Terebellum terebellum, Malaysia, Mantanani

Terebellum terebellum, Indonesien, Komodo

Blasige Fechterschnecke *(Strombus bulla)*

Blasige Fechterschnecken leben auf verschiedenen Weichböden von der Niedrigwasserzone bis in Tiefen von 20m und ernähren sich hier von Algen und Detritus. Es sind relativ kleine Schnecken, deren Gehäuse maximal 7cm groß werden. Ihre weiße Schale ist auf dem Rücken hellbraun gefleckt und innen glänzend und vertieft rosa bis orangerot gefärbt. Der Lippenfortsatz ist schmal und lang ausgezogen und ein langes, gebogenes und spitz endendes Operkulum verschließt die Schale. Die Tiere benutzen ihr Operkulum zur Verteidigung, um sich in den Untergrund einzugraben und zur Lokomotion, indem sie sich sprunghaft damit fortzubewegen. Blasige Fechterschnecken sind an den Riffen von Indonesien bis nach Papua Neuguinea, Samoa und Australien verbreitet.

Fotos: Papua Neuguinea, Milne Bay

Strombus bulla, Papua Neuguinea, Milne Bay

Strombus bulla, Apertur

Gezahnte Fechterschnecke *(Strombus dentatus)*

Gezahnte Fechterschnecken besitzen ein relativ kleines und dickschaliges Gehäuse, das nicht größer als 6cm wird. Ihr gelblich-weißes Gehäuse trägt braune Zickzack-Zeichnungen oder es ist gefleckt. Die Mündung ist schwarz und der Mündungsrand gezackt. Ein schlankes und fast transparentes Operkulum verschließt die Schale. Gezahnte Fechterschnecken leben auf Korallensand und kommen von der Niedrigwasserlinie bis in Tiefen von 35m vor. Sie sind eine der häufigsten Strombus-Arten in Ihrem Verbreitungsgebiet. Und das reicht im Indopazifik von Ostafrika bis nach Polynesien.

Fotos: Papua Neuguinea, Milne Bay

Strombus dentatus, Papua Neuguinea, Milne Bay

Strombus dentatus, Apertur

Knotige Flügelschnecke *(Strombus lentiginosus)*

Das Gehäuse dieser Schnecken ist dickwandig und schwer und kann bis zu 12cm lang werden. Es trägt kleine Höcker und stumpfe Knoten und einen gewellten Mündungsrand mit verdickter Außenlippe, die weiß oder cremefarben sein kann und braune Flecken trägt. Die Mündung ist orangefarben. Knotige Flügelschnecken leben gut getarnt durch Aufwuchs und brauner Fleckenzeichnung im Flachwasser der Lagunen, auf Riffdächern, in Seegraswiesen und auf Korallenbruch und ernähren sich hier vor Algen. Sie sind von Ostafrika bis zu den Marschall-Inseln und Australien verbreitet. Große Stachelrochen und Tintenschnecken sind ihre Feinde. Sie werden von Menschen aufgesammelt, gesäubert und in Shops den Touristen zum Kauf angeboten.

Fotos: Indonesien, Nord Sulawesi

Strombus lentiginosus, Indonesien, Nord Sulawesi

Strombus lentiginosus, Apertur

Rotmund-Flügelschnecke *(Strombus luhuanus)*

Flügelschnecken dieser Art sind Sandlieger, die im Flachwasser der Lagunen, auf Korallensand im Gezeitenbereich und in Seegraswiesen lokal in einer großen Individuendichte vorkommen können. Das bis zu 8cm schlanke Gehäuse ist verkehrt kegelförmig und trägt ein stumpfes Gewinde mit sehr großer Endwindung und langer, schmaler Mündung. Diese kann orange bis rot oder violett gefärbt sein. Die Jungtiere sehen aus wie Kegelschnecken der Gattung Conus. Das helle Gehäuse der älteren Tiere zeigt braune, in Spiralbänder angeordnete Zeichnungen. Diese können durch Algenbewuchs so verdeckt sein, dass man selbst die Schnecke darunter nicht mehr erkennt. Rotmund-Flügelschnecken ernähren sich von filamentösen Algen. Ihr lokal massenhaftes Vorkommen bewirkt, dass Rochen, Grundhaie und große Brassen sie im Flachwasser suchen und fressen. Ihre Verbreitung reicht von den den Riffen Ostafrikas bis in den Westpazifik.

Fotos: Papua Neuguinea, Milne Bay

Strombus luhuanus, Papua Neuguinea, Milne Bay

Strombus luhuanus, Apertur

Schlanke Flügelschnecke *(Strombus diletatus)*

Schlanke Flügelschnecken sind Weidegänger auf verschiedenen mobilen Böden, die sich von Algen und Detritus ernähren. Sie leben vom Flachwasser bis in Tiefen von 40m und suchen bevorzugt ihre Nahrung in Seegraswiesen und auf Sand- und Schlickböden. Ihr Gehäuse ist fest, kegelförmig und mit einem spitzen Apex ausgestattet. Die Endwindung ist groß und flügelartig erweitert. Der Kopf der Schnecke trägt einen langen und dünnen Rüssel, paarige Fühler und gestielten Augen. Das rechte Auge erhält eine bessere Bewegungsfreiheit durch eine größere Aussparung am Gehäuse. Ein länglich gebogenes Operkulum kann die Gehäuseöffnung verschließen und als Waffe und zur Fortbewegung genutzt werden. Schlanke Flügelschnecken werden bis zu 6cm groß und sind im Indopazifik weit verbreitet.

Foto: Papua Neuguinea, Milne Bay

Kleine Fechterschnecke *(Strombus minimus)*

Die Gehäuse dieser Fechterschnecken werden maximal nur bis zu 5cm groß. Sie besitzen ein festes Gehäuse mit einem kegelförmigen Gewinde und einer großen, flügelartig erweiterten Endwindung. Die Lippe ist verdickt. Ein sichelförmiges Operkulum kann die Öffnung der Endwindung verschließen. Es dient sowohl der Lokomotion, als auch der Verteidigung. Die braune Außenhaut der Schale kann verschiedene Muster zeigen, so dass auch hier unterschiedliche Farb- und Mustervarianten vorkommen. Fechterschnecken dieser Art sind Algen- und Detritusfresser, die auf verschiedenen Weichböden, wie Sand und Schlamm, leben. Sie kommen vom Südchinesischen Meer bis nach Fiji vor und sind nicht gerade häufig zu finden.

Foto: Indonesien, Lembeh

Strombus diletatus, Papua Neuguinea, Milne Bay

Strombus minimus, Indonesien, Lembeh

Purpurmund-Flügelschnecke *(Strombus sinuatus)*

Purpurmund-Flügelschnecken sind in ihrem Verbreitungsgebiet selten, da sie nirgendwo häufig und dicht gedrängt vorkommen. Ihr bis zu 15cm großes Gehäuse ist dickwandig und schwer und trägt ein hohes Gewinde. Die Außenlippe ist stark erweitert und verdickt und der Oberrand mit kurzen, fingerförmigen und häufig den Apex überragenden Fortsätzen ausgestattet. Die Oberfläche ist mit Spiralfäden gekennzeichnet und die Lippe ist glatt, etwas verdickt, cremefarben und mit hellbraunen Bändern versehen. Die Mündung ist rosa bis purpurrot. Schnecken dieser Art sind Bodenlieger, die von der Niedrigwasserlinie bis in Tiefen von 20m auf Korallensand, im Seegras und auf Korallenbruch vorkommen, wo sie sich von Algen und Detritus ernähren. Im Indopazifik sind sie von Malaysia und Indonesien bis nach Mikronesien, Melanesien und Australien verbreitet.

Fotos: Malaysia, Lankayan

Strombus sinuatus, Malaysia, Lankayan

Strombus sinuatus, Apertur

Dreispitz-Flügelschnecke *(Strombus tricornis)*

Flügelschnecken dieser Art besitzen ein dickschaliges und schweres Gehäuse, das 3 charakteristische Hörner auf der letzten Gehäusewindung trägt. Es sind seitliche Aussparungen für die langen Stielaugen und für die Fühler. Die Außenlippe ist löffelartig verlängert und die Mündung entweder weiß, gelegentlich braun, orange oder rosa gefärbt. Eine dünne Schalenhaut (Periostracum) bedeckt die Gehäuse und ein sichelförmiges Operkulum dient der Abwehr von Feinden und der Lokomotion. Es hilft auch beim Undrehen, wenn die Schnecken, aus welchen Gründen auch immer, auf den Rücken gefallen sind. Dreispitz-Flügelschnecken leben auf Sandböden, auf Korallenbruch und auf Riffdächern. Sie sind essbar und bereichern die Speisekarte der Beduinen der Sinai-Halbinsel. Ihre Verbreitung reicht im Roten Meer von den Bitterseen und dem Golf von Eilat bis zum Golf von Aden.

Fotos: Ägypten, Sharm el Sheikh

Strombus tricornis, Ägypten, Sharm el Sheikh

Strombus tricornis, Apertur

Höcker-Flügelschnecke *(Strombus gibberulus)*

Die hier vorgestellte Flügelschnecke ist eine der häufigsten Arten aus der Familie der Strombidae. Sie kommt im Roten Meer und im gesamten Indopazifik von Ostafrika bis nach Polynesien und Australien vor. Ihr Biotop ist das Flachwasser, wo sie in Lagunen auf Sand, im Seegras und in Ebbetümpeln lebt. Örtlich kann diese Schnecke in einer großen Individuendichte vorkommen. Die nur 3-6cm großen Gehäuse sind schlank, spindelförmig und zeigen eine aufgeblasene Endwindung. Die cremefarbene Schale zeigt sehr variable geformte orange bis braune Flecken und breite Querbänder. Eine weiße Farbvariante mit einer rosa bis lilafarbene Mündung kommt im Roten Meer und im Golf von Aden vor. Das hornige und sichelförmige Operkulum verschließt die Schalenöffnung und wird zum Graben, zur Lokomotion und zur Verteidigung eingesetzt.

Foto: Indonesien, Lembeh

Variable Fechterschnecke *(Strombus variabilis)*

Variable Fechterschnecken besitzen ein gelbbraunes und schön gezeichnetes Gehäuse, das rotbraune Zackenlinien und 5 weiße Querbänder trägt. Es wird maximal 8cm groß und besitzt einen flügelartig erweiterten Mündungsrand und ein kegelförmiges Gewinde. Fechterschnecken sind Weidegänger, die sich von Algen und Detritus ernähren. Ein sicherförmiges Operkulum, das die Öffnung des Gehäuses verschließt, wird bei der Lokomotion und zur Verteidigung eingesetzt. Die Schnecken schlagen damit hin und her, als ob sie damit fechten wollten (Trivialname). Variable Fechterschnecken leben auf Sand und Schlamm, in Seegraswiesen und auf Korallenbruch und kommen vom Flachwasser bis in 25m Wassertiefe vor. Sie sind an den Riffen im Nordwestpazifik verbreitet.

Foto: Papua Neuguinea, Milne Bay

Strombus gibberulus, Indonesien, Lembeh

Strombus variabilis, Papua Neuguinea, Milne Bay

Schildkröten - Kauri *(Chelycypraea testudinaria)*

Schildkröten-Kauris sind außerordentlich selten geworden und werden kaum noch lebend in ihrem großen Verbreitungsgebiet gefunden. Das liegt an der Sammelwut der Menschen, die ihre Gehäuse gerne in einer Schneckenkollektion unterbringen möchten. Die wunderschön gezeichneten Porzellanschnecken verstecken sich tagsüber unter großen Korallenblöcken und zwischen Korallenbruch und weiden nachts Algen vom Untergrund ab. Der rehbraune Rücken der Schale zeigt dunkelbraune Flecken, Kleckse und Punkte verschiedener Form und Größe. Winzig feine und weiße Pünktchen sind über die ganze Schale verstreut. Den Jungtieren fehlen diese weißen Pünktchen. Der Mantel, der gewöhnlich die ganze Schale umgibt, ist transparent und trägt zäpfchenförmige Protrusionen. Schildkröten-Kauris sind Tiere des Flachwassers, die unterhalb der Niedrigwasserlinie leben. Ihre Schalen werden maximal 10cm groß. Verbreitet sind sie im Indopazifik und kommen von Mombasa bis nach Polynesien und Australien vor.

Foto: Indonesien, Zentral Sulawesi

Ringkauri *(Monetaria annulus)*

Das gelblich weiße, ovale, glänzende, glatte und gerundete Gehäuse der Ringkaurischnecken trägt einen charakteristischen, gelbbraunen Ring entlang der callösen Seiten. Der schmutzigbraune Mantel der Tiere trägt gelbbraune bis orange Flecken und ist mit feinen Protrusionen übersät. Ringkauri sind tagsüber sehr häufig vorkommende Schnecken im Gezeitenbereich der Küsten, wo sie versteckt unter Steinen und Korallen leben und sich auf Sand, Schlick und an den Stelzwurzeln von Mangroven aufhalten. Sie werden bis zu 3cm groß und sind reine Algenfresser. Verbreitet sind sie im Roten Meer und kommen im Indopazifik von Ostafrika und dem Persischen Golf bis nach Australien und Polynesien vor.

Foto: Philippinen, Cebu

Chelycypraea testudinaria, Indonesien, Zentral Sulawesi

Monetaria annulus, Philippinen, Cebu

Geld-Kauri *(Monetaria moneta)*

Der Name Geldkauri weist auf die Tatsache hin, dass diese Schnecken früher als Zahlungsmittel verwendet wurden. Die relativ kleinen Schnecken, die bis zu 3cm groß werden, sind sehr weit verbreitet und zeigen in ihrer Form ein breites Spektrum an ökologischen Variationen. Ihre cremeweiße Schale trägt in der Regel 3 grünlich verwaschene Querbänder. Der weiße Mantel zeigt viele schwarze Linienzeichnungen und trägt feine Anhängsel. Geldkauri sind nachtaktive Einzelgänger, die sich tagsüber in Lagunen und auf Riffdächen unter Steinen und Korallen verstecken. In der Nacht gehen sie auf Wanderschaft und ernähren sich von Algen, die sie mit Hilfe ihrer Radula vom Untergrund abschaben. Verbreitet sind diese recht häufigen Kauris im Roten Meer und kommen im Indopazifik von Ostafrika bis zu den Inseln der Galapagos vor. Cypraea moneta ist ein Synonym.

Foto: Philippinen, Cebu

Bovini – Kauri *(Erosaria bovinii)*

Bovini-Kauris besitzen ein ovales und hochrückiges Gehäuse mit graublauen bis violetten Augenflecken und weißen Punkten auf graublauem Untergrund. Ein dunkelbrauner Mantel, der lange, fingerförmige und reich verzweigte Fortsätze trägt, bedeckt in der Regel die glänzende Schale. Bovini-Kauri leben vom Flachwasser bis in Tiefen von 300m auf verschiedenen, jedoch gut bewachsenen Hartsubstraten. Die Schnecken sind überwiegend nachtaktiv, können gelegentlich aber auch noch am frühen Morgen in Riff gesehen werden. Wovon sie sich ernähren, ist in der Literatur leider nicht nachzulesen und aus diesem Grund fast nichts darüber bekannt. Ihre Gehäuse werden bis zu 4cm groß. Im Indopazifik sind sie von Ostafrika bis nach Indonesien verbreitet. Trotz ihres großen Verbreitungsgebietes sind sie recht selten.

Foto: Indonesien, Rinca

Monetaria moneta, Philippinen, Cebu

Erosaria bovinii, Indonesien, Rinca

Nager - Kauri *(Erosaria erosa)*

Nager-Kauris sind Einzelgänger, die überwiegend im Flachwasser der Gezeitenzone leben und sich von Algen und Schwämmen ernähren. Ihr länglich-ovales Gehäuse wird maximal 3-5cm groß und trägt auf der olivbraunen Oberseite eine Vielzahl weißer Punkte. Zwischen diesen Punkten befinden sich hellbraune Flecken unterschiedlicher Ausdehnung. Eine milchig-graue Linie, die seitlich verläuft, bleibt von diesen Punkten und Flecken ausgespart. Die Ränder, Basis und die Zähne der Schale sind cremefarben. Nager-Kauri leben im Flachwasser unter Steinen und Korallen und kommen in ihrem Verbreitungsgebiet häufig vor. Dieses reicht von Ostafrika bis nach Australien, Hawaii und Polynesien.

Foto: Malaysia, Mantanani

Elfenbein-Kauri *(Erosaria eburnea)*

Elfenbein-Kauris sind seltene Porzellanschnecken, die nur in der Nacht im Riff unterwegs sind. Ihre helle Schale ist elfenbeinfarben und wird nur 3-6cm groß. In der Regel sieht man nicht viel von der Schale der Tiere, da diese von einem braun gesprenkelten Mantel, der lange und tentakelähnliche Protrusionen trägt, bedeckt ist. Und wenn der Mantel dann auch noch die Farbe des Untergrundes hat, dann sieht man diese Schnecken in der Nacht auch nur durch Zufall, wenn sie sich bewegen. Elfenbein-Kauris kommen vom flachen Wasser bis in Tiefen von 40m vor. Sie suchen in der Nacht auf verschiedenen Gründen ihre Nahrung, die überwiegend aus Algen und kleinem, tierischen Aufwuchs besteht. Tagsüber leben sie unter Steinen, Korallen und in Kleinsthöhlen versteckt. Ihre Verbreitung reicht im Indopazifik von Ostaustralien bis nach Papua Neuguinea, den Salomonen und Fiji bis hin zu den Cook-Inseln.

Foto: Papua Neuguinea, Milne Bay

Erosaria erosa, Malaysia, Mantanani

Erosaria eburnea, Papua Neuguinea, Milne Bay

Honig-Kauri *(Erosaria helvola)*

Honig-Kauris besitzen ein großes Verbreitungsgebiet, das vom Roten Meer und im Indopazifik von Ostafrika bis Australien, Polynesien, Japan und Hawaii reicht. Entsprechend ist auch ihre Schale verschieden gefärbt. Von gelb und honigfarben bis blaugrün, graublau und rotbraun reicht die Farbpalette der Gehäuse, verbunden mit weißen, orangen oder orangebraunen Tupfen und Sprenkeln. Die ovalen Gehäuse der Schnecken werden maximal 3cm groß. Sie werden von einem Mantel umhüllt, der fädige bis bäumchenartig verzweigte Protrusionen trägt. Diese können rotviolett gezeichnet sein. Honig-Kauris sind Tiere des Flachwassers, die tagsüber unter Steinen und Korallen leben. Erst in der Nacht sind sie im Riff auf Nahrungssuche unterwegs. Wovon sie sich ernähren, ist nicht bekannt.

Foto: Indonesien, Komodo

Hirse-Kauri *(Erosaria miliaris)*

Hirse-Kauris sind tag- und nachtaktive Schnecken, die auf verschiedenen Gründen ihre Nahrung suchen, Diese besteht aus Algen und verschiedenen Schwämmen. Ihre nur bis zu 5cm großen und länglich-ovalen Gehäuse besitzen einen bräunlich-grünen Rücken, der mit unterschiedlich großen und weißen Punkten übersät ist. Die Schalenränder sind hell abgesetzt. Der Mantel der Tiere, der leider auf dem Bild nicht zu sehen ist, ist graubraun gesprenkelt und mit zahlreichen langen und reich verzweigten Protrusionen ausgestattet, die an den Mantelrändern besonders lang ausgeprägt sind. Hirse-Kauris sind Tiere des flachen Wassers. Sie sind im Indopazifik weit verbreitet und kommen von Indonesien und Australien bis zu den Philippinen und Japan vor.

Foto: Indonesien, Nusakode

Erosaria helvola, Indonesien, Komodo

Erosaria miliaris, Indonesien, Nusakode

Rehbraune Kauri *(Erosaria nebrites)*

Rehbraune Kauris besitzen ein festes, dickschaliges und eiförmiges Gehäuse, das einen breiten und wulstigen Rand trägt. Auf jeder Seite des kallösen Wulstes befindet sich ein großer und brauner Fleck. Der Rücken des Gehäuses ist rehbraun und bedeckt mit feinen, cremefarbenen Flecken und Punkten. Der Mantel, der bei der Schnecke auf dem Bild nicht zu sehen ist, trägt feine und reich verzweigte Anhänge. Rehkauris, wie sie auch genannt werden, sind Tiere des Flachwassers. Sie leben tagsüber einzeln, paarweise oder in kleineren Gruppen unter Steinen und abgestorbenen Korallen und sind an manchen Küsten häufig. Besonders im Bereich der Gezeiten werden sie in großen Stückzahlen von Riffwanderern gesammelt. Über die Art ihrer Nahrung ist wenig bekannt. Man nimmt an, dass sie Allesfresser sind. Rehkauris werden maximal 4cm groß. Verbreitet sind sie im Roten Meer und kommen im Indischen Ozean vom Persischen Golf und Ceylon bis nach Kenia vor.

Foto: Ägypten, Sharm el Sheikh

Dickgesäumte Kauri *(Erronea caurica)*

Porzellanschnecken dieser Art besitzen ein etwas aufgeblähtes, eiförmiges und langgestreckt-zylindisches Gehäuse, das je nach Fundort in Farbe und Form variabel sein kann. Der cremfarbene Rücken ist braun gesprenkelt und besitzt 3 breite und braune Bänder. Die Schalenränder sind callös verdickt und tragen braune Flecken auf cremigweißem Grund. Dickgesäumte Kauri werden bis zu 6cm groß und kommen vom Flachwasser bis in moderate Tiefen vor. Sie sind dämmerungsaktiv und Algenfresser, die Algenaufwuchs von Hartsubstrat abweiden. Sie sind im Roten Meer und im Indopazifik verbreitet und konnten 1932 auch im östlichen Mittelmeer nachgewiesen werden, wo sie über den Suez-Kanal eingewandert sind.

Foto: Papua Neuguinea, Milne Bay

Erosaria nebrites, Ägypten, Sharm el Sheikh

Erronea caurica , Papua Neuguinea, Milne Bay

Chinesische Kauri (*Erronea chinensis)*

Chinesische Kauris sind nachtaktive Einzelgänger, die sich von Algen und von Schwämmen ernähren. Sie sind Tiere des Flachwassers, die von der Niedrigwasserlinie bis in Tiefen von 35m vorkommen und deren Gehäuse bis zu 6cm groß werden kann. Ihr zylindrisches bis ovales Gehäuse ist variabel in Form und Farbe, aufgrund dessen einige Unterarten entstanden sind. Die cremefarbene Dorsalseite zeigt gelborange Sprenkel und die callösen Seiten lila Flecken verschiedener Größe. Der orangerote Mantel wird über die Schale gelegt und zeigt zahlreiche transparente Protrusionen. Chinesische Kauri sind selten. Sie kommen von Ostafrika bis nach Polynesien, Hawaii und Australien vor und sind außerordentlich begehrte Sammelobjekte.

Foto: Indonesien, Rinca

Wanderkauri *(Erronea errones)*

Wanderkauris sind nachtaktive Einzelgänger, die sich tagsüber unter Steinen und Korallen verstecken. Besonders häufig sind sie im Flachwasser der Lagunen und auf Riffdächern zu finden. Ihr lang gestrecktes Gehäuse ist glänzend und der Rücken mit braunen Flecken verschiedener Größe und Form übersät. Ein großer, brauner Fleck befindet sich auf dem mittleren Teil des Rückens. Die Schalenränder, die Basis und die Zähne sind weiß. Ein Mantel bedeckt normalerweise die gesamte Schale, der feine und stiftförmige Protrusionen trägt. Wanderkauris werden bis zu 4cm groß, die sich von Meeresborstenwürmern ernähren. Sie sind eine der häufigsten Kauri an den Riffen im Indopazifik. Verbreitet sind sie von der Andamanensee bis nach Samoa, Südjapan und Australien.

Foto: Philippinen, Apo-Island

Erronea chinensis, Indonesien, Rinca

Erronea errones, Philippinen, Apo-Island

Hornhaut – Kauri *(Erronea onynx)*

Hornhautkauris sind sehr schwer zu finden, da ihr schwarzer Mantel sie auch in der Nacht, wenn sie im Riff auf Hartsubstrat, Korallenbruch, Sand und Schlamm unterwegs auf Nahrungssuche sind, sehr gut tarnt. Nur in den Netzen von Shrimp-Trawlern landen sie häufig als Beifang. Tagsüber leben sie versteckt unter Steinen und Korallen oder im Sediment eingegraben. Ihr birnenförmiges Gehäuse trägt einen blassbraunen Rücken, der von gelben Querbändern durchzogen wird. Die Ränder und die Basis des Gehäuses sind schokoladenbraun. Hornhaut-Kaurischnecken sind Algen-, Detritus- und Aufwuchsfresser, deren Gehäuse selten eine Länge von 5cm erreichen. Sie leben an den Riffen von Ostafrika und kommen bis in den Zentralpazifik vor. Leider sind sie begehrte Sammlerobjekte, so dass ihr Aussterben bereits vorprogrammiert ist.

Foto: Indonesien, Zentral Sulawesi

Zylindrische Kauri *(Erronea cylindrica)*

Zylindrische Kauris sind Tiere des flachen Wassers, die maximal 4-5cm groß werden. Sie sind nachtaktiv und verstecken sich tagsüber unter Steinen, Korallen und neuerdings auch unter Zivilisationsmüll. Sie ernähren sich von Algen und von Detritus. Im Normalfall ist ihre Schale zylindrisch, kann aber auch etwas aufgebläht sein, wie Funde aus Nordwestaustralien belegen. Der blaugraue Rücken der Schale zeigt braune Flecken unterschiedlicher Größe und Form. Beide Schalenenden haben braune oder schwarze Flecken. Der Mantel ist schwarz. Gelegentlich findet man Tiere in der Nacht auch auf organisch angereicherten Böden in der Nähe von Siedlungen. Die Verbreitung der Art reicht im Indopazifik von Thailand und Australien bis nach Papua Neuguinea und den Philippinen.

Foto: Malaysia, Mabul

Erronea onynx, Indonesien, Zentral Sulawesi

Erronea cylindrica, Malaysia, Mabul

Tiger – Kauri *(Cypraea tigris)*

Die Tigerkauri ist eine der bekanntesten und häufigsten Porzellanschnecken an indopazifischen Korallenriffen. Ihre glänzende Schale ist fest, oval und domförmig. Sie zeigt ein charakteristisches Fleckenmuster, das an das Fell eines Tigers erinnern soll. Die Größe, Form und Farbe der Schnecken sind extrem variabel, so dass jedes einzelne Tier ein Unikat ist. Der Mantel, der die Schale bedeckt, zeigt feine und fingerförmige Protuberanzen, deren Spitzen weiß abgesetzt sind. Er verhindert, dass die Schale von Algen und kleinen wirbellosen Tieren bewachsen wird. Tigerkauris leben vom extremen Flachwasser der Riffdächer bis in größere Tiefen am Riffhang. Man findet sie auch in Seegraswiesen, zwischen Korallenbruch und sie verstecken sich unter Korallen und in Höhlen. Sie sind überwiegend nachtaktiv. Häufig sieht man sie schon, wenn sie am späten Abend im Riff unterwegs zu ihren Freßsubstraten sind. Sie ernähren sich überwiegend von Algen und kleinem, tierischen Aufwuchs. Gelegentlich sieht man winzig kleine Garnelen auf ihrem Mantel krabbeln. Bis jetzt weiß man nichts über das Zusammenleben dieser Tiergemeinschaft. Da Tigerkauri bei Niedrigwasser auf Riffdächern und Riffplattformen leicht zu sammeln sind, werden sie in allen Andenkenläden der Welt angeboten und sind mittlerweile in ihren Lebensräumen schon fast zu einer Rarität geworden. Verbreitet sind sie im Roten Meer und kommen im Indopazifik von Südafrika bis Australien und Hawaii vor.

Foto: Indonesien, Komodo

Gestauchte Kauri *(Mauritia depressa)*

Gestauchte Kauris sind nachtaktive Einzelgänger, die sich tagsüber im Riff verstecken. Ihr ovales Gehäuse ist abgeflacht, mit breiter Basis und callösen Rändern, die mit braunen Flecken und purpurfarbenen Wolkenzeichnungen bedeckt sind. Die Oberseite der Schale trägt auf braunem Grund eine Vielzahl unterschiedlich großer und dicht beieinander liegender, weißer Flecken, die in ihrer Formation durch ein schmales und helles Längsband geteilt werden. Die Gehäuse der Kaurischnecken werden bis zu 5cm groß. Gestauchte Kauris leben auf verschiedenen Gründen, sind auch oft im Seegras zu finden und kommen im Indopazifik von Ostafrika bis nach Polynesien und Australien vor.

Foto: Indonesien, Bali, Tulamben

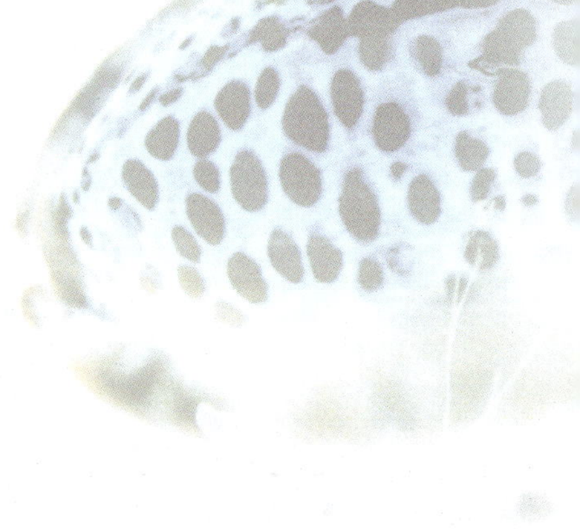

Cypraea tigris, Indonesien, Komodo

Mauritia depressa, Indonesien, Bali, Tulamben

Karten-Porzellanschnecke *(Leporicypraea mappa mappa)*

Wegen ihres attraktiven Aussehens sind Karten-Porzellanschnecken von Schneckensammlern gesuchte und geschätzte Objekte, die in jeder Sammlung einen besonderen Stellenwert einnehmen. Aus diesem Grund sind sie in ihrem natürlichen Verbreitungsgebiet mehr oder weniger aufgesammelt worden und kaum noch lebend zu finden. Die eiförmige bis ovalzylindrische Schale der Schnecken besitzt einen hellbraunen oder beigen bis rosafarbenen Rücken, der bräunliche und netzförmige Zeichnungen trägt, die durch die wellenförmige Dorsallinie kartenähnlich wirken. Die callösen Seiten sind creme- bis rosafarben und tragen eine Vielzahl von bräunlichen, verwaschenen Flecken. Die Basis der Schale ist variabel in der Farbe. Karten-Porzellanschnecken leben an den Riffen von Ostafrika bis Polynesien und Australien und kommen vom Flachwasser bis in 15m Tiefe unter Steinen und Korallen, in Spalten und in Höhlen vor. Sie sind überwiegend nachtaktiv. Ihre Schale wird maximal 9cm groß. Möglicherweise ernähren sie sich von Algen, die sie vom Untergrund mit Hilfe ihrer Radula abschaben.

Foto: Indonesien, Moyo

Maulwurf – Kauri *(Talparia talpa)*

Maulwurf-Kauris sind nachtaktive Einzelgänger, die sich von Algen und von Aas ernähren. Tagsüber verstecken sie sich unter Steinen und toten Korallen. Sie besitzen ein walzenförmiges Gehäuse, das auf gelbem Grund 4 braune Querbänder trägt. Die Basis, die Seitenränder und die beiden Enden der Schale sind schwarz. Der Mantel, der bei der Schnecke auf dem Bild leicht geöffnet ist, ist schwarz und bedeckt mit feinen, weißen Punkten und fingerförmigen Papillen. Maulwurf-Kauris sind anhand der Farbe ihrer Schale leicht zu erkennen. Sie sind Tiere des Flachwassers und werden maximal 8cm groß. Verbreitet sind sie im Roten Meer und kommen im Indopazifik von Ostafrika bis an die Pazifikküste von Mittelamerika vor.

Foto: Malaysia, Mantanani

Leporicypraea mappa mappa, Indonesien, Moyo

Talparia talpa, Malaysia, Mantanani

Argusaugen-Kauri *(Lyncina argus argus)*

Leider sind so wunderschöne und attraktive Porzellanschnecken, wie die Argusaugen-Kauris, an den Riffen im Indopazifik sehr selten geworden. Sie werden intensiv gesammelt und weltweit in den Souvenirshops verkauft. Die bis zu 9cm schlanke und zylindrische Schale der Schnecken ist übersät mit braunen Ringen unterschiedlicher Größe, den so genannten „Argusaugen". (Argus war in der griechischen Mythologie ein Wächter mit den 1000 Augen, der die schöne Lo bewachte). Breite und braune Querbänder umlaufen die Schale. Ihre Basis besitzt auf jeder Mündungsseite dunkelbraune Flecken. Der Mantel, der die Schale in der Regel vollständig bedeckt, trägt eine Vielzahl bäumchenähnlicher Protrusionen, die nach allen Seiten abstrahlen. Argusaugen-Kauris sind nachtaktive Einzelgänger, die sich tagsüber unter Korallen, in Nischen und in Höhlen verstecken. Nachts sind sie unterwegs im Riff und ernähren sich von Schwämmen. Sie sind überwiegend Tiere des Flachwassers, kommen aber auch noch in 30m Wassertiefe vor. Im Indopazifik sind sie vom Indischen Ozean bis in den Westpazifik und Australien verbreitet.

Foto: Indonesien, Nord Sulawesi

Pinsel-Kauri *(Lyncina lynx)*

Pinsel-Kauris verstecken sich tagsüber einzeln oder in kleineren Gruppen unter Steinen und Korallen. In der Nacht sind sie dann unterwegs im Riff, um Algen vom Untergrund abzuweiden. Das etwa 5cm große Gehäuse der Schnecken ist oval bis eiförmig und besitzt wulstige Enden. Die Farbe der Schneckengehäuse ist sehr variabel. In der Regel bedecken zahlreiche kleine, braune, lila und graublaue Flecken die Schale, die gelegentlich ineinander zusammenfließen. Der Mantel der Tiere ist transparent und besitzt pinselartige Protrusionen. Pinsel-Kauris leben vom Gezeitenbereich bis in größere Tiefen und können an manchen Riffen in einer größeren Individuendichte vorkommen. Sie sind an den Riffen im Indopazifik von Ostafrika bis Hawaii, Polynesien und Australien verbreitet. Leider werden sie, wie alle Kauris, intensiv aufgesammelt und in Andenkenläden verkauft.

Foto: Indonesien, Zentral Sulawesi

Lyncina argus argus, Indonesien, Nord Sulawesi

Lyncina lynx, Indonesien, Zentral Sulawesi

Fuchs-Kauri *(Lyncina carneola carneola)*

Fuchs-Kauris haben ein ovales bis zylindrisches und an den Seiten abgerundetes Gehäuse, das auf hellbraunem Grund breite und rötlichbraune Querbänder trägt. Die Basis ist cremefarben. Der dunkel gefleckte Mantel, der fast transparent erscheint und der in der Regel das Gehäuse bedeckt, trägt viele gelappte und bäumchenförmige Protrusionen. Fuchs-Kauris leben tagsüber im Riff versteckt und sind dämmerungs- und nachtaktiv. Sie ernähren sich von Algen und Schwämmen, die sie mit Hilfe ihrer Radula vom Boden abschaben. Ihr Gehäuse kann 5-8cm groß werden. Die Verbreitung der Art reicht vom Roten Meer bis in den Indopazifik, wo sie von Ostafrika bis nach Polynesien, Japan und Australien vorkommen.

Foto: Indonesien, Komodo

Giraffen-Kauri *(Lyncina camelopardis)*

Giraffen-Kauris sind nur im Roten Meer und im Golf von Aden verbreitet. Sie sind Tiere des Flachwassers und leben tagsüber unter Steinen, toten Korallen und in Seegraswiesen bis in Tiefen von 30m. Erst in der Nacht sieht man sie auf der Suche nach Nahrung im Riff umherwandern. Möglicherweise sind sie Schwammfresser, die sich von ganz bestimmten Schwämmen ernähren. Das Gehäuse der Schnecken ist groß, 7-8cm lang, dickschalig und etwas aufgeblasen. Die beiden Enden, die Ränder und die Basis sind weiß. Der graubraune bis rehbraune Rücken der Schale ist bedeckt mit einer Vielzahl weißer Flecken verschiedener Größe und Form. Giraffen-Kauris sind selten und damit gesuchte Sammelobjekte.

Foto: Ägypten, Safaga

Lyncina carneola carneola, Indonesien, Komodo

Lyncina camelopardis, Ägypten, Safaga

Kleine Kalb-Kauri *(Lyncina vitellus)*

Kalb-Kauris besitzen ein ovales, beiges bis dunkelbraunes Gehäuse mit dunklen Querbinden und runden, weißen Flecken und Punkten verschiedener Größe auf dem Rücken. Sie erinnern an das braune Fell mit den weißen Punkten von jungen Kälbchen. Zu den braunen Rändern hin werden feine, helle und dunkle Querstreifen sichtbar, die an eine Raspel erinnern. Die Basis ist weiß. Kalb-Kauris werden bis zu 9cm groß und leben tagsüber verborgen unter Korallen und Steinen des Flachwassers. Erst in der Nacht verlassen sie ihre Verstecke und begeben sich auf Nahrungssuche. Sie sind omnivor und ernähren sich von Algen und von Schwämmen. Verbreitet sind sie im Roten Meer und kommen im Indopazifik von Ostafrika bis nach Polynesien, Japan und Australien vor.

Foto: Philippinen, Silquijor

Dickbäuchige Porzellanschnecke *(Lyncina ventriculus)*

Porzellanschnecken dieser Art besitzen ein länglich-ovales Gehäuse, das dickschalig ist, seitliche Schwielenbildungen zeigt und dorso-ventral zusammengedrückt ist. Der stark erhöhte Rücken trägt 4 rötlich-orange bis rostrote Bänder und unterschiedlich große, braune Flecken. Als nachtaktive Einzelgänger ernähren sich die Schnecken von Algen und Detritus, das sie von Untergrund aufsammeln. Tagsüber verstecken sich die Tiere unter Steinen und Korallen. Sie kommen vom flachen Wasser bis in Tiefen von 30m vor und sind im Indopazifik von Malaysia bis nach Australien und Polynesien weit verbreitet. Das Bild zeigt eine Leerschale, ausgefressen von einem Octopus.

Foto: Malaysia, Mantanani

Lyncina vitellus, Philippinen, Silquijor

Lyncina ventriculus, Malaysia, Mantanani

Arabische Kauri *(Mauritia arabica arabica)*

Arabische Kauri besitzen ein großes, oval-zylindrisches und leicht gebuckeltes Gehäuse, das bis zu 8cm groß werden kann. Die Basis der Schale ist abgeflacht und ein kräftiger Wulst befindet sich am Mündungsrand. Dieser trägt viele schwarzbraune und verschwommene Punkte. Die Oberseite der Schale wird von einem feinen und braunen Netzmuster auf gelblichbraunenm Untergrund bedeckt. Der Mantel trägt kurze und fadenförmige Anhänge. Bei dem abgebildeten Tier ist er jedoch eingezogen und damit nicht zu sehen. Arabische Kauri sind Allesfresser, die sich als Aufwuchsfresser von vielen kleinen Wirbellosen und von Algen ernähren. Als nachtaktive Tiere leben sie tagsüber unter Steinen und Korallen versteckt. Verbreitet sind sie im Roten Meer und kommen im Indopazifik von Ostafrika bis Polynesien, Hawaii und Australien vor.

Foto: Indonesien, Komodo

Asiatische Kauri *(Mauritia arabica asiatica)*

Asiatische Kauris sind eine Unterart der Arabischen Kauris (Mauritia arabica arabica), mit einem etwas anderem Aussehen und einem anderen Verbreitungsgebiet. Sie kommen vom Indischen Ozean bis nach Thailand, Indonesien, Mikronesien und Korea vor und sind Tiere des flachen Wassers. Sie leben von der Niedrigwasserzone bis in 10m Tiefe und verstecken sich tagsüber unter Korallen. In der Nacht sind sie unterwegs im Riff und ernähren sich überwiegend von Aas. Ihre Gehäuse können bis zu 6cm groß werden, sehen denen der Arabischen Kauri sehr ähnlich, doch sind sie viel heller in ihrer Farbgebung. Auch das Netzmuster auf dem Rücken der Schale ist gegenüber der Arabischen Kauri unterschiedlich.

Foto: Indonesien, Komodo

Mauritia arabica arabica, Indonesien, Komodo

Mauritia arabica asiatica, Indonesien, Komodo

Hundrosen-Kauri *(Mauritia eglatina)*

Ausgewachsene Hundrosen-Kauris können bis zu 7cm groß werden. Sie besitzen ein ovales und stark gebuckeltes Gehäuse, das bei jungen Tieren auch zylindrisch erscheint. Auf cremefarbenem Grund werden 3 braune Querbinden sichtbar, die bei dunkelbraunen Gehäusen nur zu erahnen sind. Eine helle Rückenlinie und braune Längsstreifen sind in der Regel auf den Gehäusen sichtbar. Hundrosen-Kauris sind nachtaktiv und ruhen tagsüber im Flachwasser unter Steinen und Korallen. Gelegentlich kommen sie auch in Seegraswiesen vor. Verbreitet sind sie im Indopazifik und kommen von Indonesien bis nach Australien und Samoa vor.

Foto: Indonesien, Moyo

Schokoladen-Kaurischnecke *(Mauricia mauritiana)*

Schokoladen-Kaurischnecken waren früher an den Riffen von Ostafrika bis Polynesien, Hawaii und Nordaustralien recht häufig. Heute ist ihr Bestand durch eine intensive Sammeltätigkeit gefährdet. Das Gehäuse der Tiere ist abgeflacht und schildkrötenförmig gebuckelt. Der braune Rücken trägt auf cremefarbenem Grund eine Vielzahl runder bis ovaler Flecken, die ineinander laufen können. Sie bilden ein Netzwerk. Die Schalenränder sind kallös und schwarzbraun gefärbt, wie auch die leicht konkave Basis. Die schwarzbraunen Zähne zeigen weiße Zwischenräume. Schokoladen-Kaurischnecken sind nachtaktive Einzelgänger, die sich von Algen ernähren. Sie leben tagsüber im Flachwasser der Riffe unter Steinen und Korallen und werden bei Niedrigwasser von Riffwanderern gesammelt und an Souvenirläden verkauft.

Foto: Indonesien, Nord Sulawesi

Mauritia eglatina, Indonesien, Moyo

Mauricia mauritiana, Indonesien, Nord Sulawesi

Poeten-Kauri *(Mauricia histrio)*

Poeten-Kaurischnecken besitzen ein großes, schweres und ovales Gehäuse mit flacher Basis und starken, kallösen Seiten. Ihr brauner Rücken ist von einer Vielzahl weißer, dicht liegenden, unterschiedlich großer und in der Form verschiedener Flecken übersät, die sich zu einer Netzzeichnung formieren. Die leicht konvexe Basis des Gehäuses ist weiß und die Zähne rötlichbraun. Poeten-Kaurischnecken leben tagsüber im Flachwasser der Riffe und kommen von Ostafrika bis nach Melanesien und Australien versteckt unter Steinen und Korallen vor. Nachts sind sie im Riff unterwegs und ernähren sich von Algen, Schwämmen und von kleinem, tierischem Aufwuchs. Ihre Gehäuse werden intensiv gesammelt und weltweit in Andenkenläden verkauft.

Foto: Indonesien, Zentral Sulawesi

Vogel-Kauri *(Mauricia scurra indica)*

Vogel-Kaurischnecken besitzen ein lang gestrecktes, zylindrisches Gehäuse mit einer gerundeten Basis, purpurn bis purpurbraunen Randflecken und feinen, rotbraunen Zähnen. Die cremefarbene bis rötlichbraune Oberfläche zeigt eine Netzzeichnung, gebildet von unterschiedlich großen, runden bis ovalen und hellen Flecken, die gelegentlich ineinander laufen. Eine helle Längslinie verläuft auf dem Rücken. Die Gehäuse dieser Schnecken sind relativ klein und messen nur 3-5cm. Da sie selten sind, werden sie auch intensiv auf Flachwasserriffen bei Ebbe von Ostafrika bis nach Polynesien und Hawaii gesammelt und für viel Geld in Andenkenläden verkauft.

Foto: Indonesien, Nord Sulawesi

Mauricia histrio, Indonesien, Zentral Sulawesi

Mauricia scurra indica, Indonesien, Nord Sulawesi

Morgendämmerung – Kauri *(Palmadusta diluculum)*

Porzellanschnecken dieser Art sind selten. Ihr Verbreitungsgebiet ist der westliche Indische Ozean und hier sind sie besonders an den Riffen von Ostafrika, den Seychellen und Mauritius anzutreffen. Sie leben im Flachwasser versteckt unter Steinen, zwischen Seegras und Korallen und kommen gelegentlich in kleineren Gruppen vor. Ihr 2-4cm großes Gehäuse zeigt auf dem Rücken ein typisches Zickzackmuster, während die Grundfarbe der Schale verschieden sein kann. Nur die Basis ist stets weiß und die feinen Zähne sind farbig gesprenkelt. Leider ist auch diese Kauri bei Sammlern sehr beliebt und aus diesem Grund nur noch sehr selten in ihrem angestammten Biotop zu finden.

Foto: Seychellen, Strandfund

Humphreys Kauri *(Palmadusta humphreysii)*

Humphreys Kauris sind kleine Schnecken, deren Schale maximal 3cm groß wird. Sie leben tagsüber unter Steinen und toten Korallen und sind erst in der Nacht auf Nahrungssuche. Dann findet man sie in der Nähe von Schwämmen, von denen sie sich ernähren. Das Gehäuse der Schnecken zeigt auf gelben Grund helle Querbänder und eine Vielzahl oranger bis rötlicher Flecken verschiedener Größe. Bedeckt wird die Schale von einem feuerroten Mantel. Humphreys Kauris sind von Ostaustralien und der Korallensee bis nach Melanesien und den Philippinen verbreitet.

Foto: Papua Neuguinea, Milne Bay

Palmadusta diluculum, Seychellen, Strandfund

Palmadusta humphreysii, Papua Neuguinea, Milne Bay

Goldgelbe Streifenkauri *(Palmadusta lutea)*

Goldgelbe Streifenkauris leben einzeln unter Steinen und in Schwämmen und sind überwiegend nachtaktiv. Sie ernähren sich hauptsächlich von Schwämmen und sind stets in der Nähe ihrer Fresssubstrate zu finden. Die relativ kleinen Gehäuse, die nur 2cm groß werden, sind oval in der Form und variabel in der Farbe. Häufig sind ihre Gehäuse grau oder grünlich, rotbraun oder braun. Sie tragen feine schwarze bis dunkelbraune Sprenkel und 2-3 schmale und weiße Querbänder. Ihr Mantel und der Fuß sind orangerot bis rot. Streifenkauris leben vom Flachwasser bis in 30m Tiefe. Sie lieben beruhigtes Flachwasser der Lagunen und halten sich überwiegend im Gezeitenbereich auf. Wegen ihrer geringen Größe werden sie übersehen und meist nicht einmal wahrgenommen.

Foto: Indonesien, Rinca

Zickzack - Kauri *(Palmadusta ziczac)*

Zickzack-Kauris sind kleine Porzellanschnecken, die ein ovales, festes und hellbraunes Gehäuse besitzen, das bis zu 3cm groß werden kann. Drei helle Winkelzeichnungen, die wie Bänder die Schale umgreifen, befinden sich darauf. Ein feuerroter Mantel, der das Gehäuse der Schnecke völlig umschließt, zeigt feine, kurze und helle Protuberanzen. Zickzack-Porzellanschnecken sind nachtaktiv. Tagsüber verstecken sie sich unter toten Korallen, unter Steinen und in Spalten und Ritzen des Korallenriffes. Sie sind im Roten Meer und im Indopazifik von Ostafrika bis nach Australien, Tahiti, Neukaledonien und Japan weit verbreitet.

Foto: Papua Neuguinea, Milne Bay

Palmadusta lutea, Indonesien, Rinca

Palmadusta ziczac, Papua Neuguinea, Milne Bay

Bregers Kauri *(Contradusta bregerina pervalata)*

Bregers Kauris sind selten, da sie nur ein begrenztes Verbreitungsgebiet haben, das von Neukaledonien und Papua Neuguinea bis zu den Salomonen und Fiji reicht. Sie leben in Wassertiefen zwischen 10m und 50m und kommen auf verschiedenen Gründen vor. Tagsüber verstecken sie sich im Riff und sind erst in der Nacht auf Nahrungssuche unterwegs. Ihre kleinen und ovalen Gehäuse sind 3-4 cm groß sind,
können orangerot oder rostrot gefärbt sein. Ihr Rücken ist mit einer Vielzahl winzig kleiner und heller Pünktchen bedeckt. Ein dunkles Band zieht quer über den Rücken des Gehäuses. Der semitransparente Mantel der Schnecken, der das Gehäuse umgibt, trägt feine, stiftförmige und helle Protrusionen, die in Reihen angeordnet sind. Bregers Kauris waren früher unter der wissenschaftlichen Namen Erronea bregerina pervalata bekannt.

Foto: Papua Neuguinea, Milne Bay

Weintrauben – Kauri *(Staphylea staphylea staphylea)*

Weintrauben-Kauris besitzen ein kleines und elliptisches Gehäuse, das maximal 3cm groß wird. Die dorsale Seite der Schale ist bläulich bis braun-violett gefärbt und trägt eine Vielzahl kleiner und heller Pusteln. Die Basis ist bräunlich. Der braun gefleckte Mantel mit den feinen und gelblichen Tuberanzen sieht einem Schwamm ähnlich. Weintrauben-Kauris sind Schwammfresser, die erst in der Nacht ihre Fresssubstrate aufsuchen. Tagsüber leben sie verborgen unter Steinen und Korallen. Die Verbreitung der Art reicht im Indopazifik von Ostafrika bis nach Melanesien und Mikronesien. Das Bild zeigt zwei dieser Schnecken bei ihrem Eigelege.

Foto: Indonesien, Bali

Contradusta bregerina pervalata, Papua Neuguinea, Milne Bay

Staphylea staphylea staphylea, Indonesien, Bali

Schrot – Kauri *(Staphylea limacina limacina)*

Schrot-Kauris, auch Bläschen-Kauris genannt, besitzen ein länglich-ovales Gehäuse mit einem hellblau-violettem Schimmer und viele willkürlich verstreute Pusteln und weiße Flecken auf der Dorsalseite. Die Ränder und Zähne der Schale sind weiß. Ein rosafarbener Mantel bedeckt normalerweise die glatte Schale. Tagsüber leben die Tiere versteckt unter Steinen und Korallen. Erst in der Nacht sind sie auf der Suche nach Schwämmen, von denen sie sich ernähren. Sie leben vom Flachwasser bis in Tiefen von 30m, werden maximal 3-4cm groß und sind im Indopazifik vom Ostafrika bis nach Polynesien, Australien und Japan weit verbreitet.

Foto: Indonesien, Bali

Sieb – Kauri *(Cribrarula cribraria)*

Sehr junge Sieb-Kauris besitzen noch nicht die typischen Farbzeichnungen, die die adulten Schneckenschalen aufweisen. Typisch für die Farbzeichnung der Gehäuse junger Tiere sind der rote Mantel und die 4 unterbrochenen Querbänder. Die Gehäuse adulter Tiere sind orangebraun. Sie tragen große, kreisrunde und weiße Flecken unterschiedlicher Größe auf ihrem Rücken. Siebkauris leben einzeln und treffen sich nur zur Kopulation. Sie legen orangefarbene Eibänder, die aus Millionen winzig kleiner Eizelle bestehen. Tagsüber verstecken sich die Schnecken unter Steinen und Korallen und sind erst in der Dämmerung und in der Nacht aktiv. Sie sind Algen-und Schwammfresser. Junge Kauris sind 2cm, erwachsene etwa 4-5 cm groß. Sie sind Tiere des Flachwassers. Die Verbreitung der Art reicht im Indopazifik von Ostafrika bis nach Samoa, Japan und Australien.

Foto: Papua Neuguinea, Milne Bay

Staphylea limacina limacina, Indonesien, Bali

Cribrarula cribraria, Papua Neuguinea, Milne Bay

Große Eischnecke *(Ovula ovum)*

Große Eischnecken sind überwiegend Einzelgänger, die Weich- und Lederkorallen fressen und sich hauptsächlich von den Polypen der Gattungen Sinularia, Lemnalia und Sarcophyton ernähren. Ihre weiße Porzellanschale ist innen schokoladenbraun und in der Regel von einem schwarzen Mantel völlig bedeckt. Gelegentlich lassen die beiden Mantelenden einen feinen Spalt offen, so dass man die weiße Schale darunter erahnen kann. Die Jungtiere unterscheiden sich von den adulten Schnecken durch lange Vesikeln auf der Manteloberfläche, die weißgelbe bis orange Spitzen tragen. Sie imitieren so die giftige Warzenschnecke Phyllidia madangensis. Sie ändern ihr Aussehen erst, wenn sie größer und geschlechtsreif werden. Das Gehäuse der erwachsenen Schnecken ist eiförmig, glatt und besitzt eine verdickte Außenlippe. Man ist versucht, sie den Porzellanschnecken (Cypraeidae) zuzuordnen, doch fehlen ihnen die deutlichen Zähne entlang der Gehäuseöffnung. Verwandt sind sie mit den Pozellanschnecken sowieso. Eischnecken leben vom Flachwasser bis in größere Tiefen. Man findet sie stets auf oder in der Nähe ihrer Fresssubstrate, da sie sich überwiegend von Lederkorallen der Gattungen Sarcophyton ernähren. Paarweise oder in kleineren Gruppen formieren sie sich nur zur Kopulation. Verbreitet sind Große Eischnecken an den Riffen von Madagaskar bis nach Polynesien. Leider sind sie durch Aufsammeln selten geworden. In den Souvenirläden werden sie den Touristen Körbeweise zum Kauf angeboten.

Foto: Indonesien, Raja Ampad

Kleine Eischnecke *(Ovula costellata)*

Innerhalb der Gattung Ovula gibt es nur noch eine Eischnecke, Ovula ovum, die als große Eischnecke bezeichnet wird und die auch doppelt so groß ist, wie die hier vorgestellte Art. Die weiße Schneckenschale dieser Kleinen Eischnecke wird von einem farbigen und wunderschön gezeichneten Mantel vollständig überdeckt. Dieser trägt eine Vielzahl unterschiedlich langer Papillen, die orangerote Spitzen tragen. Der große und weiße Fuß besitzt eine feine, schwarze Begrenzungslinie. Kleine Eischnecken findet man in 12-30m Wassertiefe, wo viele Weich- und Lederkorallen vorkommen, von denen sie sich ernähren. Die Verbreitung der Art reicht von Afrika bis nach Australien, Fiji, Tonga und Japan.

Foto: Papua Neuguinea, Milne Bay

Ovula ovum, Indonesien, Raja Ampad

Ovula costellata, Papua Neuguinea, Milne Bay

Warzen – Eischnecke *(Calpurnus verrucosus)*

Das weiße Gehäuse dieser relativ kleinen Schnecken, die nur 2-3cm groß werden, ist birnenförmig und wirkt etwas aufgeblasen. An jedem Ende des Gehäuses oberhalb des Kanals besitzen sie einen runden, warzenförmigen und rosa bis orange gefärbten Knoten. Der Mantel und der Fuß sind weiß. Der Mantel trägt eine Vielzahl dicht stehender, meist gleich großer, rotbrauner bis schwarzer Punkte. Warzen- Eischnecken leben überwiegend im Flachwasser und kommen bis in moderate Tiefen auf Weich- und Lederkorallen der Gattungen Lobophytum und Sarcophytum vor, von deren Polypen sie sich ernähren. Sie hinterlassen auf ihren Wirtskorallen breite Fraßspuren. Sie sind im Roten Meer verbreitet und kommen im Indopazifik von Madagaskar bis nach Polynesien vor.

Foto: Philippinen, Silquijor

Alabaster-Eischnecke *(Diminovula alabaster)*

Alabaster-Eischnecken sind kleine Schnecken von einer maximalen Größe von 1,5cm. Man findet sie in den stacheligen Verzweigungen von Weichkorallen der Gattung Dendronephthya, von deren Polypen sie sich offensichtlich ernähren. Schale und Mantel der Schnecken sind weiß. Der Mantel trägt viele rötliche und mikroskopisch kleine Flecken und Punkte, die nur die Basis der sich auf dem Mantel befindlichen und fingerförmig erhebenden Protrusionen aussparen. Diese farbigen Punkte setzen sich an den Fußrändern fort. Fühler und Siphorand sind farbig abgesetzt. Die Fühlerspitzen sind weiß. Alabaster-Eischnecken sind im Indopazifik von Indonesien und Australien bis zu den Philippinen verbreitet.

Foto: Philippinen, Balikasac

Calpurnus verrucosus, Philippinen, Silquijor

Diminovula alabaster, Philippinen, Balikasac

Gipfel - Eischnecke *(Diminovula culmen)*

Gipfel-Eischnecken sind kleine Tiere, deren weiße bis gelbliche Gehäuse nur 5-17mm groß werden. Sie kommen vom flachen Wasser bis in Tiefen von 35m vor und leben auf Weichkorallen der Gattung Dendronephthya, von deren Schleimabsonderungen sie sich ernähren. Die Farbe ihres Mantels, der die glänzende Schale bedeckt, kann verschieden sein. Zahlreiche lange, haarige und aufrecht stehende Protrusionen befinden sich darauf, die nach allen Richtungen abstrahlen. Verbreitet sind sie im Indopazifik und kommen von Ostafrika und Madagaskar bis nach Polynesien und Australien vor.

Foto: Indonesien, Rinca

Margariten - Eischnecke *(Diminovula margarita)*

Margaritas Eischnecken leben auf Weichkorallen der Gattungen Dendronephthya, Chironephtya und Stereonephthya, von deren Polypen sie sich ernähren. Ihre schneeweiße und glänzende Schale wird maximal 1cm groß. In der Regel sieht man das Gehäuse nicht, da es vom Mantel völlig bedeckt wird. Der weiße Mantel trägt dunkelbraun umrandete, hellbraune Flecken unterschiedlicher Form und Größe. Eine Vielzahl kurzer, fingerförmiger und semitransparenter Protrusionen befindet sich auf der Manteloberfläche. Der schlanke und weiße Fuß besitzt viele rotviolette Diagonalstreifen. Die Vermehrung der Art erfolgt durch Eiablage zwischen den Verzweigungen der Wirtskoralle. Die weiblichen Tiere sind stets größer als die männlichen. Margaritas Eischnecken sind im Indopazifik von Indonesien und den Philippinen bis nach Papua Neuguinea, Tonga und Japan verbreitet, werden jedoch wegen ihrer versteckten Lebensweise selten gesehen und fotografiert.

Foto: Philippinen, Balikasac

Diminovula culmen, Indonesien, Rinca

Diminovula margarita, Philippinen, Balikasac

Spindel – Eischnecke *(Diminovula stigma)*

Spindel-Eischnecken leben adaptiert auf den Verzweigungen von Weichkorallen der Gattung Dendronephthya und sind ihrem Wirtstier in der Farbe außerordentlich gut angepasst, so dass man lange suchen und jede einzelne Verzweigung betrachten muss, um diese kleinen Schnecken überhaupt zu finden. Die nur 1-1,5cm große und eiförmige Schale der Schnecken ist in der Regel von einem roten Mantel vollständig bedeckt, der weiße und stiftförmige Protrusionen trägt, die mit einer breiten und hellen Basis beginnen. Sie sind verschieden lang und verschieden stark im Durchmesser. Spindel-Eischnecken kommen überall dort vor, wo an den Riffen im Roten Meer und im Indopazifik Dendronephthya- Arten verbreitet sind.

Foto: Philippinen, Panglao

Tiger – Eischnecke *(Cuspivolva tigris)*

Tiger-Eischnecken sind aufgrund der einzigartigen Farbzeichnung ihres Mantels leicht und schnell zu identifizieren. Innerhalb der Gattung gibt es keine weiteren Vertreter, der so gekennzeichnet ist. Ihr gelber bis orangefarbener Mantel trägt schwarze Bänder und Flecken, die hell umrandet sind. Auch auf dem Fuß setzt sich die schwarze Zeichnung fort. Die kleine und eiförmige Schale ist einheitlich gelborange gefärbt. Tiger-Eischnecken werden maximal 2cm groß. Sie leben als Kommensalen auf Gorgonien der Gattung Euplexaura, die erst im tiefen Wasser der Riffe vorkommen. Sie ernähren sich von den Polypen ihrer Wirte, ohne diese nachhaltig zu schädigen. Im Indopazifik sind sie von Indonesien, Malaysia und den Philippinen bis nach Japan verbreitet. Tiger-Eischnecken sind selten.

Foto: Malaysia, Mantanani

Diminovula stigma, Philippinen, Panglao

Cuspivolva tigris, Malaysia, Mantanani

Nabel - Eischnecke *(Habuprionovula umbilicata)*

Nabel-Eischnecken sind kleine Tiere, deren Gehäuse bis zu 1cm groß werden und deren Seiten callös gerundet sind. Der weiße Mantel, der die Schale völlig bedeckt, zeigt ein rotes Mosaikmuster, in deren Mitte aufrecht stehende und fingerförmige Protrusionen emporragen. Diese sind semitransparent. Nabel-Eischnecken leben versteckt auf den Verzweigungen von Weichkorallen der Gattung Dendronephthya und ernähren sich von deren Polypen. Ihre Verbreitung reicht im Indopazifik von den Andamanen, Indonesien und den Philippinen bis in die Chinesische See.

Foto: Philippinen, Cabilao

Schnabel - Spindelkauri *(Calcarovula longirostrata)*

Schnabel-Eischnecken leben als Kommensalen auf verschiedenen Gorgonien, so im Roten Meer auf der Gorgonie Acabaria sinaica. Das Gehäuse der kleinen, bis zu 6cm großen Schnecken ist spindelförmig und beide Enden der Mündung sind lang ausgezogen. Das weiße Schneckengehäuse kann nur durch einen Schlitz des Mantels erahnt werden, der das gesamte Gehäuse bedeckt. Er ist orangefarben und trägt weiße bis beige und dunkelrot umrandete Punkte. Spindel-Eischnecken ernähren sich von den Polypen ihrer Wirtstiere. Es gibt nur 12 Arten aus dieser Gattung, die an den Riffen im Roten Meer und im Indopazifik verbreitet sind.

Foto: Ägypten, Sharm el Sheikh

Habuprionovula umbilicata, Philippinen, Cabilao

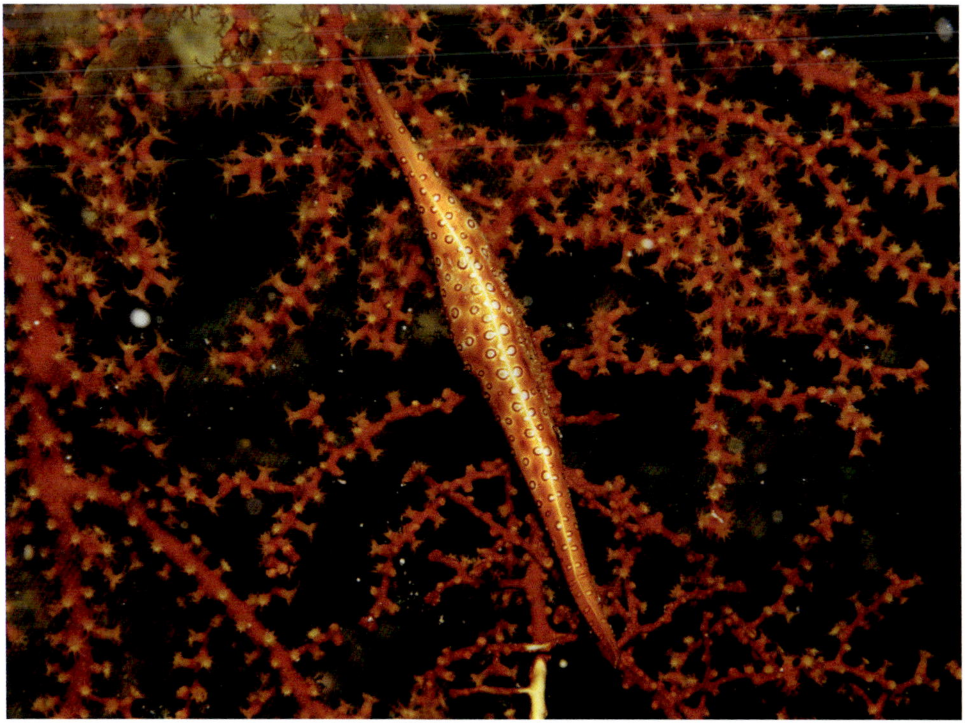

Calcarovula longirostrata, Ägypten, Sharm el Sheikh

Schlanke Eischnecke *(Hiatavolva coarcata)*

Schlanke Eischnecken besitzen eine längliche und spindelförnige, dünne Schale, die bis zu 15mm groß werden kann. Das Gehäuse der Schnecken kann weiß, beige, rotbraun oder rötlich gefärbt sein. Stets werden sie von einem roten bis rotorangen Mantel umhüllt, der polypenähnliche Protrusionen zur Tarnung trägt. Damit imitieren die kleinen Eischnecken die Polypen der Gorgonien, auf denen sie als Kommensalen leben und von deren Polypen sie sich ernähren. Schlanke Eischnecken kommen in mittleren bis großen Tiefen auf verschiedenen Fächerkorallen vor und sind vom Indischen Ozean bis in den westlichen Pazifik weit verbreitet.

Foto: Philippinen, Panglao

Annabella - Spindelkauri *(Pellasimnia annabellae)*

Annabella-Eischnecken leben als Parasiten auf Gorgonien und ernähren sich von den Polypen ihrer Wirte. Sie sind ihrer Wirtsgorgonie so perfekt in Form und Farbe angepasst, dass man lange suchen muss, um sie in den Verzweigungen der Gorgonien überhaupt zu finden. Zudem imitieren sie auf ihren Mantelprojektionen die Form der Polypen der jeweiligen Gorgonien, auf der sie leben. Annabella-Spindelkauris, auch Gorgonien-Eischnecken genannt, besitzen ein 1-2cm großes, schlankes und spindelförmiges Gehäuse, das blassviolett gefärbt ist. Es ist stets vom Mantel umhüllt. Die kleinen Schnecken leben angepasst an ihre Wirtsgorgonien und kommen vom Flachwasser bis in 30m Tiefe vor. Im Indopazifik sind sie von Indonesien bis nach Vanuatu und Neukaledonien verbreitet.

Foto: Malaysia, Lankayan

Hiatavolva coarcata, Philippinen, Panglao

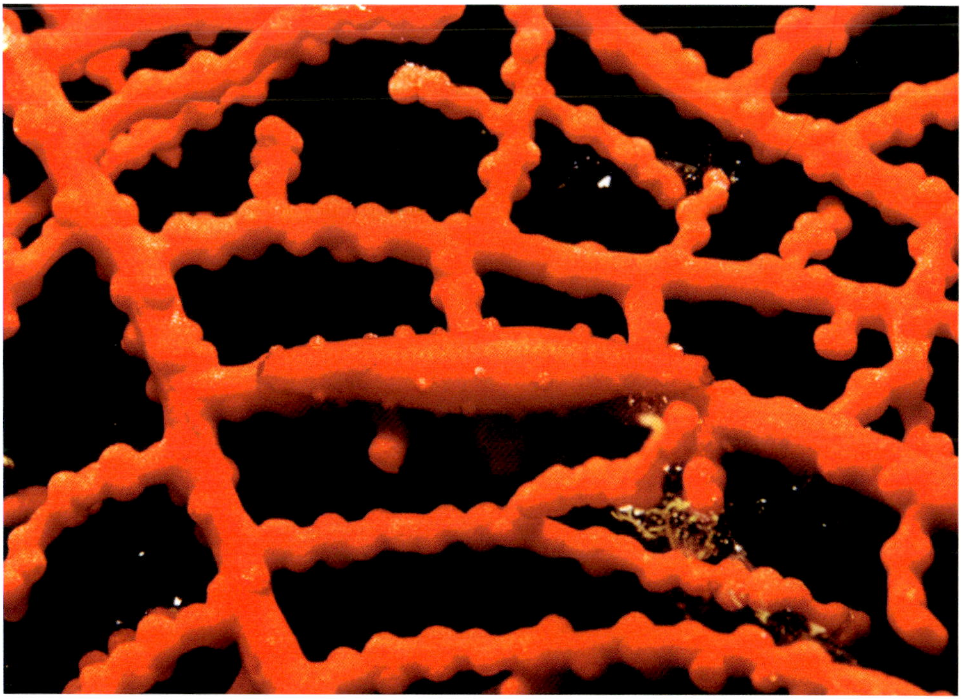

Pellasimnia annabellae, Malaysia, Lankayan

Rosafarbige Spindelkauri *(Phenacovolva rosea)*

Spindelkauris dieser Art besitzen ein sehr schlankes Gehäuse, das an beiden Enden etwas ausgezogen ist und das in der Mitte buckelig erscheint. Beide Enden sind leicht aufwärts gebogen. Die Farbe der Schale kann verschieden sein. Sie reicht von cremefarben und rosa bis hin zu rotorange und braunorange. In Schalenmitte verläuft ein helles Band. Auch der Mantel, der die Schale umhüllt, kann verschieden gefärbt sein. Er ist besetzt mit stiftförmigen und stumpf endenden Protrusionen und einer Vielzahl kleiner, roter Pünktchen. Spindelkauris sind Kommensalen auf verschiedenen Fächerkorallen. Ihre Gehäuse werden bis zu 6cm groß und sind häufig zu finden. An den Riffen im gesamten Indopazifik sind sie weit verbreitet.

Foto: Philippinen, Panglao

Orangeband - Spindelkauri *(Naviculavolva deflexa)*

Diese spindelförmige Kauri trägt auf eierschalenfarbigem Grund einen orangefarbenen Saum. Das Tier selbst ist weiß, fast transparent und nur eine orange bis rote Linie zieht sich am Kopf von den Augen bis zu den Tentakelspitzen. Spindelkauri dieser Art leben auf den Verzweigungen von Gorgonien der Gattung Rumphella, von deren Polypen sie sich ernähren. Um diese kleinen Schnecken zu finden, muss man sich jede einzelne Verzweigung der Gorgonie Rumphella aggregata ansehen, ansonsten bekommt man diese Tiere nie zu sehen, so klein sind sie und so versteckt leben sie auch. Sie werden nur maximal 2cm groß. Ihre Verbreitung reicht im Indopazifik von Südafrika bis zu den Salomonen, Japan und Australien.

Foto: Indonesien, Raja Ampad

Phenacovolva rosea, Philippinen, Panglao

Naviculavolva deflexa, Indonesien, Raja Ampad

Birnen-Eischnecke *(Amonovula piriei)*

Birnen-Eischnecken sind Parasiten auf Gorgonien der Gattungen Echinogorgia und Euplexaura. Sie ernähren sich von den Polypen der Gorgonien und hinterlassen auf ihren Weg über die Verzweigungen typische Fraßspuren. Die bis zu 2cm großen Schneckengehäuse sind in ihrer Farbe weiß, in ihrer Form länglich, cylindrisch und stets von einem Mantel bedeckt, der semitransparent ist und der die Farbe und die Oberflächenstruktur der Verzweigungen der Gorgonien entspricht. Sie imitieren praktisch die Oberflächenstruktur ihres Freßsubstrates. Aus diesem Grund werden sie selten gefunden. Birnen-Eischnecken kommen vom flachen Wasser bis in Tiefen von 50m vor. Sie sind im Indopazifik von Malaysia und Australien bis nach Papua Neuguinea, den Salomonen und den Philippinen verbreitet.

Foto: Indonesien, Raja Ampad

Admiral – Kegelschnecke *(Conus ammiralis)*

Admiral-Kegelschnecken leben von Flachwasser bis in große Tiefen auf Sand, Schlamm, unter Steinen, Korallen und zwischen Algen. Ihr weißes bis gelbes Gehäuse ist dickschalig und wird von einem braunen, dünnen und fast transparenten Periostrakum umschlossen. Der letzte Umgang zeigt 2-6 orange bis dunkelbraune Spiralbänder und darauf verschieden große Ogivenmuster. Die nur 6-7cm großen Tiere sind gefräßige Räuber, die sich überwiegend von Weichtieren ernähren und besonders Flügelschnecken der Familie Strombidae bevorzugen. Die Verbreitung der Art reicht von Ostafrika bis nach Mikronesien, Melanesien, Japan und Australien.

Foto: Indonesien, Zentral Sulawesi

Amonovula piriei, Indonesien, Raja Ampad

Conus ammiralis, Indonesien, Zentral Sulawesi

Sandstaub – Kegelschnecke *(Conus arenatus)*

Sandstaub-Kegelschnecken leben im Roten Meer und sind im Indopazifik von Ostafrika bis Polynesien und Australien verbreitet. Sie leben einzeln auf Sand und Schlamm und graben darin. Hier suchen sie ihre Nahrung, die bevorzugt aus frei lebenden Borstenwürmern besteht. Ihr weißes und mittelgroßes Gehäuse, das 3-7cm groß sein kann, ist übersät mit tausenden kleiner und schwarzer Punkte, die dazu neigen, Spiralbänder zu bilden. Sie sehen wie feine Sandkörnchen (Sandstaub) aus. Ein dünnes und transparentes Periostrakum bedeckt das Gehäuse. Sandstaub-Kegelschnecken, die im Roten Meer leben, tragen statt schwarzer Punkte rote Tupfen und werden in der Systematik als eine Unterart geführt. Große Walzenschnecken der Art Melo amphora sind ihre größten Feinde.

Foto: Malaysia, Lankayan

Königliche Kegelschnecke *(Conus aulicus)*

Königliche Kegelschnecken sind nachtaktive Einzelgänger, die sich tagsüber in Spalten, Ritzen und unter Korallen verstecken. Erst bei Anbruch der Dunkelheit begeben sie sich auf Nahrungssuche und schieben ihr schweres Gehäuse über den Untergrund. Sie harpunieren verschiedene Weichtiere und kleine Fische, die sie fressen. Ihr Gift kann für den Menschen gefährlich, aber nicht tödlich sein. Die relativ seltenen Schnecken besitzen ein sehr schönes Gehäuse, das bei Sammlern sehr begehrt ist. Es ist dick, schwer, etwas aufgeblasen und zeigt auf einem braunen bis dunkelbraunen Grund ein unregelmäßiges weißes bis gelbes Ogivenmuster. Die Schultern sind abgerundet, der Apex spitz und das Periostracum ist transparent. Ein hoher Sammlerpreis ist dafür verantwortlich, dass die 10-13cm großen Schnecken bei Ebbe auf Riffdächern gesammelt und aus größerer Tiefe gedredged, gereinigt und verkauft werden. Verbreitet sind Königliche Kegelschnecken im gesamten Indopazifik. Nur an den Inseln von Hawaii fehlen sie.

Foto: Malaysia, Mabul

Conus arenatus, Malaysia, Lankayan

Conus aulicus, Malaysia, Mabul

Blasige Kegelschnecke *(Conus bullatus)*

Blasige Kegelschnecken besitzen ein etwas aufgeblasenes Gehäuse, das an Olivenschnecken erinnert. Es ist glänzend, rosa bis orangerot gefärbt, zeigt dunkle Querbänder und ein etwas verwaschenes Ogivenmuster. Das Tier selbst ist weiß. Die bis zu 7cm großen Schnecken leben vom Flachwasser bis in Tiefen von 250m auf Sand, Schlick und Geröll, unter Korallen und Korallenbruch und sind im Indopazifik von Ostafrika bis Indonesien und Polynesien, Hawaii und China verbreitet. Die der schön gezeichneten Schnecken sind selten, da sie überwiegend dämmerungsaktiv sind. Sie harpunieren mit ihren Giftpfeilen kleine Fische und verschiedene Weichtiere, von denen sie sich ernähren.

Foto: Papua Neuguinea, Milne Bay

Kapitän – Kegelschnecke *(Conus capitaneus)*

Kapitän-Kegelschnecken leben von Flachwasser bis in Tiefen von über 240m auf Korallenriffen, im und auf Sand und unter Korallenbrocken und Steinen. Ihre Gehäuse, die bis zu 8cm groß werden, besitzen ein dickschaliges und konisches Gehäuse, das auf weißen Grund zwei breite und braune Spiralbänder zeigt, die dunkelbraune bis schwarze Spiralstreifen tragen. Ein weißes Band an der Schulter und in der Mitte der Schale zeigt dunkelbraune Flecken und Bänder an beiden Seiten. Die Mündung ist violett. Ein gelblich durchscheinendes Periostrakum bedeckt die Schale, die in der Regel von Fadenalgen, Kalkrotalgen und von Moostierchen bewachsen ist. Kapitän-Kegelschnecken ernähren sich überwiegend von Meeresborstenwürmern. Ihre Verbreitung reicht im Indopazifik von Ostafrika bis nach Mikronesien, Japan, Hawaii und Australien. Im Roten Meer fehlen sie.

Foto: Malaysia, Mabul

Conus bullatus, Papua Neuguinea, Milne Bay

Conus capitaneus, Malaysia, Mabul

Elfenbein – Kegelschnecke *(Conus eburneus)*

Elfenbein-Kegelschnecken leben auf verschiedenen Weichböden und kommen vom flachen Wasser bis in Tiefen von 20m vor. Ihr konisches Gehäuse ist dickschalig und die Schulter abgerundet. Der Apex ist winzig klein. 2-3 breite und gelbliche Querbänder umgreifen das Gehäuse, das auf hellem Grund eine Vielzahl dunkelbrauner bis schwarzer Flecken trägt. Die Gehäuse von Elfenbein-Kegelschnecken werden bis zu 7cm groß. Die Schnecken ernähren sich überwiegend von frei lebenden Borstenwürmern und sind in ihren Verbreitungsgebiet recht häufig zu finden. Und das reicht im Indopazifik von Ostafrika bis zu den Malediven, Polynesien und Australien.

Foto: Indonesien, Bali

Vielstrichel – Kegelschnecke *(Conus eburneus polyglotta)*

Vielstrichel-Kegelschnecken kommen sowohl im Roten Meer, als auch im Indopazifik von Afrika bis Polynesien und Australien vor. Die bis zu 5cm großen Schnecken besitzen ein dickes und weißes Gehäuse, das mit schwarzen Strichzeichnungen bedeckt ist. Bei der Varietät polyglotta, wie auf dem Bild zu sehen, verschmelzen einige dieser schwarzen Strichzeichnungen zu Spiralbändern. Vielstrichel-Kegelschnecken, auch Philippinen-Kegelschnecken genannt, sind Polychaeten- und Fischfresser, die vom Flachwasser bis in Tiefen von 65m vorkommen. Sie sind überwiegend nachtaktiv und kommen sowohl auf Hartsubstrat, als auch auf mobilen Böden vor.

Foto: Malaysia, Lankayan

Conus eburneus, Indonesien, Bali

Conus **eburneus** polyglotta, Malaysia, Lankayan

Bischof - Kegelschnecke *(Conus episcopatus)*

Bischof-Kegelschnecken sind außerordentlich schöne und attraktive Schnecken mit einem schlanken, schweren und fast torpedoförmigen Gehäuse, das abgerundete Schultern trägt. Weiße Ogivenmuster befinden sich zwischen großflächigen braunen bis dunkelbraunen Arealen. Bischof-Kegelschnecken leben unter Korallen, zwischen Korallenbruch und auf Grobsand der Lagunen. Sie ernähren sich von verschiedenen Weichtieren, die sie harpunieren. Ein Stich soll auch für den Menschen gefährlich sein, ohne ihn jedoch zu töten. Ihr Gift ist jedoch nicht so stark wie das von Kegelschnecken, die Fische harpunieren. Zu ihnen zählt zum Beispiel Conus geographus. Bischof-Kegelschnecken werden maximal 10cm groß und sind sehr geschätzte und teure Objekte für Schneckensammler. Aus diesem Grund wurden und werden sie immer noch intensiv gesammelt und verkauft. Das führt letztlich dazu, dass sie in ihrem Verbreitungsgebiet, das von Ostafrika bis Polynesien und Australien reicht, fast nicht mehr auffindbar sind.

Foto: Malaysia, Mabul

Geographie - Kegelschnecke *(Conus geographus)*

Geographie-Kegelschnecken sind die gefährlichsten Kegelschnecken, die es in unseren Weltmeeren gibt. Ihr Gift kann auch für uns Menschen tödlich sein. Sie harpunieren ihre Opfer mit Giftpfeilen und fressen sie dann auf. Auch größere Fische sind vor ihnen nicht sicher. Ihre Gehäuse, die bis zu 13cm groß werden können, sind recht dünnschalig und zeigen eine etwas aufgeblasene Endwindung und ausgeprägte Schulterknoten. Eine dünne Schalenhaut (Periostracum) bedeckt sie. Die Farbzeichnungen ihrer Gehäuse sind ein Gemisch aus verschiedenen Farben, Streifen und Tupfen. Es entstehen so die unterschiedlichsten Muster. Geographie-Kegelschnecken leben auf verschiedenen Substraten und sind nachtaktiv. Sie kommen vom Flachwasser bis in größere Tiefen vor und sind im Roten Meer und im Indopazifik von Ostafrika bis nach Polynesien und Australien verbreitet.

Foto: Philippinen, Silquijor

Conus episcopatus, Malaysia, Mabul

Conus geographus, Philippinen, Silquijor

Leoparden – Kegelschnecke *(Conus leopardus)*

Leoparden-Kegelschnecken sind die größten Kegelschnecken an indopazifischen Korallenriffen. Ihre Gehäuse können bis zu 20cm groß werden. Solche Riesen unter ihnen findet man jedoch sehr selten. Die, die man findet, sind immer noch groß, schwer, besitzen ein flaches Gewinde und gerundete Schultern. Ihre Gehäuse sind bedeckt mit dicht stehenden, schwarzen Zeichnungen, die auch Linien bilden oder leicht verwischt sind. Eine hellbraune Schalenhaut (Periostracum) umgibt die Gehäuse. Leoparden-Kegelschnecken leben auf Sand, Korallenbruch, in Seegraswiesen und auf unterseeischen Riffplattformen und ernähren sich überwiegend von Eichelwürmern (Enteropneusten), die sie harpunieren, mit ihrem Gift töten und dann auffressen. Ihre Giftwirkung ist für uns Menschen gering.

Foto: Papua Neuguinea, Milne Bay

Buchstaben-Kegelschnecke *(Conus litteratus)*

Buchstaben-Kegelschnecken besitzen ein mittelgroßes und festes Gehäuse, das bis zu 16cm groß werden kann. Die Schulter des Gehäuses ist scharf gewinkelt und drei breite und gelbliche Bänder umlaufen das weiße und zugespitzte Gehäuse. Die Mündung der Schale ist weiß. Auffallend sind die zahlreichen schwarzen bis dunkelbraunen Flecken und Punkte, die in Reihen spiralig und dicht stehend angeordnet sind. An der Schulter des Gehäuses sind die Flecken größer und laufen teilweise zusammen. Buchstaben-Kegelschnecken sind Tiere des flachen Wassers, die bis in einer maximalenTiefe von 20m vorkommen. Sie sind gefräßige Räuber, die sich von verschiedenen wirbellosen Tieren und von Fischen ernähren, die sie nachts mit Gift betäuben und verschlingen. Ihr Verbreitungsgebiet ist riesig und reicht von den Küsten Ostafrikas bis nach Polynesien.

Foto: Malaysia, Mantanani

Conus leopardus, Papua Neuguinea, Milne Bay

Conus litteratus, Malaysia, Mantanani

Marmor – Kegelschnecke *(Conus marmoreus)*

Marmor-Kegelschnecken können auch dem Menschen gefährlich werden, denn ihr Gift kann mitunter tödlich sein. Daher Vorsicht im Umgang mit diesen Tieren und am besten ist es, sie nicht anzufassen! Marmor-Kegelschnecken leben in Lagunen, auf Riffplattformen und zwischen Korallenbruch und kommen vom Flachwasser bis in Tiefen von 20m vor. Sie sind Weichtierfresser, die sich vor allem von anderen Kegelschnecken ernähren. Ihr dickschaliges und bis zu 10cm großes Gehäuse trägt kräftige Schulterknoten und ein flaches Gewinde. Die schwarze bis schokoladenbraune Schale ist übersät mit runden bis dreieckigen, weißen Flecken, ein typisches Erkennungsmerkmal dieser Art. Marmor-Kegelschnecken leben im Roten Meer und sind im Indopazifik von Ostafrika bis nach Hawaii und Australien verbreitet. Leider werden sie intensiv gesammelt und ihre dekorativen Gehäuse in Souvenirläden verkauft.

Foto: Indonesien, Molukken

Soldaten – Kegelschnecke *(Conus miles)*

Soldaten-Kegelschnecken tragen auf hellem Grund eine Vielzahl feiner und brauner Axiallinien, die gerade oder gewunden die Schale bedecken. Orange Axialzeichnungen und verschieden breite und dunkelbraune Spiralbänder umlaufen das Gehäuse. Eine dünne, gelbliche bis grüne Schalenhaut (Periostracum) deckt sie Schale nach außen ab. Sie besitzt fransige Strukturen. Soldaten-Kegelschnecken werden bis zu 9cm groß und sind in ihrem Verbreitungsgebiet häufig zu finden. Sie leben auf verschiedenen Substraten und ernähren sich überwiegend von frei lebenden Borstenwürmern. Im Indopazifik sind sie von Ostafrika bis nach Polynesien und Australien verbreitet.

Foto: Indonesien, Nord Sulawesi

Conus marmoreus, Indonesien, Molukken

Conus miles, Indonesien, Nord Sulawesi

Wiesel-Kegelschnecke *(Conus mustelinus)*

Wiesel-Kegelschnecken besitzen ein mittelgroßes und kräftiges Gehäuse, das maximal 11cm groß werden kann. Das weiße Gehäuse trägt breite olivfarbene bis grünliche Spiralbänder. In Schalenmitte verläuft ein helles Spiralband, das von schwarzen Flecken begrenzt wird. Die gewinkelte Schulter und das Gewinde sind weiß und mit schwarzen Axialstreifen versehen. Ein dünnes und transparentes Periostrakum überzieht die Schale. Wiesel-Kegelschnecken sind Tiere des Flachwassers und leben speziell in der Gezeitenzone. Sie ernähren sich von verschiedenen Polychaeten.

Foto: Philippinen, Panglao

Dunkle Kegelschnecke *(Conus obscurus)*

Dunkle Kegelschnecken besitzen ein schlankes und zylindrisches Gehäuse, das eine maximale Länge von 5cm erreichen kann. Die Schnecken leben auf verschiedenen Substraten, kommen auch in Seegraswiesen vor und halten sich bevorzugt im Flachwasser der Riffe auf, wo sie auch häufig im Spülsaum starken Wasserbewegungen ausgesetzt sind. Ihre Gehäuse sind braun geflammt und die Schalenhaut (Periostracum), die sie umgibt, ist gelblich, sehr dünn und semitransparent. Kegelschnecken dieser Art ernähren sich von Fischen, die sie harpunieren. Sie sind im Indopazifik von Ostafrika bis nach Hawaii und Französisch- Polynesien verbreitet. Im Roten Meer jedoch fehlen sie.

Foto: Papua Neuguinea, Milne Bay

Conus mustelinus, Philippinen, Panglao

Conus obscurus, Papua Neuguinea, Milne Bay

Kegelschnecke *(Conus proximus)*

Für Kegelschnecken dieser Art gibt es noch keinen Trivialnamen, weder in der englischen, noch in der deutschen Sprache. Die Tiere bilden ein kleines bis mittelgroßes Gehäuse aus, das maximal bis zu 5cm groß werden kann. Das Gewinde ist leicht erhöht und läuft spitz aus. Das weiße bis hellbraune Gehäuse trägt ein orangefarbenes Wolkenmuster und ist mit einer Vielzahl spiraliger Reihen von braunen Strichen und Punkten bedeckt. Die Gehäusemündung kann weiß bis violett gefärbt sein. Kegelschnecken dieser Art kommen vom flachen Wasser bis in Tiefen von über 200m vor. Man findet sie auf ausgedehnten Sandflächen und aus diesem Grund auch in den Fangnetzen von Shrimptrawlern, die ihre Netze über den Grund ziehen. Die Tiere ernähren sich von Fischen, die sie mit Giftpfeilen harpunieren und fressen. Ihre Verbreitung reicht im westlichen Pazifik von Papua Neuguinea bis zu den Philippinen und Vanuatu.

Foto: Papua Neuguinea, Milne Bay

Flohbiss – Kegelschnecke *(Conus pulicarius)*

Flohbiss-Kegelschnecken leben einzeln auf Sand, Mudd und auf Korallenbruch und ernähren sich überwiegend von frei lebenden Borstenwürmern. Sie kommen vom flachen Wasser bis in Tiefen von 75m vor und besitzen ein kleines, jedoch kräftiges Gehäuse. Dieses ist in der Grundfarbe weiß bis gelblich und übersät mit schwarzen bis dunkelbraunen Flecken, die sporadisch verteilt sind und an Flohbisse erinnern sollen. Bei der Handhabung dieser Schnecken ist Vorsicht geboten, denn ein Stich in die menschliche Haut kann außerordentlich schmerzhaft sein. Flohbiss-Kegelschnecken werden bis zu 6cm groß und sind vom Indischen Ozean bis in den Zentralpazifik verbreitet.

Foto: Malaysia, Mantanani

Conus proximus, Papua Neuguinea, Milne Bay

Conus pulicarius, Malaysia, Mantanani

Eichen – Kegelschnecke *(Conus quercinus)*

Eichen-Kegelschnecken leben in sandigen Lagunen stets in Riffnähe vom Flachwasser bis in Tiefen von 70m und ernähren sich überwiegend von frei lebenden Borstenwürmern. Man findet sie aber auch gelegentlich auf Schlamm und Mudd. Teilweise migrieren sie auch in brackige Gewässer von Flussmündungen. Ihr weises bis gelbbraunes und manchmal auch goldenes Gehäuse umgibt ein dickes Periostrakum. Dieses zeigt feine, braune Spirallinien, die zum Teil sehr eng, aber auch weit zueinander angeordnet sind. Die Gehäuse können bis zu 12cm groß werden und besitzen keinerlei Sammlerwert. Eichen-Kegelschnecken sind vom Indischen Ozean bis nach Hawaii, Polynesien und Australien weit verbreitet und kommen an manchen Küsten in einer bemerkenswerten Individuendichte vor.

Foto: Papua Neuguinea, Milne Bay

Ratten – Kegelschnecke *(Conus rattus)*

Ratten-Kegelschnecken besitzen ein festes, olivegrünes bis dunkelbraunes Schneckenhaus, das bis zu 7cm groß werden kann. Das Gewinde trägt in der Regel weiße Flecken. Das alles kann man in der Regel nicht sehen, weil die Gehäuse stets von feinem Sediment und Kalkrotalgen bedeckt sind, wenn die Tiere sich auf der Suche nach Nahrung sich über Sandflecken, Korallenbruch und verschiedene Hartsubstrate schieben. Sie ernähren sich überwiegend von Borstenwürmern, die sie auch unter Steinen und Korallen finden. Ratten-Kegelschnecken sind im Roten Meer verbreitet und kommen im Indopazifik von Ostafrika bis nach Polynesien und Australien vor.

Foto: Malaysia, Sipadan

Conus quercinus, Papua Neuguinea, Milne Bay

Conus rattus, Malaysia, Sipadan

Blutgefleckte Kegelschnecke *(Conus sanguinolentus)*

Blutgefleckte Kegelschnecken haben ein großes, festes und schweres Gehäuse, das mit roten bis rotorangen Flecken bedeckt ist. Es kann bis zu 6cm groß werden und trägt einen flachen und gerundeten Apex. Eine gelbe bis olivgrüne Schalenhaut umgibt das Gehäuse. Der Körper der Schnecken kann, je nach Verbreitungsgebiet, in der Farbe variieren. Blutgefleckte Kegelschnecken ernähren sich von Borstenwürmern, die sie auf und in mobilen Böden suchen und auch finden. Sie kommen vom flachen Wasser bis in größere Tiefen vor und sind im Roten Meer und im Indopazifik von Ostafrika bis nach Australien verbreitet.

Foto: Papua Neuguinea, Milne Bay

Gestreifte Kegelschnecke *(Conus striatus)*

Gestreifte Kegelschnecken sind auch für den Menschen sehr giftige Tiere, die man nicht unbedingt anfassen sollte. Sie leben auf Sand, unter Steinen und Korallen, auf Riffdächern und zwischen Korallenbruch und ernähren sich von kleinen Fischen und von Weichtieren, die sie harpunieren. Ihr kräftiges, dickschaliges und bis zu 8cm großes Gehäuse zeigt viele Farbvarianten und Muster, mit feinen und dunklen Spirallinien, sowie braunen Zonen mit Flecken und Tupfen. Das gelbe bis rotbraune Periostrakum ist dünn und transparent. Gestreifte Kegelschnecken leben vom flachen Wasser bis in Tiefen von 25m und kommen im Roten Meer und an den Riffen im Indopazifik von Ostafrika bis Polynesien und Australien vor.

Foto: Papua Neuguinea, Milne Bay

Conus sanguinolentus, Papua Neuguinea, Milne Bay

Conus striatus, Papua Neuguinea, Milne Bay

Bohrer - Schnecke *(Conus terebra)*

Bohrer-Kegelschnecken sind Tiere flacher Küsten, die von der Niedrigwasserzone bis in 15m Wassertiefe vorkommen. Sie besitzen ein dickschaliges und festes Gehäuse, das schlank ausgezogen ist und einen abgerundeten Apex trägt. Eine dicke und braune Schalenhaut bedeckt das Gehäuse. Diese blättert bei ausgefressenen Schalen schnell ab, sobald diese mit Luftsauerstoff in Berührung kommen und austrocknen. Bohrer-Kegelschnecken leben auf Korallenriffen und auf mobilen Sedimenten und fressen frei lebende Borstenwürmer. Ihre Gehäuse werden bis zu 10cm groß und sind im Indopazifik von Ostafrika bis nach Papua Neuguinea und Australien verbreitet.

Foto: Indonesien, Satonda

Mosaik - Kegelschnecke *(Conus tessulatus)*

Mosaik-Kegelschnecken besitzen ein schweres und dickes Gehäuse, das annähernd 8cm groß sein kann. Es trägt auf weißem Grund Spiralbänder mit orangeroten Flecken in Form von Rechtecken und Quadraten und eine violett getönte Basis. Das dünne Periostrakum ist orange oder olivbraun. Mosaik-Kegelschnecken bevorzugen das Flachwasser als Lebensraum, kommen auf Sand- und Schillböden bis in Tiefen von 40m vor und ernähren sich überwiegend von Borstenwürmern. In der Inselwelt der Philippinen hat man sie aber auch schon aus 240m Tiefe gedredged. Ihre Verbreitung reicht vom Roten Meer bis nach Ostafrika, Polynesien, Hawaii, Australien und Japan bis in den Ostpazifik zur Panamaische Provinz und West Mexiko.

Foto: Mikronesien, Palau

Conus terebra, Indonesien, Satonda

Conus tessulatus, Mikronesien, Palau

Textil – Kegelschnecke *(Conus textile)*

Textil-Schnecken sind nachtaktive Räuber, die sich tagsüber im Boden sandiger Lagunen, im Schlamm und unter Korallenschutt aufhalten, um in der Nacht aktiv zu werden. Stöbert man in den frühen Morgenstunden gelegentlich eine Textil-Schnecke auf, dann ist sie sofort bestrebt, sich schnell und etwas schräg in den Untergrund einzugraben. Ihre Hauptnahrung besteht aus Schnecken, Würmern, kleinen Fischen und Garnelen. Ihre Beute wird mit giftigen Harpunen, die sie abschließen, getötet. Das Gift ist außerordentlich stark und auch für den Menschen gefährlich, jedoch nicht tödlich. Das Gehäuse der Schnecken ist dickschalig, in der Farbe sehr variabel und gelegentlich sehr attraktiv. Es kann bis zu 10cm groß sein, ist in der Grundfarbe weiß, zeigt helle und dunkle Ogivenmuster und breite Zonen von gelben und braunen Axialbändern. Die Eier werden in weißen und flachen Kapseln abgelegt und an Gegenständen befestigt. Die Larven sind planktische Veliger. Textil-Schnecken leben im Roten Meer und kommen im Indopazifik von Ostafrika bis nach Polynesien, Japan und Hawaii vor. Große und schöne Exemplare werden teuer gehandelt.

Foto: Indonesien, Bali, Tulamben

Fahnenkegelschnecke *(Conus vexillium sumatraensis)*

Fahnenkegelschnecken besitzen ein großes, festes und schweres Gehäuse, das eine Maximallänge von 18cm erreichen kann. Das Gehäuse ist bauchig, die Schulter gewinkelt und das Gewinde etwas erhöht. Die Grundfarbe der Schale ist weiß. Bei der Variante C. vexillum sumatraensis, wie auf dem Bild zu sehen, ist das gesamte Gehäuse mit rotbraunen bis schwarzbraunen Streifen bedeckt, die durch ein semitransparentes Periostrakum hindurchscheinen. Fahnenkegekschnecken sind Tiere der Gezeitenzone, die auf Felsen, auf Sand und auf Korallenbruch ihre Nahrung suchen, die aus Polychaeten besteht. Die Schnecken sind im Indopazifik vom Roten Meer und dem Indischen Ozean bis nach Australien und Polynesien weit verbreitet.

Foto: Ägypten, Safaga

Conus textile, Indonesien, Bali, Tulamben

Conus vexillium sumatraensis, Ägypten, Safaga

Jungfern – Kegelschnecke *(Conus virgio)*

Jungfern-Kegelschnecken sind große Schnecken, die eine Länge von 15cm erreichen können. Ihre Gehäuse sind dick, schwer und von einer grünlichen bis braunen Schalenhaut überzogen. Schwach ausgebildete Spiralstreifen umgreifen die Schale. Der schwarze Sipho hat eine weiße Spitze und eine goldene Endumrandung. Jungfern-Kegelschnecken ernähren sich von frei lebenden Borstenwürmern, die sie im Untergrund suchen und aufstöbern. Sie kommen vom flachen Wasser bis in 15m Tiefe vor und leben auf und in verschiedenen mobilen Böden, auf Korallenbruch und verstecken sich als nachtaktive Tiere tagsüber unter Korallen und im Sediment. Ihr Verbreitungsgebiet reicht im Indopazifik von Ostafrika bis nach Polynesien und Australien. An den Inseln von Hawaii sind sie noch nicht gefunden worden.

Foto: Indonesien, Bali

Schwarzbraune Kegelschnecke *(Conus sp.)*

Diese, nicht bis zur Art bestimmte Kegelschnecke, besitzt ein braunes bis schwarzes Periostrakum, das mit feinem Sediment bedeckt ist. Mit über 7cm Länge ist sie eine recht große Kegelschnecke. Auf der Suche nach Nahrung, die überwiegend aus frei lebenden Borstenwürmern besteht, schieben die Schnecken ihr schweres Gehäuse über Sand- und Korallenbruchfelder und graben auch schon mal so tief, dass sie im weichen Sediment verschwinden. Da ihre Gehäuse nicht gerade attraktiv sind, werden sie auch nicht gesammelt. Es ist anzunehmen, dass sie im gesamten Indopazifik weit verbreitet sind.

Foto: Philippinen, Cebu

Conus virgio, Indonesien, Bali

Conus sp., Philippinen, Cebu

Gehörnte Helmschnecke *(Cassis cornuta)*

Gehörnte Helmschnecken besitzen ein großes, dickschaliges und schweres Gehäuse und ein großes Verbreitungsgebiet, das von Ostafrika bis nach Japan, Polynesien und Australien reicht. Die Tiere leben auf ausgedehnten Sandflächen des Flachwassers und kommen in Lagunen und in Seegraswiesen vor, wo sie ihre schweren Gehäuse über den Untergrund schieben und im weichen Sediment aber auch in Korallenbruchfeldern ihre Nahrung suchen. Diese besteht überwiegend aus Stachelhäutern, wobei irreguläre Seeigel ihre Hauptnahrung sind. Eine breite Kriechspur auf der Sedimentoberfläche verrät die Anwesenheit dieser großen Schnecken, die auf ihrer Jagd nach Beute komplett im Sediment verschwinden können. Das ist auch ein Hinweis für Schneckensammler, wo sie diese Tiere finden können. Männliche und weibliche Tiere kann man gut an ihren Gehäusen voneinander unterscheiden. Die Gehäuse und die Gehäusehöcker der männlichen Tiere sind kleiner als die der Weibchen. Das flache Gewinde und der Apex ist bei den älteren Schnecken weitgehend korrodiert. Die Gehäuseöffnung trägt kräftige Falten. In ihrem Verbreitungsgebiet sind Große Helmschnecken weitgehend aufgesammelt worden. Man findet ihre schönen Gehäuse nur noch in Andenkenläden. Daher ist es zu begrüßen, dass die Regierung Australiens sie unter Naturschutz gestellt hat.

Foto: Malaysia, Lankayan

Rote Helmschnecke *(Cypraecassis rufa)*

Rote Helmschnecken besitzen große, schwere und rötlich bis rotbraun gezeichnete Gehäuse mit einer breiten Basis und zahlreichen Axialrippen. Die Gehäuse der Weibchen sind in der Regel größer als die der Männchen. Große Schneckengehäuse können bis zu 20cm groß werden. Die Tiere leben im Flachwasser tropischer Küsten auf Sand und in Seegraswiesen und sind hier vom Gezeitenbereich bis in Tiefen von 20m gelegentlich zu finden. Ihr Verbreitungsgebiet reicht von den Küsten Ostafrikas und dem Golf von Aden bis nach Polynesien und Australien. Die Weibchen legen nach der Kopulation Eikapseln ab, die mehrere Eier enthalten. Die Entwicklung verläuft über eine planktische Veliger-Larve. Rote Helmschnecken sind Carnivoren, die sich überwiegend von Stachelhäutern ernähren. Bevorzugt fressen sie dabei Seeigel und Seewalzen. Ihre attraktiven und schön gezeichneten Gehäuse sind aber nicht nur begehrte Sammelobjekte, die in Andenkenläden als Souvenirs verkauft werden, sondern sie werden auch in großen Stückzahlen nach Italien verschickt und hier für Kameenschnitzereien verwendet. Leider sind durch die Sammelaktivitäten der Menschen die Tiere in ihren Verbreitungsgebieten außerordentlich selten geworden und die Art vom Aussterben bedroht.

Foto: Indonesien, Nord Sulawesi

Cassis cornuta, Malaysia, Lankayan

Cypraecassis rufa, Indonesien, Nord Sulawesi

Brettspiel – Sturmhaube *(Phalium areolata)*

Brettspiel-Sturmhauben leben auf oder in verschiedenen Weichböden des Flachwassers und kommen von Ostafrika bis nach Melanesien und Australien vor. Während der Zeit der Ebbe graben sie sich in den Boden ein und kommen bei auflaufendem Wasser wieder an die Oberfläche zurück. Ihre schönen Gehäuse, die maximal 10cm groß werden, tragen ein auffälliges Muster, das an die Felder auf einem Brettspiel erinnert. Auf gelblichem Grund befinden sich Reihen rechteckiger, hellbrauner bis dunkelbrauner Flecken auf der Schale. Die Lippe ist verdickt und gezahnt. Brettspiel-Sturmhauben sind nachtaktive Räuber, die sich von verschiedenen Stachelhäutern ernähren. Sie sind auf ihrer breiten Fußsohle schnell auf dem Sediment unterwegs, so dass sie auch relativ schnell bewegenden Stachelhäutern spielend folgen und sie erbeuten können.

Foto: Papua Neuguinea, Milne Bay

Gebänderte Helmschnecke *(Phalium bandatum)*

Gebänderte Helmschnecken sind große Einzelgänger und Räuber, die auf oder im weichen Sediment nach Beute suchen. Diese besteht aus Muscheln, Schnecken und aus verschiedenen Stachelhäutern. Ihr großes und eiförmiges Gehäuse trägt ein schlankes Gewinde mit kleinen und spitzen Knoten und eine verdickte Außenlippe, die nach außen umgeschlagen ist. Der Siphonalkanal ist kurz und stark gebogen. 5 hellbraune Spiralbänder umgreifen die glatte und weiße Schale. Helmschnecken dieser Art werden bis zu 15cm groß. Sie sind im Indopazifik verbreitet und werden intensiv gesammelt und in Souvenirläden verkauft. In Südostasien werden sie zum Beispiel Salz- und Pfefferstreuern verarbeitet.

Foto: Indonesien, Lembeh

Phalium areolata, Papua Neuguinea, Milne Bay

Phalium bandatum, Indonesien, Lembeh

Gezahnte Helmschnecke *(Phalium glaucum)*

Helmschnecken dieser Art besitzen ein mittelgroßes und kegelförmiges Gehäuse mit einer verdickten Außenlippe, die nach außen umgeschlagen ist. Direkt neben dem Siphonalkanal, der kurz und stark gebogen ist, trägt die Außenlippe 3-4 spitze Fortsätze, die sie leicht von der anderen Art, P. bandatum, unterscheidet. Das glatte und glänzende Gehäuse kann hell- oder dunkelgrau gefärbt sein und gelegentlich auch orange oder braune Flecken tragen. Gezahnte Helmschnecken werden maximal 12cm groß und sind von Ostafrika bis Südjapan, Melanesien und Indonesien verbreitet. Sie leben in und auf ausgedehnten Sand-und Schlammflächen und graben im Sediment nach Weichtieren und Stachelhäutern, von denen sie sich ernähren. Als nachtaktive Tiere sind sie in ihrem Verbreitungsgebiet nicht sehr häufig zu finden, da sie sich tagsüber im Sediment eingraben. Sie werden leider intensiv gesammelt und als Souvenirs verkauft.

Foto:Indonesien, Lembeh

Kleine Helmschnecke *(Phalium sp.)*

Bei dieser kleinen Sturmaube handelt es sich möglicherweise und eine Jugendform, die ihr Gehäuse und die sich darauf befindlichen Kennzeichnungen, die für eine Artbestimmung notwendig sind, noch nicht vollständig ausgebildet hat. Verschiedene Gattungen und Arten kämen dafür in Betracht. Nicht gerade typisch ist, dass das Tier sich auf einem Korallenbruchfeld bewegt und sich nicht, wie üblich, auf Weichboden befindet, um dort nach Nahrung zu graben, denn Helmschnecken ernähren sich bevorzugt von verschiedenen Weichtieren, die sie anbohren und ausfressen. Und diese Weichtiere befinden sich überwiegend in weichen Sedimenten.

Foto: Philippinen, Silquijor

Phalium glaucum, Indonesien, Lembeh

Phalium sp., Philippinen, Silquijor

Kleine Sturmhaube *(Casmaria erinaceus)*

Kleine Sturmhauben, auch Helmschnecken genannt, werden bis zu 8cm groß. Sie sind Tiere des Flachwassers, die auf ausgedehnten Sandböden leben und hier ihre Nahrung suchen. Diese besteht hauptsächlich aus Seeigeln. Bevorzugt werden irreguläre Seeigel, so genannte „Sanddollar", die durch Gift gelähmt, mit der Radula durchbohrt und dann ausgefressen werden. Das cremeweiße Gehäuse der Schnecken ist mittelgroß, trägt rotbraun gewellte Axialstreifen, ist festwandig und hat eine aufgeblasene und glatte Endwindung. Die Außenlippe ist verdickt und mit rechteckigen und dunkelbraunen Flecken versehen. Leider sieht man diese Tiere sehr selten. Sie sind in ihrem Verbreitungsgebiet durch Aufsammeln sehr stark dezimiert worden. Verbreitet sind sie im Roten Meer und kommen im Indopazifik von Ostafrika bis nach Polynesien und Australien vor.

Foto: Indonesien, Bali

Kleine Sturmhaube *(Casmaria ponderosa)*

Kleine Sturmhauben kommen in ihrem Verbreitungsgebiet in verschiedenen Farbmorphen vor. Ihr fast eiförmiges Gehäuse zeigt schwach gewölbte Umgänge und flache Schulterknoten. Die cremefarbene Oberfläche ist glatt, glänzend und mit feinen braunen Bändern versehen. Breite, vertikale und dunkelbraune Bänder bedecken die Außenlippe. Der nach oben gebogene Siphonalkanal trägt einen braunen Fleck. Kleine Sturmhauben sind Schnecken des Flachwassers, die auf Sand, auf Lavabruch und in Algenbeständen ihre Nahrung suchen. Diese besteht vor allem aus Weichtieren und aus verschiedenen Stachelhäutern. Die bis zu 7cm großen Schnecken sind im Indopazifik von Indonesien bis nach Taiwan und Australien verbreitet.

Foto: Papua Neuguinea, Milne Bay

Casmaria erinaceus, Indonesien, Bali

Casmaria ponderosa, Papua Neuguinea, Milne Bay

Doppelfurchige Helmschnecke *(Semicassis bisulcata)*

Dopelfurchige Helmschnecken, auch Japanische Sturmhauben genannt, sind relativ kleine Helmschnecken von nur 5-7 cm Größe. Ihr Gehäuse ist aufgeblasen, etwas mützenförmig und trägt ein kleines Gewinde. Die Schale ist weiß und bedeckt mit braunen Strichbändern. Der Fuß ist breit mit violetter Sohle und hellem Saum. Die Fühler sind lang, spitz endend und weiß. Der Lebensraum dieser Tiere ist das Flachwasser. Sie graben im Sediment und im Korallenbruch nach Stachelhäutern, wobei sie sich besonders von kleinen Herzseeigeln ernähren. Sie sind im Indopazifik von Ostafrika bis nach Australien und Japan verbreitet, fehlen jedoch im Roten Meer.

Foto: Papua Neuguinea, Milne Bay

Feigenschnecke *(Ficus subintermedia)*

Feigenschnecken sind nachtaktive Weichbodenbewohner, die sich tagsüber im Sediment eingraben. Sie besitzen eine dünne, birnen- bis feigenförmige Schale, die ein flaches Gewinde trägt. Die Mündung ist weit, der Siphonalkanal kurz und ein Operculum fehlt. Die Oberfläche der Schale zeigt feine Spiralrippen, die manchmal in ein Netzmuster übergehen und dunkle Flecken sichtbar werden lassen. Von der bis zu 15cm großen Schale sieht man aber nicht viel, wenn die Schnecke nachts unterwegs ist. Das Tier schlägt die großen Mantellappen über das Gehäuse, so dass es völlig bedeckt ist. Was die Schnecken fressen, weiß man noch nicht genau. Sie leben vom Flachwasser bis in Tiefen von 200m und sind von Ostafrika bis nach Fiji, Hawaii und Australien verbreitet. Am häufigsten findet man sie an den Küsten von Japan.

Foto: Indonesien, Nusakode

Semicassis bisulcata, Papua Neuguinea, Milne Bay

Ficus subintermedia, Indonesien, Nusakode

Großes Tritonshorn *(Charonia tritonis)*

Ausgewachsene Tritonshörner besitzen große und schwere Gehäuse, mit einer großer Endwindung und einem verdicktem Mündungsrand. Sie werden über 40cm groß und sind begehrte Sammelobjekte eines jeden Schneckenliebhabers. Die Sammelleidenschaft der Menschen hat mittlerweile dazu geführt, dass sie kaum noch lebend zu finden sind und Regierungen sie unter Naturschutz stellen mussten. Leider hält sich niemand an diese Bestimmungen, so dass sie auch heute noch intensiv gesammelt und verkauft werden. Tritonshörner sind nachtaktive Schnecken, die sich überwiegend von Stachelhäuter ernähren. Sie fressen Seeigel, wie Heterocentrotus mamillatus, Seesterne wie Culcita novaeguineae, Linckia laevigata und auch die Dornenkrone Acanthaster planci, einen vielarmigen und stacheligen Seestern, der sich ausschließlich von Korallenpolypen ernährt und als Riffkiller bekannt wurde. Tritonshörner leben vom Flachwasser bis in Tiefen von 40m auf Sand-, Fels- und Geröllgrund. Verbreitet sind sie im Roten Meer und kommen im Indopazifik von Ostafrika bis Polynesien und Australien vor.

Fotos: Indonesien, Nord Sulawesi, Papua Neuguinea, Milne Bay

Charonia tritonis, Indonesien, Nord Sulawesi

Charonia tritonis, Papua Neuguinea, Milne Bay

Feste Mitra *(Scabricola variegata)*

Feste Mitren leben an den Riffen im Indopazifik auf verschiedenen Hartsubstraten, auf Korallen, Korallenbruch und auf Sand und Schlamm. Ihre spindelförmige Schale wird nur 6-7cm groß und zeigt deutliche Spiralrinnen und kleine, stumpfe Kranzbildungen auf der Naht. Das gelbbraune Gehäuse trägt dunkelbraune und weiße Wolkenzeichnungen. Die Mündung ist orange bis braun gefärbt. Feste Mitren sind selten, so dass man über ihre Biologie sehr wenig weiß. Sie ernähren sich wohl hauptsächlich von Meeresborstenwürmern, die sie im Sediment aufspüren.

Foto: Indonesien, Banta

Trompetenschnecke, Küstentriton *(Cymatium lotorium)*

Trompetenschnecken besitzen ein festes, schweres, spindelförmiges und dickschaliges Gehäuse mit einem schräg nach hinten verdrehten Siphonalkanal und einer kräftig verdickten Außenlippe. Die Schultern tragen kräftige Knoten und ein dickes Periostrakum mit Borsten bedeckt die Schale. Die Varizen sind abwechselnd weiß und braun gefärbt. Die Schalenmündung und das Operculum sind oval. Trompetenschnecken dieser Art leben im Roten Meer und im Indopazifik von den Küsten von Ostafrika bis nach Japan und Australien. Sie leben von der Gezeitenzone bis in große Tiefen auf Sand und verschiedenen Hartsubstraten und sind gefräßige Räuber, die sich von verschiedenen Weichtieren, Stachelhäutern und auch von Aas ernähren. Da die 10-12cm großen Gehäuse bei älteren Tieren bis zur Unkenntlichkeit mit Algen, Kalkrotalgen, Moostierchen und anderen krustenbildenden Tieren bewachsen sind, sind Trompetenschnecken in ihrem natürlichen Biotop fast nie zu finden.

Foto: Indonesien, Komodo

Scabricola variegata, Indonesien, Banta

Cymatium lotorium, Indonesien, Komodo

Haariges Tritonshorn *(Cymatium pileare aquatile)*

Haarige Tritonshörner besitzen ein festes Gehäuse, das von einem dicken und haarigen Periostrakum bedeckt wird. Die gelblichen bis gelbbraunen Gehäuse tragen helle und dunkle Spiralbänder. Der Kanal ist kurz und nach hinten gebogen, die Mündung rötlich und ein ovales Operkulum mit exzentrischem Nukleus kann die Öffnung verschließen. Der Weichkörper der Schnecken ist rötlich gefleckt. Haarige Tritonshörner leben unter Korallen und zwischen Korallenbruch. Sie kommen aber auch in Mangroven vor. Verbreitet sind sie im Roten Meer und kommen im Indopazifik von Ostafrika bis nach Polynesien, Hawaii und Australien vor.

Fotos: Malaysia, Lankayan

Cymatium pileare aquatile, Malaysia, Lankayan

Cymatium pileare aquatile, Apertur

Birnen-Triton *(Cymatium pyrum)*

Tritonschnecken dieser Art besitzen ein dickes, bauchiges und spindelförmiges Gehäuse, das einen leicht gebogenen und langen Siphonalkanal trägt. Die aufragenden Rippen haben stumpfe Knoten. Die Außenlippe ist wulstig und zeigt abwechselnd helle und dunkle Zeichnungen. Ein grobes, orangebraunes bis orangerotes Periostrakum bedeckt das Gehäuse, das auf den Knoten zu langen Haaren ausgezogen ist. Birnen-Tritons leben vom Flachwasser bis in Tiefen von 20m auf Sand und Korallen und ernähren sich von Weichtieren, Stachelhäutern und von Aas. Sie betäuben, töten und vorverdauen ihre Beute mit schwefliger Säure, die von der Speicheldrüse gebildet wird. Eine Radula fehlt ihnen. Ihre Gehäuse sind 7-12cm groß und werden selten gefunden. Verbreitet sind sie von Ostafrika bis nach Japan und Hawaii.

Fotos: Indonesien, Komodo, Bali

Cymatium pyrum, Indonesien, Komodo

Cymatium pyrum, Apertur, Indonesien, Bali

Gegürtelte Tritonschnecke *(Cymatium succincta)*

Tritonschnecken dieser Art besitzen ein kleines, jedoch dickschaliges Gehäuse, das kräftige Spiralrippen mit breiten Zwischenräumen und dunkelbraunen bis schwarzen Spiralreifen trägt. Ein dünnes, braunes und leicht behaartes Periostrakum bedeckt die Schale. Der Siphonalkanal ist kurz und die Mündung breit mit einer verdickten Außenlippe. Gegürtelte Tritonschnecken sind selten und werden nur gelegentlich in beköderten Fischreusen gefangen. Über ihre Biologie ist so gut wie nichts bekannt. Das Gehäuse ausgewachsener Tiere kann bis zu 6cm groß werden. Ihre Verbreitung reicht im Indopazifik von Ostafrika bis nach Japan und Hawaii.

Foto: Malaysia, Mabul

Kaulquappen-Tritonschnecke *(Gyrineum gyrinum)*

Kaulquappen-Tritonschnecken leben auf Sand, Korallengrund sowie unter Steinen und Korallen und sind in ihrem Verbreitungsgebiet recht häufig. Man erkennt sie an den rotbraunen Spiralbändern auf den Umgängen. Die kleinen und dickschaligen Gehäuse, die bis zu 4cm groß werden, sind abgeflacht und tragen spiralig angeordnete Knotenreihen. Die kräftigen Knoten sind rund. Soviel man weiß, ernähren sich die Schnecken von verschiedenen Stachelhäutern, die sie auf den ausgedehnten Sandflächen suchen und auch finden. Die Verbreitung der Art reicht im Indopazifik von Indonesien und den Philippinen bis nach Australien.

Foto: Indonesien, Moyo

Cymatium succincta, Malaysia, Mabul

Gyrineum gyrinum, Indonesien, Moyo

Tonnenschnecke *(Tonna cepa)*

Tonnenschnecken sind nachtaktive Einzelgränger, die sich räuberrisch von Seesternen, Seeigeln, Seewalzen und von verschiedenen Weichtieren ernähren. Ihr Speichel enthält ätzende Säure, mit deren Hilfe sie die Kalkschalen ihrer Opfer auflösen. Tagsüber leben sie im Boden versteckt. Ihr braunes Gehäuse ist groß, wirkt aufgeblasen und trägt ein nur mäßig erhobenes Gewinde. Die Spiralrippen sind breit, flach und glatt. Die Außenlippe ist verdickt. Der Fuß der Schnecken ist sehr groß, breit und fleischig. Wenn sich die Tiere in der Nacht auf den Weg zu ihrer Beute begeben, wird er mit Wasser gefüllt. Fühlen sich die Schnecken bedroht, wird das Wasser ausgespritzt und der Fuß in das Gehäuse eingezogen. Die Verbreitung der Art reicht im Indopazifik von Ostafrika bis nach Melenesien und Polynesien.

Fotos: Philippinen, Panglao, Indonesien, Banta

Tonna cepa, Philippinen, Panglao

Tonna cepa, (juvenil), Indonesien, Banta

Rebhuhn-Tonnenschnecke *(Tonna perdix)*

Rebhuhn-Tonnenschnecken sind strikte Einzelgänger und gefräßige Räuber, die sich von Weichtieren und Stachelhäutern ernähren. Dabei bevorzugen sie Seewalzen als Nahrung. Auf ihrem breiten, braun-weiß geflammten und großen Fuß erreichen sie beachtliche Geschwindigkeiten, wenn sie sich über das Riff schieben. Das große und dünnschalige Gehäuse scheint in der Relation zur Größe des Fußes klein zu sein. Es besitzt braune, dunkelbraune und weiße Schmierflecken auf den flachen und breiten Rippen. Rebhuhn-Tonnenschnecken sind nachtaktiv und leben auf verschiedenen Sedimenten. Tagsüber verstecken sie sich im Riff. Mit Hilfe ihres trompetenförmigen Rüssels und der beiden langen Fühler spüren sie ihre Beute auf und überwältigen sie. Verbreitet sind sie im Roten Meer und kommen im Indopazifik von Ostafrika bis Polynesien, Japan und Australien vor.

Foto: Philippinen, Panglao

Apfelschnecke *(Malea pomum)*

Apfelschnecken kommen an den Korallenriffen im Roten Meer und im gesamten Indopazifik vor. Sie sind nachtaktive Räuber und suchen im Flachwasser ihre Nahrung. Diese besteht aus Stachelhäutern, Muscheln, Krebsen und kleinen Fischen. Sie lähmen ihre Beute durch Injektion von Sekret, das u.a. schweflige Säure enthält. Die apfelförmige Schale der Tiere ist nur 5-8cm groß. Sie besitzt breite und gerundete Spiralreifen, die große und weiße Flecken tragen. Der Fuß ist sehr groß und weiß-dunkelbraun geflammt. Der Kopf trägt fadenförmige Fühler und einen lang ausstreckbaren Rüssel. Apfelschnecken sind in ihrem Verbreitungsgebiet selten geworden. Leider werden sie intensiv gesammelt und in Andenkenläden verkauft.

Foto: Indonesien, Zentral Sulawesi

Tonna perdix, Philippinen, Panglao

Malea pomum, Indonesien, Zentral Sulawesi

Gedrehte Tritonschnecke *(Distorsio anus)*

Gedrehte Tritonschnecken besitzen ein festes und oval spindelförmiges Gehäuse, dessen Oberfläche Skulpturen aus Radial- und Spiralrippen zeigt. Durch den auf der Mündungsseite verlaufenden Varix und die Falten und Knoten der Parietalwand erhält das Gehäuse ein charakteristisches Aussehen. Die bis zu 9cm großen Gehäuse sind weißlich und zeigen bräunliche Bänder und Flecken. Die Mündung ist weiß und besitzt rosafarbene und braune Zonen. Gedrehte Tritonschnecken leben von der Niedrigwasserzone bis in Tiefen von 15m auf und unter Korallen, auf Korallenbruch und auf Weichböden. Sie sind Polychaetenfresser. Ihre Verbreitung reicht vom Roten Meer und von Ostafrika bis nach Polynesien, Australien und Hawaii.

Fotos: Philippinen, Cebu

Distorsio anus, Philippinen, Cebu

Distorsio anus, Apertur

Stachelige Netz-Triton *(Distorsio reticulata)*

Netz-Tritonschnecken besitzen ein festwandiges und mittelgroßes Gehäuse, das von ovalem und spindelförmigem Aussehen ist. Der Siphonalkanal ist mäßig lang und zurückgebogen, wobei die Ränder Falten und Knoten tragen. Die Mündung ist wunderschön gefärbt, ohrartig verengt und die Außenlippe von innen gezahnt. Das gelbe bis cremefarbene Gehäuse der Schnecken besitzt ein hellbraunes bis braunes Periostrakum, das borstig ist. Stachelige Netz-Triton werden maximal 9cm groß. Sie leben auf Hartsubstrat vom Flachwasser bis in Tiefen von über 200m und ernähren sich von Algen, die sie vom Untergrund abweiden. Im Indopazifik sind sie von Ostafrika bis Japan, Hawaii und Ostaustralien verbreitet.

Fotos: Indonesien, Komodo

Distorsio reticulata, Indonesien, Komodo

Distorsio reticulata, Apertur

Riesenfroschschnecke *(Tutufa bubo)*

Riesenfroschschnecken besitzen eine große Schale, die bis zu einer Größe von 30cm heranwachsen kann. Diejenigen aber, die man findet, sind wesentlich kleiner. Das Gehäuse trägt eine Reihe von Knoten und gewundenen Falten und zeigt eine große Lippe, die an ihren Außenseiten gefingert sind. Die innere Lippe ist ausgeweitet und breit. Riesenfroschschnecken leben auf verschiedenen Gründen, kommen auf Sand, Korallen und auf Felsen vor und sind vom Gezeitenbereich bis in größere Tiefen verbreitet. Sie ernähren sich von Stachelhäutern, wobei sie es besonders auf Seesterne und Seeigel abgesehen haben. Große Seewalzen verschmähen sie als Nahrung. Ihre Verbreitung reicht von Ostafrika und dem Roten Meer bis nach Australien und Polynesien.

Fotos: Indonesien, Molukken

Tutufa bubo, Indonesien, Molukken

Tutufa bubo, Apertur

Körnige Froschschnecke *(Bursa granularis)*

Die cremefarbenen bis bräunlichen Gehäuse von Körnigen Froschschnecken sind relativ klein und erreichen eine maximale Höhe von 6cm. Sie tragen gekörnte Spiralreifen, besitzen eine graue Mündung und einen kurzen Siphonalkanal. Ein braunes Periostrakum überzieht die Schale. Die Columella ist gefaltet und die Außenlippe gezahnt. Körnige Froschschnecken leben auf Sand, auf Hartsubstrat, Korallenbruch und unter Korallen und kommen vom Flachwasser bis in moderate Tiefen vor. In ihrem großen Verbreitungsgebiet, das von Ostafrika bis nach Polynesien reicht, sind sie recht häufig zu finden.

Fotos: Philippinen, Bohol

Bursa granularis, Philippinen, Bohol

Bursa granularis, Apertur

Höckerige Froschschnecke *(Bursa tuberosissima)*

Die relativ kleinen und nur 5cm hohen Gehäuse dieser Schnecken besitzen eine grobe Oberflächenstruktur, mit kräftigen Höckern auf der Endwindung, einer stark verdickten Außenlippe und einer gezahnten und gefalteten Columella. Die Zähne sind paarweise angeordnet. Froschschnecken dieser Art leben auf verschiedenen Substraten und ernähren sich von Algen und kleinem tierischen Aufwuchs. Sie sind im Indopazifik von Indonesien und den Philippinen bis nach Japan verbreitet.

Fotos: Indonesien, Bali

Bursa tuberosissima, Indonesien, Bali

Bursa tuberosissima, Apertur

Rote Froschschnecke *(Tutufa rubeta)*

Rote Froschschnecken besitzen groß
e und schwere Gehäuse, die eine Größe von über 10cm erreichen können. Sie tragen auf ihren kantigen Umgängen große Knoten. Die große und oftmals rote Mündung ist annähernd rund und trägt einen gezahnten Lippenrand. Ein ovales und horniges Operkulum verschließt das Gehäuse. Froschschnecken dieser Art sind im Roten Meer und im Indopazifik von den Andamanen bis nach Japan und Hawaii verbreitet.

Fotos: Philippinen, Bohol

Tutufa rubeta, Philippinen, Bohol

Tutufa rubeta, Apertur

Distel-Stachelschnecke *(Murex tribulus)*

Stachelschnecken sind Sand- und Schlammbewohner, die vom flachen Wasser bis in Tiefen von über 60m vorkommen. Die Schale und der gerade Siphonalkanal tragen zahlreiche lange und kurze Stacheln, die ein Einsinken in den weichen Boden verhindern. Außerdem schützen sie vor Fressfeinden. Distel-Stachelschnecken sind in der Ausbildung ihrer Gehäuseform variabel. Immer jedoch ist das Gewinde nur mäßig hoch, die Spirallinien und Axialrippen knotig und es befinden sich 3 Warzenwülste auf jedem Umgang. Verbreitet sind sie im Roten Meer und im gesamten Indopazifik. Vom Roten Meer sind sie mittlerweile über den Suezkanal in das östliche Mittelmeer eingewandert und fühlen sich dort richtig heimisch. Damit hat in diesem Fall, bedingt durch den Bau eines künstlichen Kanals, eine Faunenverfälschung stattgefunden.

Fotos: Indonesien, Bali

Murex tribulus, Indonesien, Bali

Murex tribulus, Apertur

Kamm-Stachelschnecke *(Murex pecten)*

Diese kunstvoll geformte Stachelschnecke ist die wohl schönste und filigranste Stachelschnecke in unseren Meeren. Sie trägt viele lange, feine, dünne, hohle und spitze Stacheln sowohl auf ihrem Gehäuse, als auch entlang des langen Siphonalkanals, wo sie wie die Zinken eines Kammes aufgereiht stehen. Sie vergrößern die Oberfläche der Schnecke und verhindern ein schnelles Einsinken in feine und schlammige Böden. Kamm-Stachelschnecken sind nächtliche Räuber, die sich von Schnecken und Muscheln ernähren. Dabei werden Schnecken als Beute bevorzugt, die kein Operculum besitzen. Tagsüber leben sie eingegraben im Boden. Sie werden bis zu 15cm groß, leben vom Flachwasser bis in Tiefen von 250m und produzieren kunstvolle Eigelege, die sie im Flachwasser am Boden befestigen. Da unbeschädigte Exemplare hoch gehandelt werden, fischt man sie mit Grunddredgen aus der Tiefe. Dabei werden wohl die meisten der Gehäuse beschädigt. Verbreitet sind die Tiere im Indopazifik und kommen von Indonesien und den Philippinen bis nach Papua Neuguinea und den Solomonen bis nach Japan und Australien vor

Fotos: Papua Neuguinea, Milne Bay

Murex pecten, Papua Neuguinea, Milne Bay

Murex pecten, mit Eigelege

Stachelschnecke *(Chicoreus microphyllus)*

Stachelschnecken dieser Art sind Tiere im Flachwasser der Riffe, die sich als Räuber von einer breiten Palette von Wirbellosen ernähren. Ihr festes Gehäuse trägt ein hohes Gewinde und Varitzen mit kurzen, offenen und breiten Stacheln. Das hellbraune bis dunkelbraune Gehäuse ist in der Regel von einer dünnen Lage roter Bohrschwämme überzogen. Der Siphonalkanal ist kurz und stachelig und die Mündung ist weiß. Sie kann durch ein horniges Operkulum verschlossen werden. Die bis zu 7cm großen Schnecken leben auf verschiedenen Substraten und unter Steinen und Korallen und sind im Indopazifik von Ostafrika bis nach Polynesien und Südjapan verbreitet.

Fotos: Philippinen, Cebu

Chicoreus microphyllus, Philippinen, Cebu

Chicoreus microphyllus, Apertur

Palmen- Stachelschnecke *(Chicoreus palmarosae)*

Palmen-Stachelschnecken sind selten. Sie kommen von Ceylon im Indischen Ozean bis nach Queensland in Australien vor und leben auf festen Substraten vom Flachwasser bis in Tiefen von 30m. Ihr Gehäuse wird maximal 8cm groß und ist besetzt mit zahlreichen kräftigen und nach oben offenen Stacheln. An ihren Enden verzweigen sie sich und sind vom rötlichbraunen Gehäuse rosa bis violettfarben abgesetzt. Dunkelbraune Spiralrippen umgeben das Gehäuse, die sich bis in die Stacheln hinein fortsetzen. Stachelschnecken sind Aas- und Weichtierfresser, die mit Hilfe ihrer Radula andere Schnecken und Muscheln durchbohren und sie ausfressen.

Foto: Malediven, Ari-Atoll

Rubinrote Stachelschnecke *(Chicoreus rubiginosus)*

Rubinrote Stachelschnecken leben auf Korallenbruch, Sand, Schlamm und auf Korallen. Sie sind im Riff stets auf der Suche nach Austern und anderen Muscheln, von denen sie sich ernähren. Ihr bis zu 10cm großes Gehäuse ist in der Regel so stark bewachsen, dass man die Schecke im Riff nicht erkennt und leicht übersieht. Ihr rubinrotes Gehäuse kommt in einigen Farbvarianten vor und ist durchsetzt von dunklen Spirallinien, trägt schuppige Spiralreifen und lange Stacheln, die in seitlichen Endverzweigungen enden. Stachelschnecken dieser Art kommen im Indopazifik häufig vor und sind von Ostafrika bis in den Westpazifik und Australien verbreitet.

Foto: Philippinen, Cabilao

Chicoreus palmarosae, Malediven, Ari-Atoll

Chicoreus rubiginosus, Philippinen, Cabilao

Steers Stachelschnecke *(Chicoreus steeriae)*

Steers Stachelschnecken leben auf mit Detritus angereichertem Korallengrund und kommen vom Flachwasser bis in moderate Tiefen vor. Sie ernähren sich von verschiedenen Weichtieren, deren Schale sie mit Hilfe ihrer Radula durchbohren und dann ausfressen. Ihr bis zu 8cm langes Gehäuse trägt ein hohes Gewinde, das häufig von Seepocken und anderen festsitzenden Wirbellosen und Algen bewachsen ist. Kräftige Spiralrippen mit dunkelbraunen bis purpurbraunen Spirallinien umgreifen das Gehäuse. Die kräftigen Stacheln sind oben und nach vorne offen. Steers Stachelschnecken sind an den Riffen im Indopazifik weit verbreitet, doch werden sie selten gefunden.

Foto: Malaysia, Mabul

Feuerband-Stachelschnecke *(Chicoreus torrefactus)*

Feuerband-Stachelschnecken leben tagsüber unter Steinen und toten Korallen versteckt und kommen vom Flachwasser bis in Tiefen von 15m vor. Sie besitzen ein Gehäuse mit kurzen, breiten, fast blattförmigen und offenen Stacheln und einem hohen Gewinde. Schmale Spiralrippen mit dunklen Spirallinien und einem gebogenen, fast geschlossenen Siphonalkanal vervollständigen die Merkmale dieser Schnecken. Ihre Gehäuse sind dennoch von Ort zu Ort in ihrem großen Verbreitungsgebiet verschieden, das im Indopazifik von Ostafrika bis nach Australien, Polynesien und Südjapan reicht. Stachelschnecken sind aktive Räuber, die sich von anderen Schnecken und Muscheln ernähren. Sie bohren sie an und fressen sie aus. Das Bild zeigt zwei dieser Stachelschnecken bei der Eikapselablage.

Foto: Papua Neuguinea, Milne Bay

Chicoreus steeriae, Malaysia, Mabul

Chicoreus torrefactus, Papua Neuguinea, Milne Bay

Riesen-Stachelschnecke *(Chicoreus ramosus)*

Die Riesen-Stachelschnecke ist die größte aus ihrer Gattung im tropischen Indopazifik. Sie kann bis zu 25cm groß werden. Das wuchtige und kräftige Gehäuse ist stachelig und trägt einen langen, nach oben gebogenen Siphonalkanal. Dieser kann, je nach Alter der Tiere, unterschiedlich lang sein. Der Mündungsrand der Schnecke ist breit, glänzend und vorwiegend rosafarben. Ein dickes und ovales Operculum, das konzentrische Ringe aufweist, verschließt die Gehäuseöffnung. Riesen-Stachelschnecken sind gefräßige Räuber, die sich von verschiedenen Weichtieren und von Aas ernähren. Ihr ausgezeichnetes Geruchsvermögen lässt sie Aas über weite Strecken aufspüren. Man findet sie daher oft als Beifang in beköderten Fischreusen. Ihr Revier reicht vom Flachwasser bis in große Tiefen. Oft sitzen sie auf großen und dickschaligen Austern der Gattung Spondylus, die sie in tagelanger Arbeit durchbohren und ausfressen. Die weiblichen Tiere legen ihre Eier in dicke und derbe Kapseln und verkleben diese zu einem Gelege. Riesen-Stachelschnecken leben auf Korallenriffen, auf Sandflächen und auf Schlamm. Sie werden intensiv gesammelt, gereinigt und in Souvenirläden zum Kauf angeboten. Weltweit sind sie die wohl meistverkauften Andenkenschnecken überhaupt. Im Indopazifik sind sie von Ostafrika bis Polynesien und von Südjapan bis Australien verbreitet.

Fotos: Phlippinen, Gato

Chicoreus ramosus, Phlippinen, Gato

Chicoreus ramosus, Apertur

Stachelschnecke *(Chicoreus sp.)*

Leider konnte diese Stachelschnecke bis zur Art nicht bestimmt werden. Generell sind Stachelschnecken Einzelgänger und gefräßige Räuber, die auf verschiedenen Gründen nach Nahrung suchen, und sich von Weichtieren und von Aas ernähren. Aus diesem Grund findet man sie oft als Beifang in beköderten Fischreusen. Die Schale der Tiere ist fest, massiv und mit kräftigen Stacheln auf ihren Umgängen besetzt. Ein dickes und horniges Operculum verschließt die Schalenmündung. Das Gewinde ist hoch und der Siphonalkanal relativ lang. Fast das gesamte Gehäuse der Schnecken ist von Kalkrotalgen bedeckt, so dass die Oberflächenstruktur der Schale und das Periostrakum nicht sichtbar sind. Die Schalenlänge beträgt annähernd 10cm.

Fotos: Indonesien, Komodo

Chicoreus sp., Indonesien, Komodo

Chicoreus sp., Apertur

Rote Stachelschnecke *(Chicoreus sp.)*

Die Rote Stachelschnecke besitzt ein dickschaliges und mittelgroßes Gehäuse mit einem mäßig erhobenen Gewinde, wobei auf jedem Umgang 3 kräftige Varitzen mit relativ kurzen Stacheln zu finden sind. Der Siphonalkanal ist breit und relativ lang. Leider ist von der Struktur der Schneckenschale nichts zu sehen, da ein roter Bohrschwamm das Gehäuse mit einer dünnen Schwammlage komplett überzogen hat. Stachelschnecken sind Räuber, die sich von anderen Weichtieren ernähren. Die Gattung Chicoreus ist an den Riffen im Roten Meer und im Indopazifik mit mehreren Arten vertreten. Leider war es nicht möglich, die Schneckenart anhand der Bilder zu bestimmen. Die hier vorgestellte Rote Stachelschnecke lebt auf einem mobilen Boden, der mit organischem Material angereichert ist.

Foto: Papua Neuguinea, Milne Bay

Schnepfenkopf-Stachelschnecke *(Haustellum haustellum)*

Das Gehäuse dieser Schnecke ähnelt, nach der Vorstellung seines Beschreibers Linne`, einem Schnepfenkopf mit einem lang ausgezogenen Schnabel. Und diese Assoziation ist durchaus einsichtig für den Betrachter. Das kräftige und cremefarbene Gehäuse mit dem kurzen Gewinde besitzt runde und knotige Umgänge, die unterbrochene und braune Spiralbänder tragen. Der lange Siphonalkanal ist ohne Stacheln und an der Basis fast geschlossen. Schnepfenkopf-Stachelschnecken leben auf schlammsandigen Böden und kommen vom Flachwasser bis in 50m Tiefe vor. Sie werden bis zu 10cm groß und ernähren sich von anderen Weichtieren, von kleinen Borstenwürmern und von Aas. Ihr Vorkommen reicht vom Roten Meer bis nach Melanesien, Fiji und Südjapan.

Foto: Philippinen, Balikasac

Chicoreus sp., Papua Neuguinea, Milne Bay

Haustellum haustellum, Philippinen, Balikasac

Dotter-Nabelschnecke *(Natica vitella)*

Dotter-Nabelschnecken sind Tiere des Flachwassers, die an manchen Küsten in ihrem Verbreitungsgebiet in großer Individuendichte vorkommen. Sie leben auf mobilen Böden und hier bevorzugt auf Schlamm und Mudd. Ihr dunkelbraunes bis rotbraunes Gehäuse wird 2-3cm im Durchmesser groß, es ist dickschalig, halbkugelförmig und glatt. Es trägt 2 helle Bänder auf der großen Endmündung. Dotter-Nabelschnecken sind Räuber, die sich von anderen Weichtieren ernähren. Mit ihrer Radula durchbohren sie deren Schale und fressen sie durch das kreisrund entstandene Loch aus. Ihre große Schalenöffnung schützen sie vor Freßfeinden mit Hilfe eines hornigen Deckels. Dotter-Nabelschnecken sind im Indopazifik weit verbreitet.

Foto: Papua Neuguinea, Milne Bay

Orientalische Mondschnecke *(Naticarius orientalis)*

Orientalische Mondschnecken sind nachtaktive Einzelgänger, die sich tagsüber im Boden verstecken. Sie sind fleischfressende Räuber, die sich von verschiedenen Weichtieren ernähren. Ihre Opfer werden mit Hilfe ihrer Radula aufgebohrt. Durch ein kreisrundes Loch werden sie dann ausgefressen. Das Gehäuse ist klein, glatt, glänzend und fast rund. Es kann im Durchmesser 3cm groß werden. Fuß und Mantel der Tiere sind grau bis rostrot gefärbt und werden von hellen Linien durchbrochen. Fuß und Mantelsaum sind weiß. Orientalische Mondschnecken sind im Indopazifik von Indonesien und den Philippinen bis nach Papua Neuguinea, Japan und Australien weit verbreitet.

Foto: Philippinen, Panglao

Natica vitella, Papua Neuguinea, Milne Bay

Naticarius orientalis, Philippinen, Panglao

Zebra – Mondschnecke *(Tannea (Natica) undulata)*

Zebra-Mondschnecken sind nachtaktive Carnivoren, die besonders Muscheln als Nahrung bevorzugen. Sie besitzen ein fast kugelrundes und glänzendes Gehäuse, das mit braun gewellten und zickzackförmigen Axialstreifen bedeckt ist. Die nur 2-3cm im Durchmesser großen Mondschnecken leben auf verschiedenen Gründen und graben in weichen Sedimenten auf ihrer Suche nach Nahrung. Sie bohren ihre Beute mit Hilfe ihrer Radula an und fressen sie aus. Ihr breiter Fuß wird teilweise über das Gehäuse geschlagen. Der Kopf trägt ein breites Grabschild, das in den Boden gestemmt und die Schnecke nachgezogen wird. Das Grabschild zeigt 3 schwarze und vertikale Bänder, die in Grabrichtung angeordnet sind. Zebra-Mondschnecken kommen im Indopazifik von Indonesien und den Philippinen bis nach Japan und Australien vor.

Fotos: Papua Neuguinea, Milne Bay

Tannea (Natica) undulata, Papua Neuguinea, Milne Bay

Tannea (Natica) undulata, adult, Papua Neuguinea, Milne Bay

Goldene Mondschnecke *(Polinices aurantia)*

Goldene Mondschnecken sind Tiere des Flachwassers und vor allem von Weichböden, in die sie sich tagsüber verstecken und in der Nacht nach Beute jagen. Ihr dickschaliges und glänzendes Gehäuse zeigt schwache Wachstumslinien und besitzt ein niedriges Gewinde. Es ist kräftig orangegelb bis orange gefärbt. Nur der Apex, die Columella und der Kallus sind weiß. Der weiße Fuß ist so groß, dass er nicht mehr in das Gehäuse passt. Er ist drüsenreich und erfüllt die Funktion des Grabens. Ihre Opfer werden mit Hilfe ihrer Raspelzunge (Radula) angebohrt und ausgefressen. Das Gehäuse Goldener Mondschnecken wird bis zu 4cm im Durchmesser groß. Es besitzt nur geringen Sammlerwert. Die Verbreitung der Art reicht im Indopazifik von Indonesien und den Philippinen bis nach Papua Neuguinea und Australien.

Foto: Papua Neuguinea, Milne Bay

Flemings Mondschnecke *(Polinices flemingianus)*

Flemings Mondschnecken graben in weichen Sedimenten und benutzen dazu ihren Vorderfuß, der wie ein Pflug eingesetzt wird. Eingetaucht im weichen Sediment halten sie über einen Atemsipho mit dem Umgebungswasser Kontakt und versorgen sich so mit Sauerstoff. Das weiße Gehäuse der Mondschnecken kann bis zu 5cm im Durchmesser groß werden. In der Regel jedoch ist es kleiner. Die Beute, von der sie sich ernähren, besteht aus Schnecken und Muscheln, die sie mit Hilfe ihrer Raspelzunge (Radula) durchbohren und ausfressen. Flemings Mondschnecken sind überwiegend im westlichen Indopazifik verbreitet und kommen vom Indischen Ozean bis nach Papua Neuguinea und den Philippinen vor.

Foto: Indonesien, Menjangan

Polinices aurantia, Papua Neuguinea, Milne Bay

Polinices flemingianus, Indonesien, Menjangan

Euter-Mondschnecke *(Polinices mammata)*

Euter-Mondschnecken sind nachtaktive Einzelgänger, die sich tagsüber im Boden verstecken. Erst in der Nacht gehen sie auf Beutejagd und versuchen vor allem Weichtiere zu finden, von denen sie sich ernähren. Mit Hilfe ihrer Radula, die die Form eines Rüssels hat, bohren sie die Weichtiere an und fressen sie aus. Findet man am Strand Muschelschalen mit kreisrunden Bohrlöchern, dann war es mit großer Wahrscheinlichkeit eine Mondschnecke, die sie zur Strecke gebracht hat. Das etwa 3cm im Durchmesser große Gehäuse ist annähernd rund und variabel in der Farbe. Diese variiert von blassgelb bis hin zu rotbraun. Der Fuß ist sehr volumig und die Seitenlappen werden teilweise über die Schale geschoben. Der Rand zeigt abwechselnd helle und dunkle Zeichnungen. Mondschnecken sind Tiere des Flachwassers. Sie sind im Indopazifik von Ostafrika bis nach Japan verbreitet.

Foto: Papua Neuguinea, Milne Bay

Braune Nabelschnecke *(Polinices maurus)*

Braune Nebelschnecken sind Bewohner von Sand- und Weichböden, die die Schnecken auf ihrer Suche nach Nahrung durchwühlen. Sie fressen Muscheln und Schnecken, deren Gehäuse sie mit Hilfe ihrer Radula aufbohren, um sie dann durch das kreisrund entstandene Loch auszufressen. Das braune Gehäuse der Schnecken ist festwandig, eiförmig, matt glänzend und trägt ein kleines und etwas erhobenes Gewinde mit weißem Apex und eine große Endwindung. Der Nabel wird vom zungenförmigen Kallus fast vollständig verdeckt. Die Mündung ist weiß und der Rand der Außenlippe dunkelbraun. Das Gehäuse von Nabelschnecken dieser Art wird 2-5cm groß. Der bevorzugte Aufenthaltsort der Schnecken sind Sandböden direkt unterhalb der Wasserlinie, wo sie typische Grabspuren hinterlassen. Einmal ausgegraben wühlen sie sich mit Hilfe ihres großen und weißen Grabfußes blitzschnell wieder in den Untergrund ein. Braune Nabelschnecken sind im Indopazifik von Malaysia, Indonesien und den Philippinen bis nach Melanesien und Australien verbreitet. Wegen ihrer versteckten Lebensweise sind sie selten zu sehen.

Foto: Indonesien, Zentral Sulawesi

Polinices mammata, Papua Neuguinea, Milne Bay

Polinices maurus, Indonesien, Zentral Sulawesi

Rotmund-Drupa *(Drupa rubusidea)*

Rotmund-Drupen besitzen ein festschaliges Gehäuse, das 5 Reihen kurze und kräftige Stacheln trägt. Die Zwischenräume zwischen den Stacheln sind ausgefüllt mit feinen Spiralstreifen. Die Innenseite der Außenlippe trägt 7-12 Zähnchen und Mündung und die Columella sind kräftig rosa bis rot gefärbt (Name!). Das Gehäuse der Schnecken wird bis zu 5cm groß. Ein horniges Operkulum verschließt die Öffnung. Rotmund-Drupen leben unter Steinen, auf Korallenbruch und auf abgestorbenen Riffplattformen und sind Algenfresser, die mit Hilfe ihrer Radula kleine Algen vom Untergrund abschaben. In ihrem natürlichen Biotop sind sie fast nicht zu erkennen, da Aufwuchs und Sediment zwischen ihren Stacheln sie fast unsichtbar machen. Ihre Verbreitung reicht vom Roten Meer und dem Indopazifik bis nach Japan, Hawaii und Australien.

Foto: Indonesien, Moyo

Krötenschnecke *(Thais bufo)*

Krötenschnecken sind Einzelgänger auf Felsen und Korallengestein. Als Räuber ernähren sie sich von Muscheln, Schnecken und von Seepocken. Ihr 4-6cm großes und knotiges Gehäuse trägt zahlreiche Spiralstreifen. Die Mündung ist groß, breit und offen. Ein horniges Operkulum kann die Öffnung verschließen. Krötenschnecken leben im Bereich der Gezeiten, wo sie bei Ebbe trocken fallen und auch unter diesen extremen Bedingungen überleben können. Sie sind im gesamten Indopazifik weit verbreitet und auch häufig zu finden.

Foto: Papua Neuguinea, Milne Bay

Drupa rubusidea, Indonesien, Moyo

Thais bufo, Papua Neuguinea, Milne Bay

Stachelschnecke *(Thais alovina)*

Stachelschnecken sind mittelgroße Schnecken, die maximal 6cm groß werden. Sie sind Tiere des flachen Wassers, die sich in der Gezeitenzone auf Hartsubstrat bewegen und hier nach Nahrung suchen, die überwiegend aus Muscheln, Schnecken und Seepocken besteht. Mit Hilfe ihrer Radula bohren sie ein Loch in die Schale ihrer Opfer, lösen den Kalk mit Säure auf und fressen sie auf. Ihr mittelgroßes Gehäuse ist fest, dickwandig und kegelförmig. Es zeigt Längsrippen, Knoten und stumpfe Stacheln. Die Mündung ist groß und kann durch ein horniges Operculum verschlossen werden. Fast immer ist die Schale der Tiere stark von Kalkrotalgen und Fadenalgen bis zur Unkenntlichkeit bewachsen, dass es schwer fällt, die Tiere zu finden. Stachelschnecken sind im Roten Meer und im Indopazifik von Ostafrika bis in den westlichen Pazifik weit verbreitet.

Fotos: Philippinen, Silquijor

Thais alovina, Philippinen, Silquijor

Thais alovina, Apertur

Kieners Felsenschnecke *(Thais kieneri)*

Felsenschnecken leben einzeln an Felsküsten des Litorals. Mit ihrem kräftigen Fuß sind sie an den Untergrund festgesaugt und können so der Kraft des auf- und ablaufenden Wassers widerstehen. Die bis zu 5cm großen Schnecken leben einzeln. Sie ernähren sich von Seepocken, Schnecken und Muscheln, die sie mit Hilfe Ihrer Radula und Säure anbohren und mit ihrem Rüssel aussaugen. Ihr Gehäuse ist dickschalig und schwer, mit kräftigen Knoten und einer großen Mündung ausgestattet. Diese kann mit einem hornigen Deckel verschlossen werden. Die Oberfläche der Schneckenschalen ist in der Regel bis zur Unkenntlichkeit mit Kalkrotalgen bewachsen, so dass man die Schnecken erst dann wahrnimmt, wenn sie sich bewegen. Im Indopazifik sind sie von Ostafrika bis nach Japan und Australien verbreitet.

Fotos: Philippinen, Cebu

Thais kieneri, Philippinen, Cebu

Thais kieneri, Apertur

Korallenschnecke *(Coralliophilia neritoidea)*

Korallenschnecken besitzen ein länglich-ovales und dickschaliges Gehäuse, das stets von Kalkalgen und anderen Organismen bewachsen ist. Die Mündung ist purpurfarben bis violett und die Schalenöffnung birnenförmig. Ein dünnes und braunes Operkulum verschließt die Öffnung. Tagsüber sitzen die Schnecken dichtgedrängt in Vertiefungen von Korallen der Gattung Porites und erst in der Nacht verlassen sie ihren Standort. Dann ernähren sie sich von Korallenpolypen, die sie mit Hilfe ihres muskulösen Rüssels abweiden. Eine Radula fehlt allen Korallenschnecken oder sie ist zumindest stark reduziert. Diese spezialisierte Lebensweise ist bei Schnecken außergewöhnlich. Ihre Gehäuse werden bis zu 5cm groß. Korallenschnecken leben von der Tidezone bis in 5m Wassertiefe und sind von Ostafrika bis nach Hawaii und den Inseln der Galapagos verbreitet.

Foto: Philippinen, Cebu

Gebänderte Tulpenschnecke *(Pleuroploca lautus)*

Tulpenschnecken leben auf Sand, Schlamm und felsigen Böden. Als große Räuber ernähren sie sich von Muscheln, Schnecken und von Borstenwürmern. Ihre schweren und spindelförmigen Gehäuse sind bauchig und tragen ein hohes Gewinde. Der Siphonalkanal ist mäßig lang. Die Umgänge besitzen stumpfe Schulterknoten und die große Mündung einen scharfen Außenrand. Das Operkulum ist relativ groß und hornig. Kennzeichnend für die Schale sind die zahlreichen Spiralbänder und Spirallinien. Gebänderte Tulpenschnecken sind Tiere des flachen Wassers. Verbreitet sind im Roten Meer und kommen im Indopazifik vom Arabischen Golf und Ostafrika bis nach Japan, Polynesien und Australien vor.

Foto: Indonesien, Nord Sulawesi

Coralliophilia neritoidea, Philippinen, Cebu

Pleuroploca lautus, Indonesien, Nord Sulawesi

Violette Korallenschnecke *(Coralliophila violacea)*

Violette Korallenschnecken leben einzeln oder in größeren Gruppen auf verschiedenen Korallen, von deren Polypen sie sich auch ernähren. Da ihre Radula reduziert ist, saugen sie die Polypen mit Hilfe ihres Rüssels aus den Koralliten. Ihre Schneckengehäuse sind in der Form länglich-oval, festwandig und 2-3cm groß. Die Gehäuse der Weibchen sind stets größer als die der Männchen. Die Mündung ist violett und die Oberfläche der Schale stets stark bewachsen. Violette Korallenschnecken sind sehr standorttreu, do dass man sie noch nach Wochen stets an der gleichen Stelle und auf der gleichen Koralle wieder findet. Die Verbreitung der Art reicht von Ostafrika bis nach Polynesien, Japan und Australien.

Fotos: Indonesien, Nord Sulawesi

Coralliophila violacea, Indonesien, Nord Sulawesi

Coralliophila violacea, Apertur

Buckel-Spindelschnecke *(Latirus gibbulus)*

Die Gehäuse von Buckel-Spindelschnecken sind in der Regel so stark mit Kalkrotalgen bewachsen, dass man sie im Riff ganz selten findet. Sie scheinen Teile der Riffstruktur zu sein. Die bis zu 7cm großen Schnecken besitzen ein kräftiges und dickschaliges Gehäuse mit knotigen Windungen, die kleinen Buckeln ähneln. Der Siphonalkanal ist mäßig lang und die Schalenöffnung kann mit einem kräftigen und hornigen Operkulum verschlossen werden. Das braune bis rotbraune Gehäuse zeigt dunkelbraune bis schwarze Axialzeichnungen. Buckel-Spindelschnecken sind Aufwuchsfresser, die mit Hilfe ihrer Radula den Bewuchs des Bodens abraspeln. Und sie sind Tiere des Flachwassers, die im Indopazifik von Ostafrika bis nach Australien verbreitet sind.

Fotos: Indonesien, Rinca

Latirus gibbulus, Indonesien, Rinca

Latirus gibbulus, Apertur

Walzenschnecke *(Pugilina cochlidium)*

Das Gehäuse der Walzenschnecken ist groß, dickschalig, spindelförmig und mit kräftigen Schulterknoten ausgestattet. Es kann bis zu einer Größe von 25cm heranwachsen. Das Periostrakum der Schale ist dick, faserig und kaffeebraun gefärbt. In der Regel ist es bei lebenden Schnecken bewachsen und von feinem Sediment bedeckt. Der Fuß der Schnecken ist groß, breit, sehr fleischig und blauschwarz bis schwarz. Mit Hilfe des Fußes graben sie in weichen Sedimenten und in Korallenbruch nach verschiedenen Weichtieren, von denen sie sich ernähren. Walzenschnecken dieser Art sind selten zu finden und aus diesem Grund begehrte Sammelobjekte.

Foto: Indonesien, Molukken

Schlanke Spindelschnecke *(Fusinus longicauda)*

Spindelschnecken besitzen ein schlankes und spindelförmiges Gehäuse mit einem außerordentlich langen Siphonalkanal, knotigen und hochgetürmten Windungen, die axial gerippt sind. Sie werden 12-20cm groß, leben überwiegend auf und in Weichböden und ernähren sich von kleinen Muscheln, die sie im Sediment finden. Das Gehäuse der Tiere ist weiß und zeigt nur schwache Schattierungen zwischen den Rippen. Die oberen Umgänge und der Siphonalkanal sind braun. Dreht man die Schnecke um, dann sieht man ihren leuchtend roten Körper. Schlanke Spindelschnecken leben an den Riffen im Indopazifik und kommen von Ostafrika bis nach Japan vor. Einige Autoren werten sie als eine Unterart von Fusinus colus.

Foto: Philippinen, Silquijor

Pugilina cochlidium, Indonesien, Molukken

Fusinus longicauda, Philippinen, Silquijor

Wellige Spindelschnecke *(Fusinus undatus)*

Spindelschnecken leben auf verschiedenen Weichböden und kommen auf Korallenbruch, unter Steinen und Korallen vor. Sie besitzen ein schlankes und spindelförmiges Gehäuse mit einem hohen und spitzen Gewinde, das aus zahlreichen Umgängen aufgebaut ist. Der Siphonalkanal ist mäßig lang und etwas gedreht. Die Windungen tragen große und kräftige Knoten. Eine dünne und braune Schalenhaut (Periostracum) bedeckt das weiße Gehäuse. Spindelschnecken dieser Art leben vom Flachwasser bis in größere Tiefen und werden bis zu 15cm groß. Sie ernähren sich überwiegend von anderen Weichtieren und kommen an den Riffen von Indonesien bis nach Melanesien vor. Das Bild zeigt eine stark von Algen bewachsene Wellige Spindelschnecke.

Foto: Philippinen, Bohol

Körnige Reusenschnecke *(Nassarius papillosus)*

Reusenschnecken dieser Art sind nachtaktive Einzelgänger auf der Suche nach Nahrung. Ausgestattet mit einem hoch empfindlichen Geruchsvermögen sind sie auf der Suche nach Aas, von dem sie sich ernähren. Zudem betätigen sie sich als Restevertilger. Sie riechen Aas über weite Strecken und legen diese auch mit einer bemerkenswerten Geschwindigkeit zurück. Das Gehäuse der Schnecken ist nur 4-6cm groß, dickschalig und schön strukturiert. Die Umgänge zeigen knotige Spiralreihen auf cremig weißer Schale mit braunen Flecken. Reusenschnecken sind Tiere des Flachwassers, die tagsüber tief im Sediment graben. Der breite und kräftige Fuß mit seinen schwarzen Flecken ist das richtige Werkzeug dazu. Er kann vollständig in das Gehäuse eingezogen und dieses mit einem hornigen Deckel verschlossen werden. Die Verbreitung der Art reicht von Ostafrika bis nach Polynesien, Hawaii und Australien.

Foto: Papua Neuguinea, Milne Bay

Fusinus undatus, Philippinen, Bohol

Nassarius papillosus, Papua Neuguinea, Milne Bay

Keramik-Vasenschnecke *(Vasum ceramicum)*

Die Schale dieser Vasenschnecken ist in der Regel bis zur Unkenntlichkeit mit Kalkalgen und verschiedenen krustenbildenden Tieren bewachsen oder so von Sediment bedeckt, dass man sie in ihrer natürlichen Umgebung nicht erkennen kann. Ihr dickschaliges, schweres und spindelförmiges Gehäuse trägt kegelförmige Stacheln auf den Schultern und helle Zeichnungen mit braunschwarzen Flecken auf der Spindel. Ein horniges Operculum verschließt die Schale. Die Gehäuse von Keramik-Vasenschnecken werden bis zu 14cm groß. Die Tiere leben in stark bewegtem Wasser und ernähren sich überwiegend von Muscheln und von Borstenwürmern, die sie mit ihrem langen Rüssel im Boden aufspüren. Sie sind im Indopazifik von Ostafrika bis nach Polynesien und Australien verbreitet.

Fotos: Indonesien, Komodo

Vasum ceramicum, Indonesien, Komodo

Vasum ceramicum, Apertur

Pazifische Vasenschnecke *(Vasum turbinellum)*

Pazifische Vasenschnecken sind im Indopazifik von Ostafrika bis aus Australien und Polynesien weit verbreitet und leben im unteren Bereich der Gezeitenzone auf Hartböden, unter Steinen und Korallen. Es sind mittelgroße Schnecken mit einer Maximallänge von 9cm, deren Gehäuse unter Wasser meist bis zur Unkenntlichkeit bewachsen und von feinem Sediment bedeckt sind, so dass sie kaum wahrgenommen werden. Ihr dickschaliges Gehäuse trägt 5-6 Spindelfalten und spiralig angeordnete Spiralreihen mit großen, kräftigen und leicht gebogenen Stacheln oder Knoten unterschiedlicher Größe, die stumpf enden. Ein horniges Operculum verschießt die Schale. Die relativ große Mündung ist cremegelb und trägt braune Streifen auf der Innenseite. Tagsüber sind die Schnecken an einem Standort festgesaugt und mit ihrem Fuß fixiert. Erst in der Nacht sind sie auf der Suche nach Nahrung, die überwiegend aus Polychaeten besteht.

Fotos: Papua Neuguinea, Milne Bay

Vasum turbinellum, Papua Neuguinea, Milne Bay

Vasum turbinellum, Apertur

Grosse Walzenschnecke *(Melo umbilicatus)*

Walzenschnecken besitzen ein stark aufgeblähtes, ovales bis melonenförmiges, goldbraun bis dunkelbraun geflecktes Gehäuse, das über 40cm groß werden kann. Ein dünnes und braunes Periostrakum überzieht das Gehäuse. Die Schulter der Schale trägt lange, scharfe, spitze und nach innen gebogene Stacheln, die das eingesenke Gewinde fast verdecken. Der Fuß ist groß, fleischig, voluminös und drüsenreich. Er kann nicht vollständig in das Gehäuse zurückgezogen werden. Er dient zum Graben im tiefen Sediment, dem Festhalten der Beute und der Fortbewegung. Walzenschnecken sind nachtaktiv und verbergen sich tagsüber in den Untergrund. Sie suchen ihre Beute, die aus Weichtieren besteht, auf ausgedehnten Sand- und Schlammarealen und graben sich auch durch Korallenschutt. Die Weibchen sind in der Regel größer als die Männchen, wobei diese gelegentlich, wenn sie nicht zu groß sind, als Beute verspeist werden. Grosse Walzenschnecken leben im Indopazifik von Indonesien und Papua Neuguinea bis nach Nordaustralien.

Foto: Indonesien, Rinca

Kleine Eischnecke *(Oliva carneola)*

Kleine Eischnecken werden maximal 3cm groß. Sie leben auf allen Gründen im Riff und suchen hier ihre Nahrung, die aus Polychaeten, Anneliden und Nematoden besteht. Sie besitzen ein kleines, glänzendes, zylindrisches und glattes Gehäuse, das orange oder gelb gefärbt sein kann und breite, etwas verwaschene Bänder trägt. Ihr Lebensraum ist das Flachwasser, wo sie in Tiefen von 3-50m vorkommen und sich tagsüber meist im Sediment verstecken. Nur ihr sehr langer Sipho ragt dann aus dem Sediment heraus. Kleine Eischnecken sind im Indopazifik von Malaysia und Indonesien, bis nach Australien, Mikronesien und Polynesien verbreitet.

Foto: Papua Neuguinea, Milne Bay

Melo umbilicatus, Indonesien, Rinca

Oliva carneola, Papua Neuguinea, Milne Bay

Große Walzenschnecke *(Cymbiola vespertilio)*

Große Walzenschnecken sind gefräßige Räuber, die im Boden nach Weichtieren und Würmern graben, von denen sie sich ernähren. Sie sind an Weichböden adaptiert und graben mit ihren großen und fleischigen Fuß darin nach Beute. Das Gehäuse der Schnecken ist groß, schwer, dickschalig und glänzend. Wegen ihrer geringen Verbreitung kommt es zur Ausbildung von Lokalformen, die auch unterschiedlich gefärbt sein können. In der Regel sind ihre Gehäuse jedoch cremefarben bis oliv und zeigen eine braune Netzzeichnung auf ihrer Oberfläche. Im Indopazifik ist diese Art von Indonesien und den Philippinen bis nach Nordaustralien verbreitet. Die Schnecken sind überwiegend nachtaktiv.

Fotos: Indonesien, Lembeh; Philippinen, Silquijor

Cymbiola vespertilio, Indonesien, Lembeh

Cymbiola vespertilio, Philippinen, Silquijor

Ring-Oliva, Amethyst-Oliva *(Oliva annulata)*

Wie alle Schnecken aus dieser Gattung, so besitzen auch sie ein zylindrisch-ovales Gehäuse, das glänzt und glatt ist. Die Farbzeichnungen der Schale variiert stark innerhalb der Art. So können sie verwaschene und braune Zeichnungen auf cremefarbenem Grund zeigen, aber auch ein typisches Ogivenmuster. Ein Ring um die Mitte des letzten Umganges ist hin und wieder sichtbar. Die bis zu 6cm großen Schnecken sind häufig. Sie leben im Sand und graben dicht unterhalb der Oberfläche, wo sie sich auch tagsüber verstecken. Nur der lange Sipho ragt heraus. Mit seiner Hilfe wird das Umgebungswasser eingesogen und olfaktorisch geprüft. Sie sind nämlich in der Lage, Beute auf große Distanzen zu „riechen". Ring-Oliven ernähren sich als nachtaktive Räuber von verschiedenen Weichtieren, frei lebenden Borstenwürmern und von Aas. Sie kommen im Indopazifik von Ostafrika bis nach Polynesien, Japan und Australien vor und sind begehrte Sammelobjekte.

Foto: Papua Neuguinea, Milne Bay

Girlanden-Oliva *(Oliva textilina)*

Oliven dieser Art sind selten. Sie leben einzeln und graben in weichen Sedimenten. Da sie sich stets unterhalb der Sedimentoberfläche aufhalten, kann man ihre Spur als aufmerksamer Tauchen sehr gut auf der Sandoberfläche verfolgen. Das etwa 5cm große Gehäuse ist kräftig, dickschalig, zylindrisch-olivenförmig und die Oberfläche glatt und glänzend. Es zeigt ein gut strukturiertes Ogivenmuster und 2-3 breite und dunkle Querbänder auf der letzten Mündung. Das Gewinde ist kurz. Girlanden-Oliven sind Einzelgänger und nachtaktive Räuber, die sich von verschiedenen Weichtieren und von Aas ernähren. Sie besitzen ein ausgezeichnetes Riechvermögen und sind in der Lage, ihre Beute schon über weite Entfernungen zu orten. Verbreitet sind sie an den Riffen im gesamten Indopazifik. Leider sind sie begehrte Sammelobjekte und werden in großen Stückzahlen in Souvenirläden verkauft.

Foto: Indonesien, Wakatobi

Oliva annulata , Papua Neuguinea, Milne Bay

Oliva textilina, Indonesien, Wakatobi

Rotmund-Oliva *(Oliva miniacea)*

Rotmund-Oliven erkennt man an ihrem roten bis rotorange gefärbten Mund, der aber erst zu sehen ist, wenn der große und voluminöse Fuß im Schneckengehäuse eingezogen ist. Die Tiere besitzen ein schlankes, glattes, zylindrisches und bis zu 10cm großes Gehäuse, das drei dunkelbraune bis schwarze Bänder trägt. Zwischen den Bändern befinden sich feine Strichelzeichnungen, die in Längsreihen angeordnet sind. Rotmund-Oliven sind Tiere weicher Sedimentböden in denen sie leben, graben und nach Nahrung suchen. Ihre bevorzugte Nahrung besteht, wie bei den meisten Olivenschnecken, aus Würmern und kleinen Weichtieren. Die Verbreitung der Art reicht im Indopazifik von der Andamanensee bis in den Westpazifik.

Foto: Philippinen, Cabilao

Olivenschnecke *(Oliva sp.)*

Olivenschnecken besitzen glänzende Gehäuse, was sie bei Sammlern besonders beliebt macht. Das nicht bis zur Art bestimmte Tier auf dem Bild besitzt ein weißes, schlankes und zylindrisches Gehäuse, das mit einem kurzen und spitzen Apex endet und das schwach gezeichnete, violette und spitzeckige Muster trägt. Der große und weiße Fuß zeigt violette Flecken. Der Vorfuß, auch Propodium genannt, wird zum Graben im Sediment als Pflug eingesetzt. Der weiße Sipho ist steil aufgestellt. Olivenschnecken sind nachtaktive Räuber, die sich von verschiedenen Weichtieren, Borstenwürmern und von Aas ernähren. Tagsüber leben sie im Boden versteckt. Verbreitung: Indopazifik.

Foto: Philippinen, Panglao

Oliva miniacea, Philippinen, Cabilao

Oliva sp., Philippinen, Panglao

Vampir-Triton *(Colubraria muricata)*

Vampir-Tritonschnecken parasitieren in der Nacht an verschiedenen Fischen. Da ihnen eine Radula fehlt, um Beute aufzunehmen und zu zerkleinern, saugen sie das Blut von verschiedenen Fischen. So beobachtet am Ammenhai (Nebrius ferrugineus), am Steinfisch (Synaceis verrucosa), an einem Doktorfisch (Acanthurus pyroferus), an Großaugenbarschen (Priacanthus sp.), Riesendrückerfischen (Balistoides viridescens), an Zackenbarschen (Cephalopholis argus) und vielen anderen Fischen. Die recht attraktiven Schnecken werden auch Zwergtritonschnecken genannt, da sie den großen Tritonschnecken ähneln, jedoch zu einer ganz anderen Gattung gehören. Ihre Gehäuse sind festschalig, spindelförmig, mit großer Apertur und einer breiten Lippe. Alle Tiere sind Weichbodenbewohner, die nur in der Nacht ihr Versteck im Sediment verlassen. Man findet sie in Lagunen, auf tiefen Sand-, Schill- und Korallenbruchböden und gelegentlich auch in Schiffwracks. Sie erreichen eine Länge von 10cm und sind im Indopezifik von Ostfarika und Australien bis nach Fiji, den Philippinen und Japan verbreitet.

Fotos: Indonesien, Menjangan

Colubraria muricata, Indonesien, Menjangan

Colubraria muricata, Apertur

Goldene Wendeltreppenschnecke *(Epitonium billearum)*

Diese kleinen, nur 2cm großen Schnecken leben räuberisch und ernähren sich von Korallenpolypen der Kelchkoralle, Tubastrea coccinea. Mit einem lang ausgestreckten Rüssel, an deren Ende sich die mit Stiletten bewehrte Mundöffnung befindet, fahren sie in die Mundöffnung der Koralle hinein und fressen sie aus. Das Bild zeigt diesen Vorgang eindrucksvoll. Zurück bleibt letztlich ein weißes Kalkskelett. Diese besondere Spezialisierung auf eine bestimmte Nahrung hat zur Folge, dass auch die geographische Verbreitung dieser kleinen Schnecke von der geographischen Verbreitung der Koralle abhängig ist. Diese reicht von Ostafrika bis in den Pazifik nach Mexiko und auch bis in die Karibik. Ihr Freßsubstrat benutzt diese Schnecke auch noch dazu, während ihrer Mahlzeit gleichzeitig ihre orangefarbenen Eigelege zu deponieren.

Foto: Papua Neuguinea, Milne Bay; MUCK/GÜNTHER

Orange gefleckte Mitra *(Mitra mitra)*

Orange gefleckte Mitren sind relativ große Schnecken, die eine Länge von 18cm erreichen können. In der Regel jedoch sind sie kleiner. Ihr schlankes und eiförmiges Gehäuse ist weiß und trägt spiralig angeordnete orange bis rote Flecken unterschiedlicher Form und Größe. Man findet diese Schnecken im Bereich der Gezeitenzone, wo sie auf Hartböden, unter Korallen, im Sand und im Korallenbruch nach Nahrung suchen, die aus Borstenwürmern, Anneliden aus Aas und Detritus besteht. Es ist beobachtet worden, dass sie auch Muscheln fressen. Orange gefleckte Mitren sind Tiere des westlichen Pazifik. Sie kommen von Malaysia, Indonesien und Australien bis nach Papua Neuguinea und den Fiji-Inseln vor.

Foto: Malysia, Lankayan

Epitonium billearum, Papua Neuguinea, Milne Bay

Mitra mitra, Malysia, Lankayan

Papst-Mitra *(Mitra papalis)*

Papst-Mitren leben einzeln im Boden und graben dicht unterhalb der Sedimentoberfläche. Sie leben im Flachwasser der Lagunen, in Seegraswiesen und im Gezeitenbereich direkt unterhalb der Niedrigwasserlinie. Ihre maximal 10cm langen Gehäuse sind dickschalig, spindelförmig und mit einem hohen Gewinde und kräftigen Spiralstreifen ausgestattet. Der Siphonalkanal ist mäßig lang. Auf den letzten Umgängen befinden sich spiralige Rinnen und Schulterknoten. Das gesamte Schneckengehäuse ist übersät mit unterschiedlich großen, häufig quadratischen Flecken auf dem cremefarbenen Untergrund, die in Spiralreihen angeordnet sind. Papst-Mitren ernähren sich von kleinen Borstenwürmern und weichhäutigen Wirbellosen, die sie im Boden suchen. Sie sind im Indopazifik von Ostafrika bis Polynesien, Galapagos und Australien weit verbreitet.

Foto: Indonesien, Komodo

Gepunktete Mitra *(Mitra puncticulata)*

Mitraschnecken besitzen ein spindelförmiges und dickschaliges Gehäuse mit kurzen Schulterknoten auf den Umgängen sowie feine Spiralfurchen und dunkle, unterbrochene Axialstreifen. Das Gehäuse kann gelblich bis orange gefärbt sein und trägt braune Bänder. Gepunktete Mitren leben von der Gezeitenzone bis in moderate Tiefen des Flachwassers und verstecken sich unter Korallen, Steinen und gaben im Sand. Sie kommen im Indopazifik von Madagaskar bis zu den Korallenriffen von Fiji, Melanesien und Japan vor. Ihre schweren Gehäuse werden bis zu 6cm groß. In ihrem Verbreitungsgebiet sind sie selten.

Foto: Indonesien, Wakatobi

Mitra papalis, Indonesien, Komodo

Mitra puncticulata, Indonesien, Wakatobi

Babylon-Schraubenschnecke *(Turris babylonia)*

Babylon-Schraubenschnecken leben einzeln, graben in Weichböden und kommen nur gelegentlich an die Sedimentoberfläche. Ihr weißes, dickschaliges, langestrecktes und spindel- bis schraubenförmiges Gehäuse zeigt verschieden große, schwarze bis dunkelbraune Flecken, die in Spiralreihen angeordnet sind. Babylon-Schraubenschnecken werden maximal 10cm groß und sind Tiere des Flachwassers, die sich möglicherweise von Meeresborstenwürmern ernähren. In der Literatur gibt es leider keinen Hinweis auf ihre Fressgewohnheiten. Ihre Verbreitung reicht im Indopazifik von Mauritius bis nach Melanesien, Papua Neuguinea und Australien.

Foto: Indonesien, Bali

Mitraschnecke *(Scabricola fissurata)*

Mitraschnecken dieser Art leben einzeln und graben dicht unter der Sedimentoberfläche nach frei lebenden Borstenwürmern, von denen sie sich ernähren. Mit dem Umgebungswasser stehen sie über ihren Sipho in Verbindung, der über die Sandoberfläche hinausragt. Mitraschnecken sind Sandbewohner des Flachwassers mit einem dickschaligen, länglichem und mäßig großen Gehäuse, das maximal 5cm lang wird. Es ist orange bis orangerot in der Grundfarbe und trägt ein helles, netzförmiges Muster. Der Siphonalkanal ist kurz und der Schneckenkörper weiß bis hellgrau. Mitraschnecken dieser Art leben sowohl im Roten Meer, als auch im Indischen Ozean. Sie sind selten zu sehen, da sie eine versteckte Lebensweise führen.

Foto, Ägypten, Sharm el Sheikh

Turris babylonia, Indonesien, Bali

Scabricola fissurata, Ägypten, Sharm el Sheikh

Körnige Mitre *(Vexillum granosum)*

Körnige Mitren sind weit verbreitet und kommen im Indopazifik von Ostafrika bis nach Australien, Vietnam und Japan vor. Es sind Weichbodenbewohner, die eine Länge von 6cm erreichen können. Sie besitzen ein dickschaliges und spindelförmiges Gehäuse, das eine Vielzahl kräftiger Axialrippen trägt, die dem Gehäuse ein körniges Aussehen verleihen. Tagsüber leben die Tiere versteckt im Sediment und ernähren sich in der Nacht von verschiedenen Weichtieren.

Foto: Indonesien, Molukken

Bemalte Bischofsmütze *(Vexillum plicarium)*

Bemalte Bischofsmützen sind Einzelgänger auf Sand, Schlick und Korallenbruch und kommen von der Gezeitenzone bis in tiefere Gewässer vor. Sie ernähren sich von Polychaeten. Ihr schlankes und spindelförmiges Gehäuse, das eine maximale Länge von 6cm erreicht, ist dickschalig, zugespitzt und trägt kräftige Axialrippen. Der kurze Apex ist schwarz. Ein breites braunes bis blaugraues Spiralband befindet sich auf der Endmündung. Es wird von dünnen, unterbrochenen und schwarzen Linien eingefasst. Die Verbreitung der Art reicht im Indopazifik von den Andamanen bis nach Samoa und Australien.

Foto: Malaysia, Mabul

Vexillum granosum, Indonesien, Molukken

Vexillum plicarium, Malaysia, Mabul

Blutsauger-Mitra *(Vexillum sanguisugum)*

Blutsauger-Mitren besitzen ein spindelförmiges Gehäuse, das ein hohes Gewinde, viele Umgänge und kräftige Axialrippen trägt. Viele von ihnen zeigen rote bis rotbraune Zeichnungen auf gelblich weißen Grund. Die Mündung der Schale ist weiß. Die Gehäuse werden bis zu 5cm groß. Blutsauger-Mitren leben auf und in mobilen Böden des Flachwassers und sind recht häufig in der Nähe von Flachriffen zu finden. Sie fressen möglicherweise kleine Borstenwürmer, die sie auf und im Sediment suchen und finden. Etwa 200 Arten aus der Gattung Vexillum sind im Indopazifik bekannt. Die hier vorgestellte Art kommt von Indonesien und den Philippinen bis nach Australien und Papua Neuguinea vor.

Foto: Indonesien, Komodo

Turmschnecke *(Vexillum sp.)*

Turmschnecken besitzen ein kleines, schlankes, dickschaliges und zugespitztes Gehäuse mit kräftigen Collumellarfalten, die weit auseinender stehen und so der Schnecke ein turmähnliches Aussehen verleihen. Das Gehäuse ist gelblich bis hellbraun gefärbt und mit mehreren schwarzen Spiralbändern umringt. Diese Farbkomposition verleiht dem Gehäuse ein attraktives Aussehen. Turmschnecken graben in fein- und grobsandigen Sedimenten und suchen hier nach Borstenwürmern, von denen sie sich ernähren. Sie sind im Roten Meer und im Indopazifik verbreitet und erreichen eine Schalenlänge von 8-9cm.

Foto: Ägypten, Safaga

Vexillum sanguisugum, Indonesien, Komodo

Vexillum sp., Ägypten, Safaga

Große Harfenschnecke *(Harpa harpa)*

Große Harfenschnecken werden wegen ihrer schön gezeichneten Gehäuse gesucht, gesammelt und verkauft. Aus diesem Grund werden sie kaum noch gefunden. Die rechtsgewundenen Gehäuse der Tiere sind bis zu 11cm groß, bauchig, tragen ein kurzes Gewinde und kräftige Längsrippen, die zum Gewinde hin in kurzen Stacheln enden. Die Schalenzeichnungen auf hellem Grund sind lebhaft gefärbt und von Tier zu Tier verschieden. Ein Operculum zum Verschließen der Schalenöffnung fehlt den Tieren. Große Harfenschnecken ernähren sich von Krebsen, die sie in klebrigen Schleim einpacken und ausfressen. Zurück bleiben die Krebsschalen. Verbreitet sind sie im Roten Meer und kommen im Indopazifik von den Küsten Ostafrikas bis nach Samoa und Japan vor.

Foto: Tansania, Sansibar

Gemeine Harfenschnecke *(Harpa major)*

Gemeine Harfenschnecken sind Einzelgänger, die ein schönes, buntes und aufgeblasenes Gehäuse besitzen, das im Vergleich zu anderen Harfenschnecken nur wenige Rippen besitzt. Auffallend ist der breite und ausladende Fuß, der so volumig ist, dass er nicht mehr in die Schale eingezogen werden kann. Ein langer und zylindrischer Sipho, der zwischen zwei langen Fühlern ausgestreckt wird, erkundet die Umgebung und hilft bei der Suche nach Nahrung. Diese besteht überwiegend aus Krebsen, die im Schleim erstickt und dann aufgefressen werden. Gemeine Harfenschnecken graben in Sand und Schill. Sie sind schnell unterwegs auf ihrem breiten Fuß und außerordentlich gewandt in der Richtungsänderung. Werden sie einmal von Feinden angegriffen und festgehalten, dann autotomieren sie Teile ihres hinteren Fußes, der wieder vollständig nachwachsen kann. Während der Feind sich mit dem abgeworfenen Fußteil beschäftigt, können die Schnecken sich in Sicherheit bringen. Gemeine Harfenschnecken sind im Indopazifik von Ostafrika bis Polynesien, Japan und Australien verbreitet.

Foto: Indonesien, Lembeh

Harpa harpa, Tansania, Sansibar

Harpa major, Indonesien, Lembeh

Schraubenschnecke *(Terebra affinis)*

Schraubenschnecken dieser Art sind weit verbreitet und kommen im Indopazifik von Ostafrika bis nach Polynesien und Hawaii vor. Auch im Roten Meer sind sie zu finden. Sie leben im Flachwasser auf Sand und Schlick und graben sich durch die obere Sedimentschicht. Nur ihr Sipho ragt dabei über die Sandoberfläche. Auf ihren Marsch durch den Untergrund ernähren sie sich von kleinen Würmern und anderen Tieren des Sandlückensystems. Eine Radula fehlt den Tieren. Stattdessen besitzen sie paarig gewundene Zähne. Das cremeweiße Gehäuse ist dickschalig und turmförmig. Es kann 8cm lang werden und zeigt braune Tupfer und feine rotbraune Linien. Bei den Naturvölkern im Pazifik wurden besonders schlanke und spitze Exemplare als Bohrer und Nadeln benutzt.

Foto: Ägypten, Sharm el Sheikh

Warzige Schraubenschnecke *(Terebra areolata)*

Warzige Schraubenschnecken sind Einzelgänger und kommen an manchen Küsten im Flachwasser in größerer Individuendichte vor. Sie graben dicht unter der Oberfläche in Sand und Schlamm und ernähren sich von weichhäutigen Wirbellosen. Hier sind es hauptsächlich kleine Borstenwürmer, die sie fressen. Das bis zu 20cm große Gehäuse ist schlank, endet spitz und ist schraubenförmig. Auf cremefarbenem Grund trägt jeder Umgang 3 Reihen braunschwarzer, fast quadratischer Flecken, wobei die Flecken in der ersten Reihe größer sind als die folgenden. Nur die Endwindung hat 4 Reihen davon. Große Schnecken wie diese hinterlassen auf der Sedimentoberfläche deutliche Kriechspuren. Man muss sie ausgraben, um sie betrachten zu können. Sie kommen von der Niedrigwasserzone bis in Tiefen von 25m vor. Die Verbreitung der Art reicht im Indopazifik von Ostafrika bis nach Polynesien, Hawaii und Australien. Auch im Ostpazifik vom Golf von Kalifornien bis nach Mexiko kommen sie vor.

Foto: Mikronesien, Palau

Terebra affinis, Ägypten, Sharm el Sheikh

Terebra areolata, Mikronesien, Palau

Weißband-Schraubenschnecke *(Terebra amanda)*

Weißband-Schraubenschnecken besitzen ein schlankes und dickschaliges Gehäuse mit hohem Gewinde und zahlreichen Umgängen. Sie graben in weichen Sedimenten und suchen hier nach Würmern, von denen sie sich ernähren. Sie leben dicht unter der Sedimentoberfläche, stehen über einen langen Sipho mit dem Umgebungswasser in Verbindung und spüren auch über das eingesaugte Wasser ihre Beute auf. Auffallend ist ihre Färbung. Das Gehäuse ist kräftig orange gefärbt und zeigt unterschiedlich breite, weiße Umläufe. Weißband-Schraubenschnecken werden bis zu 7cm lang und sind Tiere des Flachwassers, die von der Niedrigwasserlinie bis in 18m Tiefe vorkommen. Bei Niedrigwasser werden sie auch gesammelt und an Souvenirläden verkauft. Im Indopazifik sind sie von Australien bis nach Papua Neuguinea und Japan verbreitet.

Foto: Papua Neuguinea, Milne Bay

Fransen-Schraubenschnecke *(Terebra crenulata)*

Fransen-Schraubenschnecken graben in weichen Sedimenten dicht unterhalb der Sedimentoberfläche und bleiben, um Beute aufzuspüren, über einen langen Sipho mit dem Umgebungswasser darüber in Verbindung. Als Polychaetenfresser ernähren sie sich überwiegend von kleinen und frei lebenden Borstenwürmern. Eine Radula fehlt den Schnecken, die bei ihnen als paarig gebogene Zähne ausgebildet ist. Auch sie dient dem Beuteerwerb. Das Gehäuse der Tiere ist cremefarben, glatt, schlank und spindelförmig. Das hohe Gewinde trägt einen spitzen Apex und kleine Knoten befinden sich an den Umläufen. Fransen-Schraubenschnecken sind Tiere des Flachwassers, die in Lagunen und geschützten Buchten leben und die im Roten Meer und im gesamten Indopazifik verbreitet sind. Besonders in der Nacht und im frühen Morgen hinterlassen sie breite Spuren auf der Sandoberfläche, so dass es nicht schwierig ist, sie zu finden.

Foto: Papua Neuguinea, Milne Bay

Terebra amanda, Papua Neuguinea, Milne Bay

Terebra crenulata, Papua Neuguinea, Milne Bay

Katzenaugen-Schraubenschnecke *(Terebra felina)*

Schraubenschnecken dieser Art kommen in allen tropischen Meeren vor. Sie besitzen ein weißes, schlankes und spitzes Gehäuse, das bis zu einer Länge von 10cm heranwachsen kann. Es trägt spiralig angeordnete braune bis orangefarbene Flecken unterschiedlicher Form, die Katzenaugen ähneln sollen. Ähnlich wie es die Kegelschnecken tun, so betäuben auch diese Schraubenschnecken ihre Beute mit Gift, die überwiegend aus Polychaeten und Anneliden besteht. Auch Aas verzehren sie. Ihr Lebensraum ist der Flachwasserbereich, wo sie sich tagsüber im Sand, in Korallenbruch und im Schill verstecken. Erst in der Nacht sind sie dann unterwegs im Riff, um Beutetiere zu erjagen. Im Indopazifik sind Schraubenschnecken dieser Art weit verbreitet und kommen von Ostafrika und Australien bis zu dem Philippinen vor.

Foto: Indonesien, Molukken

Schlanke Schraubenschnecke *(Terebra guttata)*

Schlanke Schraubenschnecken werden auch Augenschnecken genannt, weil sich auf ihrer schlanken und spindelförmigen Schale viele weiße Flecken in mehreren Umläufen befinden, die auf orangefarbenem Grund besonders deutlich zu sehen sind. Schraubenschnecken sind Sedimentbewohner, die vom Flachwasser bis in größere Tiefen vorkommen und besonders am Riffhang, im sandigen Riffgrund und in unterseeischen Plattformen zu finden sind. Sie alle sind Räuber, die sich besonders von Polychaeten ernähren. Ihre Schale kann bis zu 20cm heranwachsen. Ihre Verbreitung reicht im Indopazifik von Tanzania und Chagos bis nach Australien, Mikronesien und Hawaii.

Foto: Indonesien, Molukken

Terebra felina, Indonesien, Molukken

Terebra guttata, Indonesien, Molukken

Lanzen-Schraubenschnecke *(Terebra lanceata)*

Lanzen-Schraubenschnecken sind Tiere verschiedener Weichböden, in denen sie graben und nach Nahrung suchen. Ihre bevorzugte Beute sind kleine Borstenwürmer des Sandlückensystems. Ihr weißes bis cremefarbenes, schlankes, spitzes und schraubenförmiges Gehäuse zeigt feine Axialrippen und dünne, weit auseinanderliegende, rostbraune Axiallinien, die für diese Art typisch sind. Ihre vertikale Verbreitung reicht vom Niedrigwasser bis in größere Tiefen, aus denen sie gedredged werden. Lanzen-Schraubenschnecken werden bis zu 7cm groß und sind recht selten. Ihre geographische Verbreitung reicht von Ostafrika bis nach Polynesien, Hawaii und Australien.

Foto: Philippinen, Panglao

Gefleckte Schraubenschnecke *(Terebra maculata)*

Gefleckte Schraubenschnecken besitzen ein großes, schlankes, schweres, glänzendes und spindelförmiges Gehäuse, das ein hohes und spitzes Gewinde trägt. Mit einer Maximallänge von 25cm ist es die größte Terebra-Art auf unserer Erde. Das creme-weiße Gehäuse trägt auf den Umgängen dunkelbraune Bänder und flammenförmige Flecken unterschiedlicher Größe und Gestalt. Als Räuber, die Würmer und Muschel aufspüren und fressen, graben sie im Sand direkt unterhalb der Sedimentoberfläche. Sie bleiben stets mit ihrem langen Sipho mit dem Wasser oberhalb der Sedimentschicht in Verbindung und spüren so, aufgrund ihres ausgezeichneten Geruchsinns, ihre Beutetiere über weite Strecken auf. Eine Radula fehlt den Schnecken. Stattdessen sind paarig gebogene Zähne ausgebildet. Gefleckte Schraubenschnecken leben im Roten Meer und sind im Indopazifik von Ostafrika bis nach Polynesien, Hawaii und Australien verbreitet. Es sind überwiegend Flachwassertiere, die in seichten Lagunen und in Sandarealen zwischen den Korallenriffen leben. Shrimp-Trawler haben sie aber auch schon aus über 300m Wassertiefe gedreged.

Foto: Papua Neuguinea, Milne Bay

Terebra lanceata, Philippinen, Panglao

Terebra maculata, Papua Neuguinea, Milne Bay

Zebra-Turmschnecke *(Terebra strigitata)*

Zebra-Turmschnecken besitzen ein dickschaliges Gehäuse mit einem hohen und turmförmigen Gewinde, das in einer Spitze endet. Die zahlreichen Umgänge zeigen flache und dicht liegende Axialrippen und Knotenreihen. Alle Umgänge tragen rotbraune bis schwarzbraune, eckige Flecken. Der letzte Umgang zeigt ein feines und weißes Spiralband. Die Mündung ist kurz. Turmschnecken sind Carnivoren, die sich von verschiedenen Wirbellosen des Bodens ernähren. Sie leben in und auf Sand und Schlick und kommen auch in Seegraswiesen vor. Sie sind Tiere des Flachwassers, werden bis zu 6cm groß und sind vom Indischen Ozean bis nach Polynesien, Hawaii und Australien verbreitet.

Foto: Indonesien, Nord Sulawesi

Pfrieme-Schraubenschnecke *(Terebra subulata)*

Pfrieme-Schraubenschnecken sind Einzelgänger, graben dicht unterhalb der Oberfläche in weichen Sedimenten und halten nur mit ihrem Sipho, der durch die Sedimentschicht ragt, Verbindung zum offenen Wasser. Sie sind überwiegend Polychaetenfresser, ernähren sich aber auch noch von anderen, weichhäutigen Tieren des Bodens. Schraubenschnecken sind Tiere des Flachwassers. Ihr 12-15cm langes Gehäuse ist schlank, spitz und glatt. Auf cremefarbenem Grund tragen die Umgänge jeweils 2 Spiralreihen rötlichbrauner Flecken. Nur die Endwindung besitzt 3 Reihen davon. Verbreitet sind sie im Roten Meer und kommen im Indopazifik von Ostafrika bis Südjapan und Australien vor.

Foto: Philippinen, Silquijor

Terebra strigitata, Indonesien, Nord Sulawesi

Terebra subulata, Philippinen, Silquijor

Helle Sonnenschnecke *(Architectonica perspective)*

Sonnenschnecken sind nur mit wenigen Arten an den Riffen im Indopazifik vertreten. Die hier vorgestellte Schnecke dürfte die wohl am weitesten verbreitete von allen sein. Sie besitzt ein flaches, dickwandiges und kreisrundes Gehäuse, das feinkörnige Spiralrippen erkennen lässt. Die Oberfläche ist intensiv gemustert und die Umgänge schwach konvex. Der Kopf trägt zwei breite und gefurchte Fühler. Sonnenschnecken werden bis zu 5cm im Durchmesser groß. Sie leben überwiegend einzeln in und auf sandigen bis schlammigen Böden des Flachwassers und sind nachtaktiv. Sie fressen bevorzugt Seeanemonen. Die noch nicht geschlechtsreifen Tiere sind stets Männchen. Wenn sie erwachsen sind, sind alle Tiere Weibchen. Die Verbreitung der Art reicht von Ostafrika bis zu den Philippinen.

Foto: Papua Neuguinea, Milne Bay

Veilchenschnecke *(Recluzia rollandiana)*

Veilchenschnecken sind mit nur 3 Arten in warmen Meeren vertreten. Sie leben pelagisch und treiben an selbstgebauten Flößen aus Schwimmblasen über die Meere. Sie werden häufig in einer Gemeinschaft mit den Quallen Physalia und Porpita gesehen, von denen sie sich auch ernähren. Kannibalismus kommt bei Veilchenschnecken auch vor. Beobachtet wurde auch, dass sie die pelagische Seerose Minyas fressen. Das Gehäuse der Schnecken ist rundlich und aufgeblasen und 2-3cm groß, dünn, zerbrechlich und in der Regel braun gefärbt. Das selbstgefertigte Schaumfloß hat eine Länge von 8-9cm. Der Weichkörper der Schnecke darin ist gelb. Veilchenschnecken sind blind. Wenn sie sterben, sinken ihre Schalen zum Meeresgrund. Die meisten von ihnen findet man dann am Strand.

Foto: Indonesien, Komodo, Schalenfund

Architectonica perspective, Papua Neuguinea, Milne Bay

Recluzia rollandiana, Indonesien, Komodo, Schalenfund

Feuerseeigelschnecke *(Luetzenia asthenosomae)*

Schnecken dieser Art parasitieren auf Feuerseeigeln der Art *Asthenosoma varium*. Die kleinen Schnecken leben einzeln, paarweise oder in kleinen Gruppen auf ihren Wirten und ernähren sich vom Schleim der Seeigel und von den Sinkstoffen, die auf den Seeigeln landen. Die kleine Schale der Schnecken ist weiß, semitrasparent, trägt mehrere Windungen und einen spitzen Apex. Die Mündung ist breit. Die kleinen Gehäuse werden maximal 1,5cm groß. Aufgrund ihrer geringen Größe sind die Schnecken zwischen den bunten Stacheln der Feuerseeigel kaum zu finden. Und ohne ihren Wirten sind die Schnecken nicht überlebensfähig. Überall dort, wo Feuerseeigel im Indopazifik vorkommen, findet man gelegentlich auch diese kleinen Schnecken, denn nicht jeder Seeigel ist von ihnen besiedelt.

Foto: Philippinen, Gato

Kristallschnecke *(Thyca crystallina)*

Kristallschnecken sind Nahrungsspezialisten, die einzeln oder paarweise als Ektoparasiten auf verschiedenen Seesternen leben und an ihren Wirten saugen. Es sind überwiegend die Seesterne *Linckia laevigata* und *Linckia multifora*, die sie besiedeln. Das Bild zeigt eines dieser Schnecken auf der Unterseite eines der Arme des Blauen Seesterns *Linckia laevigata*. Helle Flecke auf den Armen zeigen die Stellen an, an der die Schnecken bereits gesaugt haben. Das mützenförmige Gehäuse ist klein, denn Kristallschnecken werden nur bis zu 7mm groß. Die größeren Schalen gehören den Weibchen. Häufig sitzt das kleine Männchen unter der Schale des Weibchens. Die Schalenfarbe der Tiere ist variabel und reicht von einem Grau bis hin zu Hellblau. Kristallschnecken sind überall dort verbreitet, wo die beiden Seesterne von ihnen befallen sind. Und die leben im Indopazifik von den Küsten Ostafrika bis zu den Riffen von Hawaii.

Foto: Papua Neuguinea, Milne Bay

Luetzenia asthenosomae, Philippinen, Gato

Thyca crystallina, Papua Neuguinea, Milne Bay

Hiby´s Samtschnecke *(Coriocella hibyae)*

Hiby´s Samtschnecken sind bisher nur bekannt von den Malediven und der Inselgruppe Chagos im Indischen Ozean. Sie gehören, wie die gesamte Gattung, zu den echten Schalenschnecken und werden sehr häufig mit den Nacktschnecken verwechselt. Die Schnecken leben einzeln, sind überwiegend nachtaktiv und werden auch noch in den frühen Morgenstunden im Riff angetroffen. Da sie sich sehr langsam bewegen, werden sie für Schwämme gehalten. Der Körper der bis zu 8cm großen Schnecken trägt lange und fingerförmige Projektionen, die seitlich aufgerichtet vom Körper abstehen. Der Mantel trägt bei einigen der vorwiegend braun gezeichneten Tiere eine schindelförmige Zeichnung. Ansonsten sind sie variabel in ihrer Körperfarbe, die zwischen Braun und samtigem Dunkelblau variiert. Viele schwarze Flecken sind auf dem Mantel verstreut und eine dünne und transparente Schleimfolie überzieht gelegentlich die gesamte Schnecke. Hiby´s Samtschnecken sind Carnivoren, die sich von kolonialen Manteltieren ernähren. Ein kommensaler Krebs, Pontocypria coriocella, lebt auf diesen Schnecken.

Foto: Malediven, Ari-Atoll

Schildkrötenschnecke *(Coriocella jayi)*

Schildkrötenschnecken besitzen noch eine kleine Restschale, die vom Mantel vollständig überdeckt wird. Sie ist nur noch ein Rudiment. Der braune bis dunkelbraune und fleischige Mantel der Schnecken trägt tiefe Furchen und eine Oberflächenstruktur, die an eine Schildkröte erinnert. Kräftige, abgerundete und walzen-bis fingerförmige Fortsätze befinden sich darauf. Schildkrötenschnecken sind überwiegend nachtaktiv. Sie leben auf Sand- und Korallenbruch und ernähren sich möglicherweise von Seescheiden. Da sie keine sichtbare Schale besitzen, werden sie häufig für Nacktschnecken gehalten. Die Gattung Coriocella ist im Roten Meer und im gesamten Indopazifik verbreitet.

Foto: Indonesien, Komodo

Coriocella hibyae, Malediven, Ari-Atoll

Coriocella jayi, Indonesien, Komodo

Schwarze Samtschnecke *(Coriocella nigra)*

Samtschnecken dieser Art sind nicht immer schwarz. Sie können auch einen hellbraunen Mantel besitzen, der dunkel umrandete, schildförmige Zeichnungen trägt, die dunkelbraune Flecken haben. Der Körpermitte entspringen kräftige, fingerförmige Projektionen, die nach allen Seiten abstrahlen. Schwarze Samtschnecken sind echte Schalenschnecken, die noch eine Restschale besitzen, die völlig vom Mantel bedeckt wird. Da diese äußere Schale fehlt, werden sie für Nacktschnecken gehalten. Die Tiere wachsen bis zu 10cm Länge heran. Sie sind Einzelgänger, Schwammfresser und überwiegend nachtaktiv. Verbreitet sind sie im Roten Meer und kommen im gesamten Indopazifik von der Ostküste Afrikas bis zu den Salomonen und Australien vor.

Foto: Philippinen, Panglao

Schildkrötenrücken, Samtschnecken *(Chelynotus semperi)*

Samtschnecken besitzen noch eine dünne und reduzierte Restschale, die unter ihrem fleischigen Mantel verborgen ist. Ihr walzenförmiger Körper trägt am Bewegungspol einen spitz auslaufenden Kopf. Der Rücken ist von dicken, kraftigen, fleischigen und finger- bis zapfenartigen Fortsätzen bestanden, wobei der samtige und schwarzblaue Mantel ein helleres Netzmuster trägt. Samtschnecken sind überwiegend nachtaktiv, sie sind aber auch zum Teil tagsüber im Riff unterwegs. Sie ernähren sich möglicherweise von Seescheiden, doch so genau weiß man das bis heute noch nicht. Ihrem Aussehen und von der weichen Konsistenz ihres Körpers nach zu urteilen, könnte man die Tiere leicht für Nacktschnecken halten. Ihre Verbreitung reicht im Indopazifik von Südafrika und Sri Lanka bis nach Papua Neuguinea und den Solomonen.

Foto: Indonesien, Komodo

Coriocella nigra, Philippinen, Panglao

Chelynotus semperi, Indonesien, Komodo

Eingewachsene Riesenmuschel *(Tridacna crocea)*
Foto: Indonesien, Menjangan

Bildbeschreibung auf Seite 313

Muscheln *(Bivalvia)* – Leben zwischen Schalenklappen

Muscheln leben in allen Weltmeeren und kommen sowohl im Brackwasser, als auch im Süßwasser vor. Allgegenwärtig sind sie in allen Formen und Größen an den Spülsäumen der Strände, wo man ihre Schalen findet. Die Tiere selbst, die einmal zwischen den beiden Schalenklappen lebten, sind in der Regel Beute ihrer zahlreichen Fressfeinde geworden.
Muscheln unterscheiden sich von allen anderen Weichtieren dadurch, dass ihre schützenden Gehäuse aus zwei Schalenklappen bestehen, die sich meist spiegelbildlich gleichen. Muscheln haben in Anpassung an ihre Lebensweise ihren Kopf weitgehend reduziert oder ganz zurückgebildet. Sie sind also „kopflos" (Acephala). Außerdem besitzen sie keine Raspelzunge (Radula) mehr, da sie als Strudler keine Beute mehr zerkleinern müssen.

Der Grundbauplan der Muscheln ist weitgehend einheitlich. Es gibt jedoch auch Arten, die durch ihre besondere Lebensweise morphologisch abgewandelt sind.
Muscheln sind in der Regel frei beweglich. Die meisten von ihnen sind Bodenbewohner und leben auf dem Meeresboden oder vergraben darin. Aus diesem Grund sind sie auch nicht in der Lage, sich schnell fortzubewegen. Einige Arten sind mehr oder weniger sesshaft, andere können durch Zusammenklappen ihrer beiden Schalen mit Hilfe des Rückstoßprinzips über kurze Strecken schwimmen. Zu ihnen gehören Muscheln der Gattungen *Pecten* und *Lima*. Bohrmuscheln der Gattungen *Pholas, Hiatella* und *Lithodom*us bohren mit Hilfe von Säureausscheidungen in Kalk und in Steinen, während Muschel der Gattung *Teredo* in Holz durch Raspelbewegungen ihrer vorderen Schalenränder bohren.

Am auffälligsten sind bei den Muscheln die beiden Schalenklappen. Sie werden für die Bestimmung der Arten herangezogen. Gebildet werden sie vom Mantelrand der Tiere. Ihre Grundsubstanz besteht aus Kalziumkarbonat. Es kristallisiert als Kalzit oder in Form des Aragonits aus und wird von den Tieren in verschiedenen strukturellen Schichten abgelagert. Der Vorgang, der dazu führt, wie die aufgenommene Nahrung in hartes Schalenmaterial umgewandelt wird, ist ein sehr komplizierter Prozess, der auch durch das Alter und die Art der Nahrung beeinflusst wird. So können zum Beispiel Muscheln, die in einer verschmutzten und belasteten Umwelt aufwachsen, auch nur dünne Schalen ausbilden.

Den äußeren Abschluss der Schalenklappen bildet eine dünne Schalenhaut (Periostracum). Beide Schalenklappen werden in Rückenmitte dort, wo die Wölbungen am kräftigsten sind, durch ein elastisches Scharnierband (Ligament) beweglich miteinander verbunden. Ineinandergreifende Zähne, Leisten oder Gruben verhindern eine Verschiebung beider Schalenklappen.

Als Antagonisten bei Öffnen und Schließen beider Schalen wirken zwei kräftige Muskeln, die als schnelle Schließ- und als träge Sperrmuskeln arbeiten. Bei ausgefressenen Schalen klaffen daher stets die beiden Schalenklappen auseinander, weil die Sperr- und Schließmuskeln fehlen und das elastische Ligament sie auseinanderdrückt.

Die Oberfläche der Schalenklappen ist meist strukturiert und bei vielen Arten farbig gekennzeichnet. So findet man Muscheln mit glatter Oberfläche und auch solche, die Stacheln, Spitzen, Rillen, Rippen, Schuppen oder konzentrische Strukturen tragen.
Muscheln sind innere Strudler und Kleinpartikelfresser, die sich überwiegend vom Phytoplankton ernähren. Ihre mikroskopisch feine Nahrung besteht hauptsächlich aus Mikroplankton und organischen Zerfallsprodukten (Detritus), die zusammen mit dem Wasser eingestrudelt werden. Der Wasserstrom wird durch das Wimperepithel der Kiemen und des Mantels erzeugt. Die mit dem Wasser eingestrudelte Nahrung wird durch Schleimabsonderungen der Kiemen abgefiltert, die unverdaulichen Stoffe aussortiert und die verwertbare Nahrung über Wimperbahnen zum Mund und zum Magen transportiert. Hier erfüllen die Kiemen eine Doppelfunktion: Zum einen werden sie für die Atmung benötigt, zum anderen für den Nahrungserwerb eingesetzt. Der Vorgang der Nahrungsbeschaffung findet ununterbrochen statt und das, solange die Muschel lebt.

Einige Tiefseemuscheln haben sich zu Fleischfressern (Carnivoren) entwickelt, weil es in der Tiefsee keine Algen oder eine andere chlorophyllhaltige Nahrung gibt. Es fehlt in der Tiefe ausreichend Licht, um den Prozess der Photosynthese zu starten und in Gang zu halten. Aus diesem Grund ernähren sich Tiefseemuscheln überwiegend von kleinen Krebsen und Würmern, die sie mit ihrem langen Rüssel einsaugen und verwerten.

Bei vielen Muscheln verwachsen die Mantelränder so, dass sie nur noch die Durchtrittsstelle für den muskulösen Fuß und für die Ein- und Ausströmöffnung der Siphone aussparen. Bei grabenden Muscheln sind die beiden Siphone zu röhrenförmigen Gebilden verlängert. Sie werden, während die Muschel im Boden eingegraben bleibt, durch das Sediment in das freie Wasser gestreckt. Über die Einströmöffnung (Ingestionsöffnung) wird das sauerstoff- und partikelreiche Wasser eingesaugt und das verbrauchte und mit Kot angereicherte Wasser über die Ausströmöffnung (Egestionsöffnung) ausgeschieden. Beide Öffnungen liegen dicht beieinander.

Der Fuß der Muscheln ist keilförmig, sehr beweglich, muskulös und drüsenreich. Er wird zum Graben eingesetzt. Bei Muscheln, die im Boden leben, ist er besonders groß und kräftig entwickelt. Bei den nicht grabenden Tieren ist er weitgehend reduziert (Austern). Festsitzende Muscheln besitzen am Ende ihres Fußes eine Drüse (Byssusdrüse), die Fäden aus gegerbten Proteinen produziert (Byssusfäden), mit deren Hilfe sich die Jungmuscheln am Untergrund festheften.

Die Geschlechtsverhältnisse sind bei den Muscheln recht unterschiedlich. Der überwiegende Teil der Arten ist getrennt geschlechtlich. In ihren paarigen Keimdrüsen reifen entweder Eizellen oder Spermien heran. Einige Muscheln sind Zwitter. Bei der Reproduktion werden die Keimzellen mit dem verbrauchten Atemwasser in das offene Meer entlassen, wo auch die Befruchtung stattfindet. Aus den im Plankton treibenden und befruchteten Eiern entwickeln sich Schwimmlarven (Veliger), die bereits schon einen kleinen Fuß, Augen, Tentakeln und ein kleines Gehäuse besitzen. Sie schwimmen aktiv mit Hilfe segelartiger Fortsätze (Velum). Ist ein gewisses Entwicklungsstadium erreicht, dann lassen sich die Jungmuscheln zu Boden sinken und leben entweder frei beweglich, epifaunistisch oder kommensalisch. Epifaunistisch, indem sie sich irgendwo festsetzen und kommensalisch, indem sie in oder auf anderen Tieren leben.

Als Sinnesorgane besitzen Muscheln vielfach Statocysten, die ihnen ihre Lage im Wasser signalisieren. Augen sind in den verschiedensten Entwicklungsstadien ausgebildet, die aber überwiegend nur eine Hell-Dunkel-Wahrnehmung ermöglichen. Sinnesepithelien sind über den gesamten Körper verteilt.

Muscheln haben viele Feinde. Einer, der ihnen am häufigsten nachstellt, ist der Mensch. Er dezimiert die Bestände durch Aufsammeln und Fang, um sie für die Ernährung zu nutzen und um private und zoologische Sammlungen zu bereichern. Vielerorts in der Welt haben Muscheln eine sehr große wirtschaftliche Bedeutung. Gedacht sei in diesem Zusammenhang an Auster- und Miesmuschelkulturen und an die japanische Zuchtperlenidustrie, die künstlich gezüchtete Perlen für die Schmuckindustrie herstellt.

Bei den Muscheln gibt es Winzlinge, die nur wenige Millimeter groß sind, aber auch Riesen. Die größte Muschel, die in unseren Weltmeeren lebt, ist die Riesenmuschel *Tridacna gigas*, die 200 kg schwer und über 100cm groß wird. Sie lebt an den Riffen im Roten Meer und im tropischen Indopazifik.

Muscheln können auch erhebliche wirtschaftliche Schäden verursachen. So können speziell Bohrmuscheln Holzteile an Hafenanlagen und Schiffskörper zerstören und Filteranlagen großtechnischer Betriebe an den Küsten verstopfen.
Als fossiles Dokument sind Muscheln außerordentlich wichtig. In fast allen Meeresablagerungen spielen sie eine wichtige Rolle als Leitfossilien für die Bestimmung der zeitlichen Gliederung der Gesteinsschichten und bei der Bewertung von Lagerstätten. Nicht umsonst hat die Ölfirma Shell als Logo für ihren Konzern eine der beiden Schalenklappen einer *Pecte* gewählt.

Archenmuschel *(Arca ventricosa)*

Archenmuscheln sind Tiere des Flachwassers. Sie leben mit kräftigen Byssusfäden befestigt unter Steinen, in Felsspalten, auf und in Korallen. Besonders in großen Korallenblöcken der Gattung Porites leben oft mehrere dieser Muscheln. Sie stecken „rückwärts" in ihrem gewähltem Siedlungsort und zeigen ihre breite und geradlinige Schlossseite, die oft von allen möglichen Tieren und Pflanzen bewachsen sein kann: von Schwämmen, Moostierchen, Manteltieren und selbstverständlich auch von Kalkalgen und Algen. Muscheln sind Strudler, die sich von Plankton und Detritus ernähren. In den tropischen und subtropischen Meeren sind zahlreiche Arten aus dieser Gattung verbreitet. Im Roten Meer und im Indopazifik ist A. ventricosa die am häufigsten vorkommenden Art.

Fotos: Papua Neuguinea, Milne Bay

Arca ventricosa, Papua Neuguinea, Milne Bay

Arca ventricosa, Papua Neuguinea, Milne Bay

Alte Archenmuschel *(Anadara antiquata)*

Archenmuscheln besitzen dickschalige, schwere und bauchige Schalenklappen, die dicke, kräftige und breite Radialrippen zeigen, die am Vorderrand der Schalenklappen in genau passende Zähne enden. Die Zwischenräume zwischen den Radialrippen sind tief, der Schlossrand gerade und mit zahlreichen Zähnen besetzt. Ein braunes und pelziges Periostracum bedeckt in der Regel die weißen bis cremefarbenen Schalenklappen. Archenmuscheln leben in fein- und grobsandigen Weichböden im Flachwasser der Riffe im Indopazifik und sie sind Strudler, die sich von Plankton und Detritus ernähren. Da sie an manchen Stränden in ihrem Verbreitungsgebiet in einer größeren Individuendichte vorkommen, werden sie von der einheimischen Bevölkerung bei Niedrigwasser gesammelt und gegessen.

Foto: Indonesien, Bali

Gefleckte Sandmuschel *(Glycimeris pectunculus)*

Gefleckte Sandmuscheln sind Tiere verschiedener Weichböden, die vom Flachwasser bis in geringe Tiefen leben. Sie leben dauerhaft versteckt im Sediment und ernähren sich als Strudler von Detritus und feinem Mikroplankton. Ausgefressene Schalenklappen findet man am Spülsaum oder auf der Sedimentoberfläche. Die beiden Schalenklappen, die den Weichkörper umschließen, sind dickschalig, oval bis fast kreisrund in der Form, bauchig und gleichklappig. Die Oberfläche ist gerippt und zeigt konzentrische Wachstumslinien. Braune Flecken und Linien befinden sich auf den Schalenklappen. Gefleckte Sandmuscheln werden bis zu 5cm im Durchmesser groß. Sie werden in ihrem Verbreitungsgebiet von der Küstenbevölkerung gesammelt und gegessen. Für viele Fische, Krebse und Tintenschnecken sind sie eine sehr wichtige Nahrungsquelle. Verbreitet sind sie im gesamten tropischen Indopazifik.

Foto: Indonesien, Nord Sulawesi

Anadara antiquata, Indonesien, Bali

Glycimeris pectunculus, Indonesien, Nord Sulawesi

Philippinen-Miesmuschel *(Modiolus philippinarum)*

Die Muscheln dieser Art leben auf Felsen oder eingebacken in Korallen, wo sie selten einzeln, doch in der Regel kolonial siedeln. Ihre Larven setzen sich mit klebrigen Byssusfäden auf der Oberfläche von Korallen fest und lassen sich umwachsen. Ausgewachsene Tiere können eine Schalenlänge von 7-11cm erreichen und sind ähnlich in der Form und im Aussehen der Europäischen Miesmuschel, Mytilus edulis. Das Bild zeigt eine kleine Kolonie der Muscheln eingezwängt in den Spalten einer Hirnkoralle. Die beiden Schalenklappen sind leicht geöffnet, ein Zeichen dafür, dass die Muscheln als Strudler im Moment Plankton und Detritus aus dem Wasser fischen. Die Schalenklappen werden von einem braunen, blättrig bis haarigem Periostarcum bedeckt, das eine leichte Sedimentauflagerung zeigt. Wie alle Miesmuscheln, so sind auch sie essbar. Man sammelt sie nur nicht, weil die „Ernte" zu schwierig ist. Man müsste erst die Koralle zerkleinern, um an die essbaren Muscheln heranzukommen. Philippinen-Miesmuscheln sind im Indopazifik von Südafrika bis zu den Marschall-Inseln und Australien verbreitet.

Foto: Indonesien, Nord Sulawesi

Gestreifte Flügelauster *(Electroma zebra)*

Gestreifte Flügelaustern sind kleine Muscheln von nur 2-3cm Größe. Ihre weißen Schalenklappen zeigen rotbraune bis dunkelbraune Längs- und Querstreifen, die nicht miteinander kommunizieren. Die Muscheln leben in suspensionsreichem Flachwasser, wo sie sich in der Regel mit Byssusfäden an Hydroidkolonien der Gattung Aglaophenia festheften. Die auf dem Bild gezeigten Austern wurden im schlammigen Hafenbecken der Stadt Bima nahe den Komodo-Inseln aufgenommen. Die Verbreitung der Art reicht im Indopazifik von Afrika bis nach Indonesien und den Philippinen.

Foto: Papua Neuguinea, Milne Bay

Modiolus philippinarum, Indonesien, Nord Sulawesi

Electroma zebra, Papua Neuguinea, Milne Bay

Ägyptische Flügelauster *(Pteria aegyptiaca)*

Ägyptische Flügelaustern sind Tiere des Roten Meeres. Sie siedeln, mit Byssus befestigt, an Gorgonien, an Schwarzen Korallen und gelegentlich an Feuer- und Steinkorallen und kommen hier entweder einzeln oder in kleineren Gruppen vor. Ihre Schalenklappen sind symmetrisch, verschieden gewölbt, die Oberfläche schuppig und die Innenflächen mit Perlmutt ausgekleidet. Gelegentliche Perlbildungen durch die Einlagerung von Fremdpartikeln können vorkommen. Bei den jungen Austern ist der Schalenrand dornförmig verlängert und überragt die Schalenklappen erheblich. Ägyptische Flügelaustern sind Filtrierer, die sich von Plankton ernähren. Sie werden bis zu 10cm groß und ihre Schalenklappen sind häufig bis zur Unkenntlichkeit von Kalkalgen, Schwämmen, Hydroiden, Seescheiden und von Moostierchen bewachsen.

Foto: Papua Neuguinea, Milne Bay

Pinguin-Flügelauster *(Pteria pengiun)*

Pinguin-Flügelaustern leben mit Byssusfäden befestigt an Hornkorallen, Schwarzen Korallen und an großen Hydroidstöcken und bevorzugen als Lebensraum schattige Stellen im Riff, die gut vom Wasser durchströmt werden. Als Strudler sind sie auf strömungsreiche Stellen im Riff angewiesen, so dass sie bevorzugt an Riffhängen und in Riffpassagen siedeln. Auffallend an den Tieren sind die symmetrisch geormten Schalenklappen und die dornen- bis flügelartigen Verlängerungen der Schalen, die bei den Jungaustern besonders lang ausgezogen sind. Bei den älteren Tieren sind die Schalenklappen von vielen wirbellosen Tieren und von Algen so dicht bewachsen, dass man die eigentlichen Schalenklappen nicht mehr sieht. Teile der Schaleninnenflächen sind mit Perlmutt ausgekleidet, das die Muscheln auch befähigt, Perlen zu bilden. Für eine Perlenzucht jedoch werden diese nicht verwendet. Pinguin-Flügelaustern sind im Roten Meer und im gesamten Indopazifik von Ostafrika bis nach Australien und Polynesien verbreitet.

Foto: Papua Neuguinea, Milne Bay

Pteria aegyptiaca, Papua Neuguinea, Milne Bay

Pteria pengiun, Papua Neuguinea, Milne Bay

Strahlenperlauster *(Pinctada imbricata)*

Strahlenperlaustern sind Tiere des Flachwassers, die auf Riffdächern, in Lagunen, zwischen Korallenbruch und in verschiedenen Weichböden leben, wo sie mit Byssus auf Substrat befestigt sind. Ihre großen und symmetrischen Schalenklappen werden bis zu 20cm groß. Die Oberfläche der Schalenklappen ist braun und zeigt feine und konzentrische Reifen. Sie ist in der Regel von Schwämmen und Kalkrotalgen bewachsen. Innen sind die Schalenklappen mit Perlmutt ausgekleidet. Der Mantelrand der Muscheln, der die Schalenränder geringfügig überragt, ist stets gut sichtbar. Er ist dunkelbraun bis schwarz in der Farbe und trägt weiße, vertikale Linien. Verbreitet sind Strahlenperlaustern im Roten Meer und im gesamten Indopazifik. Sie werden selten in der Perlenzucht verwendet. Da dominiert eine andere Strahlenperlauster, Pinctada magaritifera. Der Name Pinctada radiata ist ein Synonym.

Foto: Papua Neuguinea, Milne Bay

Schwarzlippen-Perlmuschel *(Pinctada magaritifera)*

Perlmuscheln dieser Art besitzen fast kreisrunde und flach gewölbte Schalenklappen mit stark geschuppter Struktur und konzentrischen Zuwachskanten. Die Schuppen entlang der Schalenränder sind besonders groß. Sie sind häufig dicht bewachsen. Die Innenseiten der Schalenklappen tragen eine dicke Perlmuttschicht. Schwarzlippen-Perlmuscheln sind mit Byssus auf Korallen, Steinen und anderen Hartsubstraten verankert und werden zur Produktion von Zuchtperlen in großen Farmen kultiviert. Ihre Schalenklappen können über 20cm im Durchmesser groß werden. Als Flitrierer ernähren sie sich von Plankton. Verbreitet sind sie im Roten Meer und im gesamten Indopazifik. Das Bild zeigt eine noch junge Auster.

Foto: Indonesien, Komodo

Pinctada imbricata, Papua Neuguinea, Milne Bay

Pinctada magaritifera, Indonesien, Komodo

Bunte Kamm-Muschel *(Gloripallium pallium)*

Bunte Kamm-Muscheln besitzen orange bis purpurfarbene Schalenklappen mit weißen und dunkelbraunen Flecken. Ihre Schalenklappen tragen 12-15 Rippen mit blättrigen Querschuppen. Die Innenseiten der Schalenklappen sind weißlich und der Rand goldorange gefärbt. Kamm-Muscheln dieser Art werden bis zu 9cm groß. Sie leben unter Steinen und Korallen und sind an ihren Unterlagen mit Byssusfäden befestigt. Sie kommen bevorzugt im Flachwasser von Lagunen vor und ernähren sich als Strudler von feinem Plankton und Detritus. Die Verbreitung der Art reicht im Indopazifik von Ostafrika bis nach Polynesien, Südjapan und Australien.

Foto: Papua Neuguinea, Milne Bay

Lazarusklappe, Schuppige Hufmuschel *(Chama lazarus)*

Lazarusklappen leben einzeln und stets mit ihrer rechten Schalenklappe festzementiert auf harten Unterlagen. Die Schalen tragen lamellenartige Schuppen und lange, kräftige und blattartige Stacheln, die terminal gespalten sind. Die Farbe der Muscheln ist variabel. Die überwiegende Anzahl der Schalen ist weiß und gelblich gemustert; andere können rosa oder rötlich oder in den Farben gemischt sein. Die nur 8-10cm großen Muscheln lieben schattige Standorte im Riff, an denen kräftige Wasserbewegungen vorherrschen und ernähren sich von Plankton und Detritus. Sie kommen vom Flachwasser bis in größere Tiefen vor und sind im Indopazifik von Ostafrika bis nach Melanesien und Australien verbreitet.

Foto: Malediven, Baa-Atoll

Gloripallium pallium, Papua Neuguinea, Milne Bay

Chama lazarus, Malediven, Baa-Atoll

Irisierende Kamm-Muschel *(Pedum spondyloideum)*

Irisierende Kamm-Muscheln leben eingebettet in Korallen verschiedener Gattungen und halten ihre Öffnungen zum Umgebunsgswasser immer soweit frei, dass die beiden Schalenklappen noch ausreichend Bewegung finden, sich zu öffnen und zu schließen. Die Schalenklappen sind dünnwandig und länglich-oval in der Form. Wenn die Schalenklappen geöffnet sind, wird ein blauer, blauschwarzer oder ein violett irisierender Mantelrand zwischen den Schalenklappen sichtbar. Kleine, rote Punkte, die wie Perlen auf einer Kette ausgereiht sind, befinden sich am Saum des Mantelrandes. Es sind primitive Lichtsinnesorgane, die bei einem Schattenfall oder bei anderen Störungen, die Muschel veranlassen, sich zu schließen. Meist leben mehrere Muscheln dicht beieinander. Kamm-Muscheln sind Filtrierer, die sich von Mikroplankton und von Detritus ernähren. Sie kommen im Roten Meer und im gesamten Indopazifik vor.

Foto: Indonesien, Molukken

Scharfkantige Steckmuschel *(Atrina vexillum)*

Scharfkantige Steckmuscheln leben tief eingegraben im Riff und werden mit Byssus darin festgehalten. Die bis zu 30cm großen Schalenklappen sind dreieckig, fächerförmig und schwarzbraun in der Farbe. Sie tragen wulstige Längsrippen und schuppige Auswüchse. Häufig sind die Schalenklappen bis zum oberen Rand im Sediment vergraben. Das Bild zeigt eine Muschel, die nicht so tief im Untergrund steckt. Auffallend ist der schwarze und stark undulierte Mantelrand, der helle Linien und Strichzeichnungen trägt. Beide Schalenklappen sind stark von verschiedenen wirbellosen Tieren und Kalkalgen bewachsen. Scharfkantige Steckmuscheln werden oft für Perlmuscheln gehalten, was sie aber nicht sind. Ihr Vorkommen reicht von Ceylon bis nach Australien. Es sind Flachwassertiere, die man unterhalb von 10m fast nicht mehr findet.

Foto: Indonesien, Sabolan

Pedum spondyloideum, Indonesien, Molukken

Atrina vexillum, Indonesien, Sabolan

Königliche Stachelauster *(Spondylus cf.regius)*

Stachelaustern lieben schattige Standorte im Riff. Sie sind mit ihrer rechten Schalenklappen auf Hartsubstrat festzementiert. Die linke Klappe ist bauchig und wird über ein Scharnier auf der unteren Klappe bewegt. Sie zeigt zahlreiche Radialrippen, die mit kurzen und sehr langen Stacheln besetzt sind. Speziell entlang der Schalenränder befinden sich die langen und schaufelartigen Stacheln. Bei den älteren Tieren sind sie Stacheln weitgehend von Schwämmen und anderen sessilen Tieren überwachsen, so dass man sie nicht mehr sieht. Da Stachelaustern Filtrierer sind, die sich vom Plankton ernähren, brauchen sie einen guten Standort mit kräftig bewegtem Wasser, das ihnen die Nahrung zuträgt. Da sie praktisch immer fressen, sind die beiden Schalenklappen stets etwas geöffnet. Werden die Tiere gestört, klappt die Schale schnell zu. Im Indopazifik sind Königliche Stachelaustern von Indonesien bis nach Japan verbreitet.

Foto: Malaysia, Lankayan

Schuppige Stachelauster *(Spondylus squamosus)*

Schuppige Stachelaustern leben auf verschiedenen Hartsubstraten mit ihrer rechten Schalenklappe am Untergrund festzementiert. Die rechte Schalenklappe ist bauchiger als die linke, die als obere Schalenklappe sehr stark von Algen und verschiedenen wirbellosen Tieren bewachsen sein kann. Bei geöffneten Schalen fällt der schöne schwarz-weiß gestreifte Mantelrand auf, der auch mit Ocellen (Augenflecken) besetzt ist, die eine Hell-Dunkel-Wahrnehmung ermöglichen. Bei Schattenfall schließt sich die Muschel ruckartig und schnell. Schuppige Stachelaustern leben an den Riffen im Indopazifik, doch man findet sie nur sporadisch. Der Bewuchs ihrer Schalenklappen macht die Muscheln im Riff fast unsichtbar. Man findet sie nur, wenn sich die Schalenklappen schließen.

Foto: Papua Neuguinea, Milne Bay

Spondylus cf.regius, Malaysia, Lankayan

Spondylus squamosus, Papua Neuguinea, Milne Bay

Stachelauster *(Spondylus varius)*

Stachelaustern sind lichtempfindliche Tiere, die an schattigen Standorten von Überhängen und tiefen Unterhöhlungen siedeln. Hier leben sie, festzementiert mit einer kalkigen Substanz, auf felsigen Unterlagen. Stets ist nur die rechte Schalenklappe festgewachsen, während sich die linke öffnen und schließen kann. Die dicken Schalenklappen tragen radiäre Rippen und Reihen mehr oder weniger kräftiger und gebogener Dornen, die bei den älteren Schalen erodiert oder abgebrochen sind. Fast immer sind beide Schalenklappen von einer Vielzahl von Algen, Schwämmen und anderen sessilen Organismen bewachsen. Zwischen den geöffneten Schalenhälften wird die bunte Zeichnung der Mantelränder sichtbar und eine Reihe gestielter, lichtempfindlicher Ocellen, die wie Perlen auf einer Kette aufgereiht scheinen. Sie nehmen die optischen Reize wahr und veranlassen die Auster, sich bei Schattenfall zu schließen. Auch kleine Erschütterungen veranlassen die Tiere, ihren Schließmechanismus zu betätigen. Sehr behutsam muss man vorgehen, um geöffnete Stachelaustern fotografieren zu können. Stachelaustern sind Filtierer, die sich vom Plankton ernähren. Ausgewachsene Stachelschnecken aus der Familie der Muricidae sind ihre Feinde. Sie bohren ein Loch durch die obere Schalenklappe und fressen sie aus. Erwachsene Austern können einen Durchmesser von 25cm erreichen. Im Roten Meer und im Indopazifik sind die Tiere weit verbreitet.

Fotos: Indonesien, Tomia, Indonesien, Rinca

Spondylus varius, Indonesien, Tomia

Mantelsäume von Spondylus varius, Indonesien, Rinca

Chinesische Stachelauster *(Spondylus sinensis)*

Chinesische Stachelaustern kommen vom Indischen Ozean bis in den westlichen Pazifik vor und leben in Wassertiefen zwischen 20m und 30m. Mit ihrer unteren Schalenklappe sind sie auf harten Substraten festzementiert und somit an ihrem Standort gebunden. Die obere Schalenklappe ist bauchig und mit Rippenstacheln bedeckt, die bei den Jungtieren noch sehr lang, bei den älteren jedoch abgebrochen oder erodiert sind. Lediglich die langen und gebogenen Blattstacheln an den Schalenrändern sind erhalten geblieben. In der Regel ist die Schalenoberfläche der Muscheln von einer Vielzahl wirbelloser Tiere besiedelt. Zu ihnen gehören besonders Schwämme und Bryozoen. Aber auch Kalkrotalgen sind präsent. Chinesische Stachelaustern sind Filtrierer, die sich von Mikroplankton ernähren. Sie werden bis zu 12cm im Durchmesser groß.

Foto: Indonesien, Wakatobi

Gezackte Auster *(Alectryonella plicatula)*

Gezackte Austern leben einzeln und festzementiert im Riffgestein, so dass ihre beiden Schalenklappen wenig Spielraum zum Öffnen und Schließen haben. Beide Schalenklappen tragen wulstige Falten, die vom Schloß bis zum Schalenrand reichen. Der Schalenrand ist gezackt. Die Schalenoberfläche ist stets bewachsen oder mit feinem Sediment bedeckt und daher schwer erkennbar. Sie werden bis zu 15cm groß und besitzen keine kommerzielle Bedeutung. Ihre Verbreitung reicht vom westlichen Indischen Ozean bis in den Westpazifik.

Foto: Malaysia, Mabul

Spondylus sinensis, Indonesien, Wakatobi

Alectryonella plicatula, Malaysia, Mabul

Höckerige Korallenauster *(Ostrea tuberculata)*

Austern dieser Art leben mit der gewölbten Schalenklappe festzementiert auf Korallen, Korallenfels, an Hafenbefestigungen und auf anderen festen Gegenständen, so dass nur die obere, mehr oder weniger ebene Schalenklappe sichtbar ist. Diese ist in der Regel eiförmig und besteht aus vielen aufeinander liegenden, dünnen und konzentrischen Schichten, die höckerige Strukturen aufweisen können. Meist ist die Schalenoberfläche dicht mit Algen und mit verschiedenen Wirbellosen bewachsen. Höckerige Korallenaustern kommen vom Flachwasser bis in größere Tiefen vor. Sie fehlen im Brackwasser und in den Mangroven. Sie ernähren sich von Plankton und Detritus und können 8-10cm groß werden. Als Nahrungsmittel werden sie nicht gesucht, da sie einzeln und weit verstreut im Riff leben. Die Art ist an den Riffen im gesamten Indopazifik verbreitet.

Foto: Indonesien, Zentral Sulawesi

Zackenauster *(Dendrostrea folium)*

Zackenaustern findet man als Sekundärsiedler an abgestorbenen Verzweigungen Schwarzer Korallen der Gattungen Antipathes und Cirrhipathes und an Gorgonien, die exponiert in die Strömung des Wassers hineinragen. Die Schalenklappen der Muscheln sind dünn, sehr unregelmäßig gestaltet, am Rand stark gefaltet, gezackt und gerippt und innen mit Perlmutt ausgekleidet. Die Außenschalen sind in der Regel stark von Algen und verschiedenen wirbellosen Tieren besiedelt. Das Bild zeigt einen roten Bohrschwamm der Gattung Cliona, der die Schalenklappen und Teile der abgestorbenen Verzweigungen der Gorgonie besiedelt. Austern sind Flitrierer, die sich vom Plankton und von Detritus ernähren. An den Riffen im tropischen Indopazifik sind sie weit verbreitet.

Foto: Indonesien, Tatawa

Ostrea tuberculata, Indonesien, Zentral Sulawesi

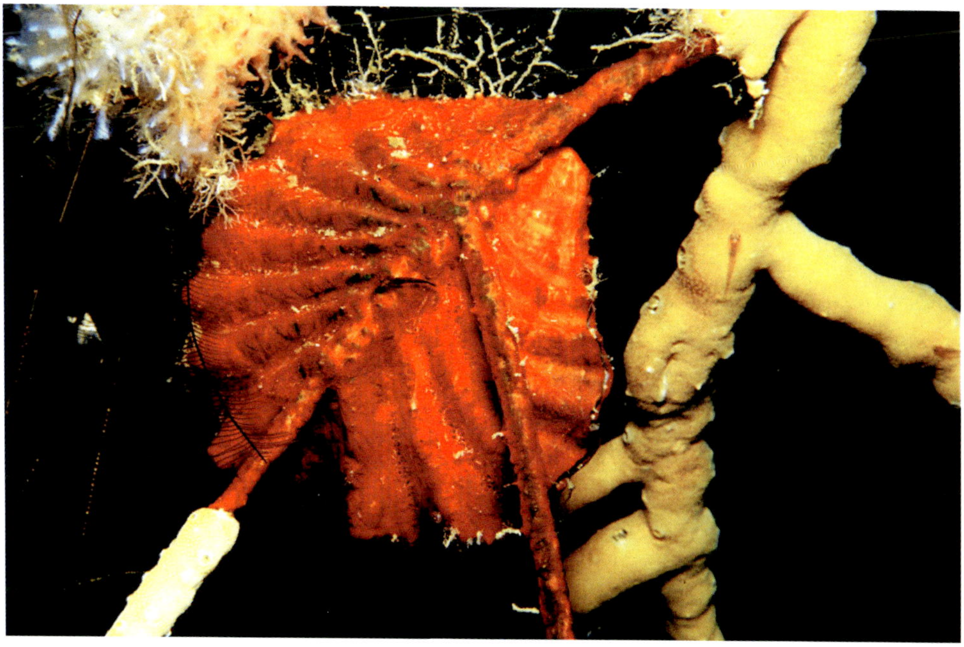

Dendrostrea folium, Indonesien, Tatawa

Honigwaben-Auster *(Hyotissa hyotis)*

Honigwaben-Austern leben einzeln und stets mit der linken Schalenklappe auf Hartsubstrat befestigt an den Riffen im Roten Meer und im Indopazifik von Ostafrika bis zu den Philippinen, Papua Neuguinea und Australien. Sie besitzen dicke und schwere Schalenklappen, deren Ränder dreieckig gezackt sind. Aus diesem Grund wird sie leicht mit der Hahnenkamm-Auster, Lopha cristagalli, verwechselt, die wesentlich kleiner ist. Honigwaben-Austern werden bis zu 25 cm groß und ernähren sich als Filtrierer von Plankton und Detritus. Sie leben vom Bereich des Niedrigwassers bis in größere Tiefen und werden weder gesammelt, noch gegessen. Bei älteren Tieren ist die Oberseite der Schalenklappen in der Regel von einer Vielzahl von Schwämmen, Hohltieren und von Manteltieren bewachsen.

Foto: Malediven, Male-Atoll

Hahnenkamm-Auster, Zacken-Auster *(Lopha cristagalli)*

Hahnenkamm-Austern besitzen Schalenklappen mit scharfkantigen Radiärrippen und tiefen, V-förmigen Zwischenräumen. Sie sind zick-zack-förmig gefaltet. Beide Schalenklappen passen exakt ineinander und haben das Aussehen von Hahnenkämmen Die Muscheln leben entweder einzeln oder zu mehreren mit Byssusfäden an Hartsubstrat, an Gorgonien, an Schwarzen Korallen, an Wracks und an anderen, sich bietenden Gegenständen im Meer befestigt, wobei die linke Schale der beiden Schalenklappen angewachsen ist. Die Innenseiten der Schalenklappen sind perlmuttglänzend. Zacken-Austern bevorzugen gut als Standorte durchströmte Riffabschnitte vom Flachwasser bis in größere Tiefen. Ihre Schalenklappen werden in der Regel von einer ganzen Anzahl von wirbellosen Tieren besiedelt, wobei gerade rote Bohrschwämme sie bevorzugt großflächig überziehen. Wie alle Muscheln, so sind auch sie Filtrierer. Sie ernähren sich von Plankton und Detritus. Hahnenkamm-Austern leben im Roten Meer, im Indopazifik und sind bis in den Westpazifik verbreitet.

Foto: Malaysia, Mabul

Hyotissa hyotis, Malediven, Male-Atoll

Lopha cristagalli, Malaysia, Mabul

Weiße Hammerauster *(Malleus albus)*

Hammeraustern sind Weichbodenbewohner des Flachwassers, deren Schalenklappen in der Regel bis zur Unkenntlichkeit bewachsen oder mit Sediment bedeckt sind. Auch aufmerksame Taucher mit ungeschulten Augen nehmen sie in der Regel nicht wahr. Die beiden Schalenklappen sind flach, die Ränder gewellt oder gefaltet und sehen häufig wegen ihres extrem langen Schlossbandes einem Hammer ähnlich. Bei der Weißen Hammerauster sind die beiden Fortsätze des „Hammers" annähernd gleich lang. Die Innenseiten der Schalenklappen sind weiß und nur in der Nähe des Ligaments sind sie perlmuttartig beschichtet. Die bis zu 20cm großen Austern werden nicht gegessen. Obwohl sie einzeln leben, kommen sie an manchen Küsten in einer bemerkenswerten Individuendichte vor. Ihre Verbreitung reicht im Indopazifik von Ceylon bis nach Thailand, Malaysia, Indonesien und den Philippinen bis nach Australien.

Foto: Philippinen, Gato

Feilenmuschel *(Limaria sp.)*

Feilenmuscheln leben im Verborgenen unter Steinen, Korallen und in Ritzen und Spalten. Sie strecken nur ihre zahlreichen Manteltentakeln in das freie Wasser. Da ihr Fuß keine Byssusdrüse besitzt, um die Schalenklappen am Untergrund zu verankern, bauen sich die Tiere selbstgefertigte Nester. Einmal freigespült, losgelöst und von Fressfeinden aufgespürt, versuchen sie sich schwimmend der Gefahr zu entziehen. Beide Schalenklappen werden gegeneinander geschlagen und das Tier schwimmt mit dem Rückstoßprinzip davon. Die weißen Schalenklappen sind dünn, schief und meist etwas klaffend. Ihre Oberfläche zeigt feine Radialrippen. Die Manteltentakel sind hellblau. Feilenmuscheln sind Filtrierer, die sich von Mikroplankton und organischen Sinkstoffen ernähren. Zahlreiche Arten sind im Roten Meer und im gesamten Indopazifik, Ostpazifik und im tropischen Atlantik verbreitet.

Foto: Papua Neuguinea, Milne Bay

Malleus albus, Philippinen, Gato

Limaria sp., Papua Neuguinea, Milne Bay

Zerbrechliche Feilenmuschel *(Limaria fragilis)*

Muscheln der Gattung Limaria erinnern an Lima-Arten, doch besitzen sie wesentlich dünnere und fast transparente Schalenklappen und klebrige Manteltentakeln, die bei Berührung leicht abreißen. Feilenmuscheln bauen sich kleine Nester aus Steinen und Korallenbruch und verkitten sie mit Sekret. Die beiden Schalenklappen sind gleich groß, flach, fächerförmig und radiär gerippt. Der Mantelrand trägt viele klebrige, fein geringelte und unterschiedlich lange, fadenförmige Tentakeln. Diese und der gesamte Körper der Muscheln können nicht mehr vollständig in die beiden Schalenklappen eingezogen werden. Am Mantelrand befinden sich primitive Lichtsinnesorgane, die ein Hell-Dunkel-Sehen ermöglichen. Auf der Flucht von ihren vielen Freßfeinden schwimmen sie durch Auf- und Abbewegungen der beiden Schalenklappen mit Hilfe des Rückstoßprinzips, was zu hüpfenden Schwimmbewegungen führt. Die Gattung Limaria ist kosmopolitisch.

Foto: Indonesien, Nord Sulawesi

Orientalische Feilenmuschel *(Limaria orientalis)*

Orientalische Feilenmuscheln führen ein verstecktes Dasein in Ritzen und Spalten, so dass nur noch die zahlreichen sehr langen und feinen Mantelrandtentakeln aus ihren Verstecken hervorragen. Auch der restliche Körper der Muscheln ist feuerrot. Die weißen Schalenklappen der Tiere sind dünn, gleichklappig, vorne etwas klaffend und deren Oberfläche mit schuppigen Radiärrippen bedeckt. Als Filtrierer ernähren sie sich von Plankton und Detritus. Bei sich verschlechternden Umwelt- und Lebensbedingungen können sich die Muscheln von ihrem Standort lösen und sich schwimmend einen neuen Standort suchen. Verbreitet sind Orientalische Feilenmuscheln bevorzugt im westlichen Indopazifik.

Foto: Philippinen, Cabilao

Limaria fragilis, Indonesien, Nord Sulawesi

Limaria orientalis, Philippinen, Cabilao

Herzmuschel *(Acrosterigma sp.)*

Herzmuscheln haben dickschalige, elliptisch-ovale und etwas bauchige Schalenklappen, die ein kräftig gebogenes Schloss besitzen. Ihre Oberfläche der Schalenklappen zeigt kräftige und skulptierte Rippen, die eng zusammenstehen. Die Ränder der Schalenklappen sind gezahnt. Beide Schalenklappen sind von einem dunklen Periostrakum überzogen. Herzmuscheln werden bis zu 8cm groß und leben in der Regel verborgen und im Sediment vergraben. Man findet sie im Sand, im Schlamm und im Schill. Sie werden von Garnelenfischern als Beifang in den Netzen gefangen und zu Teil auch gegessen. Sie schmecken nur nicht sehr gut. Von Tieren ausgefressene Schalen findet man auf der Sedimentoberfläche und am Spülsaum der Strände. Mehrere Arten sind an den Küsten im Indopazifik verbreitet. Besonders häufig kommen sie zwischen Japan und Australien vor.

Foto: Indonesien, Komodo

Schlanke Herzmuschel *(Laevicardium attenuatum)*

Schlanke Herzmuscheln besitzen mittelgroße, ovale und bauchige Schalenklappen, die Langrippen andeuten. Diese schwach gerippte Oberfläche ist glatt und rötlich-gelb geflammt. Ein Ligament hält beide Schalenklappen zusammen. Normalerweise leben Herzmuscheln tief im Sediment vergraben, so dass man sie nie zu sehen bekommt. Erst dann, wenn ihr Weichkörper von Fischen, Krebsen, Tintenschnecken und Schnecken ausgefressen ist, findet man ihre Schalenklappen auf der Sedimentoberfläche. Verbreitet sind sie im Indopazifik überall dort, wo ausgedehnte Weichböden vorhanden sind.

Foto: Malaysia, Lankayan

Acrosterigma sp., Indonesien, Komodo

Laevicardium attenuatum, Malaysia, Lankayan

Vielstachelige Herzmuschel *(Trachycardium multispinosum)*

Vielstachelige Herzmuscheln besitzen mittelgroße, dickschalige und bauchige Schalenklappen, die etwas höher als breit sind. Kräftige und geschuppte Radiärrippen bedecken die Schalenklappen, die in feinen und spitzen Stacheln enden. Die bis zu 6cm großen Muscheln sind Weichbodenbewohner, die dicht unterhalb der Sedimentoberfläche graben und über einen langen Sipho mit dem freien Wasser in Verbindung stehen. Über diesen Sipho wird frisches Wasser für die Atmung und Plankton und Detritus für die Ernährung eingesaugt und gefiltert. Werden die Herzmuscheln von ihren Freßfeinden freigelegt oder von Menschenhand ausgegraben, dann können sie sich mit Hilfe ihres kräftigen Fußes springend fortbewegen. Vielstachelige Herzmuschel kommen vom flachen Wasser bis in größere Tiefen vor und sind in allen Weichböden küstennaher Riffe im gesamten Indopazifik präsent.

Foto: Indonesien, Nord Sulawesi

Rotbraune Venusmuschel *(Periglypta purpurea)*

Venusmuscheln dieser Art sind Weichbodenbewohner des Flachwassers und kommen hier bis in Tiefen von 20m vor. Sie sind lokal häufig und werden von Shrimp Trawlern als Beifang gezogen, jedoch selten verwendet. Die Schalenklappen der etwa 8cm großen Muscheln sind dickschalig, stark gewölbt und mit konzentrischen Lamellen versehen. Das Ligament ist etwas eingesenkt und die Mantelbucht weit und rundlich gestaltet. Der hintere Teil der Schalen ist außen und innen rötlichbraun bis dunkelbraun gefärbt. Wenn die Tiere einem Stellungswechsel vornehmen, dann sieht man sie sich auch gelegentlich außerhalb ihres Lebensraumes über Korallenbruch oder über Korallenfels bewegen. Sobald sie wieder Weichboden gefunden haben, graben sie sich ein. Rotbraune-Venusmuscheln ernähren sich als Filtrierer vom Plankton und sind an den Riffen im Indopazifik verbreitet. Nur wenige Arten aus dieser Gattung kommen hier vor.

Foto: Indonesien, Zentral Sulawesi

Trachycardium multispinosum, Indonesien, Nord Sulawesi

Periglypta purpurea, Indonesien, Zentral Sulawesi

Gezackte Venusmuschel *(Lioconcha castrensis)*

Gezackte Venusmuscheln leben solitär und eingegraben in weichen Sedimenten und können an manchen Küsten in ihrem Verbreitungsgebiet in einer großen Individuendichte vorkommen. Ihre Schalenklappen sind dickschalig, rundlich-oval in der Form, glatt und mit feinen, konzentrischen Wachstumslinien ausgestattet. Auf den cremefarbenen Schalen befinden sich dunkelbraune bis schwarze, dreieckige Zickzacklinien und in ihrer Form sehr variable Flecken und Streifen. Wie alle Muscheln so sind auch sie Filtrierer, die sich von Plankton und Detritus ernähren. Die für Sammler und Strandwanderer sehr attraktiven Schalenklappen findet man ausgefressen auf der Sedimentoberfläche oder am Spülsaum der Strände. Die Verbreitung der Art reicht im Indopazifik von Melanesien, Mikronesien, Polynesien und Südjapan bis nach Australien.

Foto: Australien, GBR

Reich verzierte Venusmuschel *(Lioconcha ornata)*

Reich verzierte Venusmuscheln sind Weichtierbewohner, die sowohl im Roten Meer als auch im gesamten Indopazifik vom Flachwasser der Lagunen bis in größere Tiefen vorkommen. Ihre dickschaligen Klappen sind rundlich oval und zeigen feine und konzentrische Wachstumslinien. Auf weißen Grund zeigen ihre Schalenklappen ein dunkelbraunes bis rotbraunes Ogivenmuster und zickzackförmige Linien. Venusmuscheln dieser Art sind an vielen Küsten häufig, sie werden gesammelt und gegessen. Ihre Schalenklappen werden 2-3cm groß. Lioconcha picta ist ein Synonym.

Foto: Indonesien, Rinca

Lioconcha castrensis, Australien, GBR

Lioconcha ornata, Indonesien, Rinca

Rote Venusmuschel *(Callista cf.erycina)*

Venusmuscheln sind Sandbodenbewohner und eine wichtige benthische Nahrung für alle Weichtierfresser. Sie leben dicht unterhalb der Sedimentoberfläche und halten mit ihren Siphonen den Kontakt zum offenen Wasser. Als Strudler ernähren sie sich von Mikroplankton und von organischen Schwebstoffen. Ihre Schalenklappen sind dreieckig-oval in der Form, kräftig, porzellanartig glänzend und zeigen breite, flache und konzentrische Reifen. Die Farbe der Schalen ist variabel. Häufig sind sie braun, rotbraun, orangebraun und haben hellbraune oder dunkelbraune Radiärstrahlen. Sie werden bis zu 10cm groß. Rote Venusmuscheln kommen vom Flachwasser bis in größere Tiefen vor und sind im Indopazifik vom Golf von Aden bis nach Thailand, Malaysia, Indonesien und den Philippinen verbreitet.

Foto: Malaysia, Mantanani

Solanders Venusmuschel *(Sunettina solanderii)*

Venusmuscheln leben tief im Sediment vergraben. Und nur dann, wenn sie von Räubern ausgefressen sind, findet man ihre Schalenklappen auf der Sedimentoberfläche. Diese Schalenklappen sind relativ flach, kräftig, länglich-oval in der Form, glänzend und mit einer konzentrischen Skulptur ausgestattet. Der Wirbel liegt hinter der Mitte. Rotbraune Flecken und Strahlen, die ineinander fließen und ein undeutliches Zickzackmuster befinden sich auf der Schalenoberseite. Solanders Venusmuscheln kommen vom Flachwasser bis in größere Tiefen in Sandböden vor und sind im gesamten Indopazifik beheimatet.

Foto: Malaysia, Mantanani

Callista cf.erycina, Malaysia, Mantanani

Sunettina solanderii , Malaysia, Mantanani

Plattmuschel, Tellmuschel *(Tellina cf.virgata)*

Tellmuscheln besitzen mittelgroße und bis zu 7cm lange Schalenklappen, deren Vorderenden etwas abgerundet sind. Ihre rosafarbene Oberfläche zeigt konzentrische Strukturen und eine zumindest angedeutete Strahlenzeichnung. Das Periostrakum, das beide Schalenklappen überzieht, ist dünn und transparent. Tellmuscheln leben in der Regel tief im Sediment vergraben. Sie liegen etwas seitlich im Substrat, strecken ihre sehr bewegliche Einströmöffnung aus dem Sediment heraus und saugen den auf der Sedimentoberfläche sich befindlichen Detritus auf, von dem sie sich als Strudler ernähren. Das Bild zeigt eine Tellmuschel, wie man sie sonst nie sieht. Ein Fisch muss sie ausgegraben haben, ohne sie fressen zu können. Man erkennt sehr deutlich die beiden langen und voneinander getrennten Siphone. Mit ihrem kräftigen Grabfuß, der auf dem Bild noch in der Schale verborgen ist, wird sich die Muschel bald wieder in den Untergrund eingraben. Tellmuscheln sind mit mehreren Arten im Roten Meer und im Indopazifik vertreten.

Foto: Indonesien, Komodo

Orientalische Sandmuschel *(Dysmea occidens)*

Muscheln dieser Art leben in weichen Sedimenten. Nur ihre ausgefressenen Schalenklappen findet man auf Sand- oder Schlammböden. Diese sind in der Form länglich-oval, etwas bauchig, sehr dünn aber dennoch fest genug, um nicht sofort zu zerbrechen. Die Schalenoberfläche zeigt feine Wachstumsringe und rötliche bis purpurfarbene Zeichnungen. Der Wirbel befindet sich nahe der Schalenmitte und das Hinterende ist abgerundet. Ein Periostrakum bedeckt die Schalen noch lebender Muscheln. Orientalische Sandmuscheln leben dicht unterhalb der Sedimentoberfläche und stehen mit dem Umgebungswasser über ihre Siphone in Verbindung. Sie sind Strudler und ernähren sich von Plankton und organischen Schwebeteilchen im Wasser. Die hier vorgestellte Art ist im gesamten Indopazifik verbreitet. Gari occidens ist ein Synonym.

Foto: Indonesien, Rinca

Tellina cf.virgata, Indonesien, Komod

Dysmea occidens, Indonesien, Rinca

Bunte Sandmuschel *(Gari maculosa)*

Die Schalen der Bunten Sandmuschel sind dünn, glänzend, zerbrechlich, elliptisch in der Form, fast gleichklappig und mit feinen und deutlich abgesetzten Wachstumslinien versehen. Die purpurfarbenen Schalenränder und die gleichfarbigen Flecken auf dem Wirbel machen sie zu einer attraktiven Muschel für Sammler und Strandwanderer. In der Natur findet man nur die ausgefressenen Schalenklappen auf der Sedimentoberfläche oder am Spülsaum der Strände. Ihr Lebensraum sind fein- und grobsandige Böden im Flachwasser der Riffe, wo sie als Strudler dicht unterhalb der Sedimentoberfläche leben und sich von Plankton und Detritus ernähren. Die Verbreitung der Art reicht von Malaysia bis nach Japan und dem Zentralpazifik.

Foto: Indonesien, Nord Sulawesi

Schuppige Plattmuschel *(Gari squamosa)*

Schuppige Plattmuscheln, auch Tellmuscheln genannt, leben tief eingegraben im Sediment. Sie strecken nur ihren Einströmsipho aus dem Untergrund heraus und pipettieren den auf der Oberfläche liegenden Detritus auf. Von diesen organischen Resten ernähren sie sich weitgehend. Ihre Schalenklappen sieht man nur, wenn sie ausgefressen sind und auf dem Untergrund liegen. Beide Schalenklappen sind elliptisch in der Form, sehr dünn und zerbrechlich und sie tragen konzentrische Schuppenreihen. Außerdem sind sie schön und dezent pigmentiert. Etwa 200 geschätzte Arten leben im Flachwasser tropischer Meere, doch viele sind mit Sicherheit noch nicht beschrieben. Das macht es auch so schwierig, gefundene Schalenklappen in ihrer Zugehörigkeit zum ausgefressenen Tier bis zur Art zu bestimmen.

Foto: Malaysia, Mantanani

Gari maculosa, Indonesien, Nord Sulawesi

Gari squamosa, Malaysia, Mantanani

Sandmuschel *(Donax faba)*

Sandmuscheln sind kleine Tiere mit einer Größe von 2-3cm. Sie haben ein bohnenförmiges Aussehen. Die Farbe ihrer beiden Schalenklappen ist außerordentlich variabel und häufig bedeckt mit braunen Radiärstreifen. Sandmuscheln sind Tiere des flachen Wassers, die vom wellenexponierten Spülsaum bis in nur wenige Meter Wassertiefe leben. Sie graben dicht unterhalb der Sedimentoberfläche und sind für Vögel und Krabben eine willkommene Beute und ein Leckerbissen zugleich. Auch Strandwanderer graben sie aus und nutzen sie als Nahrungsmittel. Heute jedoch weiß man, dass gerades diese Muscheln hochgradig mit Schwermetallen wie Zink, Kupfer und Cadmium belastet und verseucht sind, weil die Muscheln diese Schwermetalle in ihrem Gewebe speichern. Verbreitet sind sie im Roten Meer und kommen im Indopazifik von Ostafrika bis nach Thailand, Australien und Vanuatu vor.

Foto: Indonesien, Nord Sulawesi

Eingewachsene Riesenmuschel *(Tridacna crocea)*

Riesenmuscheln dieser Art leben stets zwischen Korallen oder eingewachsen darin. Sie besitzen kräftige, wellenförmige und dreieckig-ovale Schalenklappen, die außen Schuppenreihen tragen. Sie werden bis zu 15cm groß. Zwischen den Schalenklappen sieht man bei mit Wasser bedeckten Tieren einen wunderschön gezeichneten Mantel, der bei den meisten Muscheln blau gefärbt ist oder der Anteil der Farbe Blau überwiegt. Die Farbe des Mantels wird von den Zooxanthellen bestimmt, einzelligen Algen, die mit der Muschel in einer Symbiose leben. Von ihren Assimilationsprodukten ernähren sich die Tiere auch weitgehend. Eingewachsene Riesenmuscheln sind Tiere des Flachwassers, die in Lagunen, auf Riffdächern und am oberen Riffhang leben. Sie können bei Niedrigwasser trocken fallen, doch überstehen sie die Zeit zwischen Ebbe und Flut in der Regel unbeschadet. Sie sind sowohl im Roten Meer als auch im Indopazifik verbreitet.

Foto: Papua Neuguinea, Milne Bay

Donax faba, Indonesien, Nord Sulawesi

Tridacna crocea, Papua Neuguinea, Milne Bay

Grosse Riesenmuschel *(Tridacna gigas)*

Große Riesenmuscheln sind die größten Muscheln auf unserer Erde. Sie können bis zu einer Länge von 150cm heranwachsen und 250 kg schwer werden. Ihre Schalenklappen sind groß, dickwandig, wellenförmig und schwer. Ihre Schalenränder sind von einem Mantel bedeckt, der an seiner Peripherie eine Vielzahl lichtempfindlicher Ocellen trägt, die eine Hell-Dunkel-Wahrnehmung gewährleisten. Sie reagieren bei Schattenfall und veranlassen die Muschel, sich zu schließen. Riesenmuscheln kommen in vielen Farbkompositionen vor. Sie leben mit einzelligen Algen (Zooxanthellen) in einer Symbiose, von deren Produkten sie sich auch weitgehend ernähren. Das Fleisch der Riesenmuscheln ist essbar. Japanische und taiwanesische Fischer haben es aber besonders auf den Schließmuskel der Muscheln abgesehen, der fein geschnitten, mariniert und in Dosen eingelegt Höchstpreise in Japan erzielt. So werden und wurden hundertjährige Muscheln zu Tausenden getötet, der Schließmuskel entnommen und der Rest des Fleisches weggeworfen. Aus diesem Grund sind sie an den Küsten von Indonesien und den Philippinen weitgehend ausgerottet. Grosse Riesenmuscheln sind Tiere des Flachwassers, die viel Licht benötigen, um die Photosynthese ihrer einzelligen Algen aufrecht zu erhalten. Sie leben auf Riffdächer, auf Sand flacher Lagunen und auf Korallenschutt. Im Roten Meer und im gesamten Indopazifik sind sie weit verbreitet.

Fotos: Australien, Großes Barriereriff

Tridacna gigas, Australien, Großes Barriererif

Tridacna gigas, Australien, Großes Barriererif

Glatte Riesenmuschel *(Tridacna deresa)*

Glatte Riesenmuscheln leben in Stillwasserzonen im Riff und sind in der Regel mit Sandböden assoziiert. Sie werden bis zu 50cm groß, besitzen schwere und dicke Schalenklappen, die keine Außenschuppen tragen. Wichtig für die Bestimmung der Art ist der ausgeprägte Tentakelkranz um die Einströmöffnung. Riesenmuscheln ernähren sich überwiegend von den Produkten ihrer Zooxanthellen, die sich in der Außenhaut des Mantels befinden. Bis zu 500 Millionen dieser einzelligen Algen kann ein 5 Jahre altes Tier in seinem Mantelgewebe besitzen. Junge Muscheln sind noch mit Byssus am Untergrund befestigt. Ausgewachsene Tiere sind frei lebend und liegen lose auf dem Untergrund. Die Manteloberfläche ist mit einfachen Fotorezeptoren besetzt, die bewegliche Objekte wahrnehmen können. So schließen sich die Schalen bei Schattenfall ruckartig. Riesenmuscheln dieser Art sind im Indopazifik von Indonesien, den Philippinen und den Salomonen bis nach Papua Neuguinea und Australien verbreitet.

Foto: Papua Neuguinea, Milne Bay

Riesenmuschel *(Tridacna maxima)*

Riesenmuscheln leben entweder auf oder eingebettet zwischen Korallengestein. Einige Arten aus dieser Gattung sind unter Wasser nur schwer auseinander zu halten. Die beiden Schalenklappen der Muscheln sind dick, wellenförmig und trigonal geformt. Sie besitzen breite Radialrippen, die mit zahlreichen Hohlschuppen besetzt sind. Diese sind umso zahlreicher, je jünger die Muscheln sind. Der über die Schalenränder ausgestülpte Mantel ist in der Regel stets prächtig gefärbt. Die Farbe des Mantels ist abhängig von der Anwesenheit winzig kleiner Algen, den Zooxanthellen, die im Mantelgewebe symbiotisch leben. Der Lebensraum der Muscheln reicht von der Niedrigwasserlinie bis in Wassertiefen, wo noch genügend Sonnenlicht eindringt, das zur Aufrechterhaltung der Photosynthese für die Algen notwendig ist. Von ihren Assimilationsprodukten ernähren sich die Muscheln weitgehend. Sofern die Tiere im Gezeitenbereich leben, fallen sie bei Niedrigwasser trocken. Sie sind aber durchaus in der Lage, auch mit leicht geöffneten Schalenklappen, die Zeit der Ebbe zu überleben. Lichtsinnesorgane, die am Mantelrand sitzen, können Licht und Schatten wahrnehmen. Fällt ein Schatten auf die Muscheln, schließen sie sich zuerst ruckartig, dann allmählich. Riesenmuscheln dieser Art werden maximal 35cm groß und sind im Roten Meer, im Indopazifik und im Westpazifik verbreitet.

Foto: Malaysia, Lankayan

Tridacna deresa, Papua Neuguinea, Milne Bay

Tridacna maxima, Malaysia, Lankayan

Schuppige Riesenmuschel *(Tridacna squamosa)*

Schuppige Riesenmuscheln leben einzeln und besitzen schaufelförmige Querschuppen an ihren beiden Schalenklappen, die dachziegelförmig angeordnet sind. Sie leben im Roten Meer und im gesamten Indopazifik an oder in Korallenriffen und hier bevorzugt an geschützten Stellen und sind mit Byssus am Untergrund befestigt. Die bis zu 50cm großen Muscheln besitzen wunderschön gestaltete Mantelzeichnungen, die von Tier zu Tier verschieden sind. Dafür verantwortlich sind Hunderttausende von einzelligen Dinoflagellaten, so genannte Zooxanthellen, die mit den Muscheln in einer engen Symbiose vergesellschaftet leben. Ihre Assimilationsprodukte nutzen sie als Nahrung und filtrieren dazu noch Plankton und Detritus. Die Manteloberfläche ist mit einfachen Photorezeptoren besetzt, die bewegliche Objekte wahrnehmen können und die die Muscheln bei Schatteneinfall veranlassen, sich zu schließen. Alle Arten aus dieser Familie werden für den Aquarienhandel gezüchtet.

Foto: Malaysia, Lankayan

Pferdehuf-Muschel *(Hippopus hippopus)*

Pferdehuf-Muscheln sind Tiere des Flachwassers, die auf Riffdächern, in Lagunen und auf Korallenschutt leben und die gelegentlich bei Niedrigwasser trocken fallen. Die Zeit zwischen Ebbe und Flut überstehen sie in der Regel unbeschadet. Ihre länglich-ovalen Schalenklappen passen symmetrisch zueinander und tragen große Radiärrippen, die bei jungen Muscheln mit blattartigen bis röhrenförmigen Fortsätzen besetzt sind. Während die jungen Muscheln noch mit Byssusfäden an den Untergrund fixiert sind, liegen die älteren Tiere dem Substrat frei auf und sind darin bis zur Hälfte ihrer Schalenklappen eingegraben. Auch Pferdehuf-Muscheln leben mit Zooxanthellen in einer Symbiose und ernähren sich auch weitgehend von deren Produkten. Zudem filtrieren sie Plankton. Ihre Verbreitung im Indopazifik reicht von den Andamanen bis nach Australien, Mikronesien, Tonga und Fiji.

Foto: Australien, GBR

Tridacna squamosa, Malaysia, Lankayan

Hippopus hippopus, Australien, GBR

Malediven, unbewohnte Insel im Baa-Atoll

Blasenschnecken *(Bullidae)*

Blasenschnecken sind in allen tropischen und subtropischen Meeren weit verbreitet und kommen hier von der Niedrigwasserzone bis in Tiefen von 70m vor. Sie leben bevorzugt auf mit Algen bewachsenen Sand- und Schlammböden, kommen in Seegraswiesen und bevorzugt in der Gezeitenzone vor, wo sie sich bei Niedrigwasser in den Boden eingraben. Hier leben sie einzeln, in kleineren Gruppen oder kommen, bei einem optimalen Nahrungsangebot, sogar zeitweise massenhaft vor. Erst wenn das Nahrungsangebot zurückgeht, verringern sich auch die von der reichhaltigen Nahrung angelockten Populationen. Blasenschnecken sind überwiegend Pflanzenfresser.

Das Gehäuse der Tiere ist eiförmig, blasig erweitert, mit einer großen Apertur ausgestattet, unauffällig gefärbt, klein bis mittelgroß und misst nur wenige Zentimeter. Die Schalen sind dünnschalig, doch fest genug und tragen ein nabelartig eingesenktes Gewinde, das von der großen Endwindung umschlossen wird. Das Tier kann sich vollständig darin verbergen. Es trägt vorne ein etwas eingebuchtetes Kopfschild mit zwei langen und spitz endenden Fühlern, die einem Sipho ähneln. Zwei ausgezogene Lappen befinden sich am hinteren Körperende. Der Fuß ist kurz, vorne etwas verbreitert und hinten abgerundet. Parapodien fehlen den Schnecken. Ihre Radula ist mit breiten Zähnen ausgestattet und der Magen besitzt 3 Kauplatten.

Blasenschnecken sind Zwitter, die sich gegenseitig begatten. Nach der Eiablage entwickeln sich aus den befruchteten Eizellen Veliger-Larven, die im Plankton driften und für die Verbreitung der Art im Meer sorgen. Nach Monaten im Plankton findet dann die Metamorphose der Larven zu Jungschnecken statt, die sich zu Boden sinken lassen und von jetzt an ein benthisches Dasein beginnen.

Blasenschnecken sind mit nur 6 verschiedenen Arten an den Riffen im Indopazifik vertreten.

Blasenschnecke *(Hydatina physis)*

Blasenschnecken sind nachtaktive Tiere, die sich tagsüber im Sediment verstecken. Hier graben sie in Sand, in Schlamm, im Korallenbruch und in Seegraswiesen nach Würmern, Muscheln und nach Schnecken, von denen sie sich ernähren. Ihre Schale ist klein, blasenförmig erweitert, dünnschalig und zeigt auf ihrer Oberfläche feine und dunkelbraune Spirallinien. Die seitlichen Lappen (Parapodien) werden meist über die Schale gelegt. Sie sind so groß, dass sie nicht mehr in die Schale eingezogen werden können. Der Kopf trägt ein Kopfschild mit zwei Paar löffelförmigen Fortsätzen. Die Farbe der Parapodien ist von Standort zu Standort verschieden. Stets jedoch tragen sie einen blauvioletten Saum. Blasenschnecken sind Tiere des Flachwassers, die vom Spülsaum bis in Tiefen von 20m vorkommen. Sie werden nur 3-4cm groß und sind im Indopazifik von Ostafrika und Australien bis nach Polynesien und Hawaii verbreitet.

Foto: Papua Neuguinea, Milne Bay; Indonesien, Rinca

Hydatina physis, Papua Neuguinea, Milne Bay

Hydatina physis, Indonesien, Rinca

Gestreifte Blasenschnecke *(Bullina lineata)*

Gestreifte Blasenschnecken besitzen ein eiförmiges und dünnschaliges Gehäuse, das nicht größer als 2cm wird. Die Umgänge der Schale sind mit roten bis rosaroten spiraligen Punktreihen ausgestattet, die sehr schön und kontrastreich die weiße Schale zieren. Der milchig weiße Fuß und der Kopf mit dem Kopfschild können vollständig in die Schale eingezogen werden. Gestreifte Blasenschnecken bevorzugen als Lebensraum mit Algen bewachsene Sandböden und leben tagsüber im Sediment vergraben. Erst in der Nacht kommen sie an die Oberfläche. Sie sind Tiere des Flachwassers, die von der Niedrigwasserlinie bis in Tiefen von 30m vorkommen. Die Verbreitung der Art reicht in Indopazifik von Mauritius bis in den östlichen Pazifik.

Foto: Indonesien, Nusakode

Wellenlinien-Rückenschildschnecke *(Micromelo undatum)*

Rückenschildschnecken besitzen eine kleine und weiße Schale, die feine und dunkelbraune Linien trägt, die an Wellen erinnern. Ihr voluminöser und weit ausladender Körper trägt eine Vielzahl weißer Flecken unterschiedlicher Form und Größe und einen bläulichen Fußsaum. Bei Gefahr ist es den Tieren nicht möglich, ihren Körper ganz in ihr Gehäuse zurückzuziehen. Rückenschildschnecken dieser Art bewegen sich auf verschiedenen Gründen und graben in weichen Sedimenten. Sie kommen auch in Seegraswiesen vor und ernähren sich überwiegend von kleinen Borstenwürmern des Sandlückensystems. Sie kommen in allen tropischen Meeren vor und erreichen eine Größe von 2-3cm.

Foto: Papua Neuguinea, Milne Bay; MUCK/GÜNTHER

Bullina lineata, Indonesien, Nusakode

Micromelo undatum, Papua Neuguinea, Milne Bay

Blasenschnecke *(Bulla ampulla)*

Blasenschnecken leben einzeln und kommen doch an manchen Küsten in einer bemerkenswerten Individuendichte vor. Tagsüber sieht man die dämmerungs- und nachtaktiven Tiere selten, da sie sich im Boden verstecken. Der letzte Umgang der bis zu 4cm großen Schale ist blasig erweitert, dünnwandig aber dennoch fest. Das Tier kann sich darin vollständig zurückziehen. Die Schale trägt dunkel- und hellbraune Flecken, die eine eigenwillige Musterung ergeben. Das Tier selbst bewegt sich auf einem breiten Kriechfuß, der seitliche Anhänge zum Schwimmen besitzt. Der Kopf trägt ein Kopfschild mit 2 seitlichen Auswüchsen. Tentakeln fehlen den Tieren. Blasenschnecken sind überwiegend Pflanzenfresser, doch bei großem Hunger erbeuten sie auch kleine Wirbellose des Bodens. Zur Zeit der Fortpflanzung bilden sie Kopulationsgemeinschaften und legen ihren Laich in Form von gallertigen Schnüren an Steinen und an Seegras ab. Verbreitet sind Blasenschnecken im Roten Meer und kommen im Indopazifik von Ostafrika bis nach Polynesien und Australien vor.

Foto: Malaysia, Mantanani

Blasenschnecke *(Bulla vernicosa)*

Blasenschnecken leben einzeln, in kleineren Gruppen oder können periodisch in Massen auftreten und zu Tausenden durch die oberen Sandschichten pflügen. Ihre kleine, etwa 1cm große und braunweiß gemusterte Schale ist eiförmig aufgetrieben und dünnschalig. Das Tier kann sich bei Gefahr völlig darin verbergen. Blasenschnecken sind Pflanzenfresser. Sie kommen vom flachen Wasser bis in geringe Tiefe auf Sand, Schlamm und in Algenbeständen vor und sind im Indopazifik von Indonesien und den Philippinen bis nach Papua Neuguinea, Japan und Hawaii verbreitet.

Foto: Indonesien, Hoga

Bulla ampulla, Malaysia, Mantanani

Bulla vernicosa, Indonesien, Hoga

Weißgefleckte Kopfschildschnecke *(Chelidonura sp.),* Malaysia, Mantanani

Kopfschildschnecken *(Cephalaspidae)*

Kopfschildschnecken sind kleine, nur wenige Zentimeter große Meeresschnecken, die mit zahlreichen Arten in allen Meeren vom Flachwasser bis in große Tiefen vorkommen. In den tropischen Meeren sind sie besonders zahlreich. Nur ganz wenige Arten sind in tropische Süßwassergebiete vorgedrungen.

Charakteristisch für die Kopfschildschnecken ist die Verbreiterung des Kopfes zu einem „Kopfschild". Dieses Kopfschild entstand im Verlaufe der Evolution durch die Verschmelzung der Fühler mit den Strömungsorganen, den Rhinophoren. Zur Geruchs- und Geschmackswahrnehmung dient nun ein so genanntes Hancocksches Organ, das zwischen dem Kopfschild und dem Fuß liegt.

Kopfschildschnecken sind die wohl ursprünglichsten Vertreter der Hinterkiemenschnecken. Viele von ihnen besitzen noch eine äußere Schale, einige sogar einen Deckel (Operculum) dazu und manche tragen nur noch eine innere Schale, die vom Mantel völlig verdeckt wird. Nur wenigen Arten fehlt die Schale gänzlich.

Die schildartige Verbreiterung des Kopfes dient den Tieren zum Graben im Sediment. Damit schieben sie sich wie ein Schneepflug durch den Untergrund und suchen nach Würmern, Schnecken und Muscheln, von denen sie sich ernähren. Wenige Arten sind Schlinger, die ihre Beute unzerkaut in den Magen würgen, um sie dort aufzuspalten. Einige wenige von ihnen graben unterirdische Kanäle und verfestigen diese mit dem Schleim ihrer Fußdrüse, damit sie nicht einstürzen. Wozu diese Tunnelbauten dienen, weiß man bis heute nicht. Möglicherweise kommen sie dem Schutzbedürfnis der Tiere entgegen.

Die Entwicklung der Tiere verläuft über frei schwimmende Veliger-Larven. Diese tragen noch eine kleine Schale mit einem Deckel. Ganz wenige Arten kommen bei ihrer Entwicklung ohne ein Larvenstadium aus.

Um Kopfschildschnecken finden und beobachten zu können, muss man über ausgedehnte Sand- und Schlammböden schwimmen und das nicht nur im Flachwasser. Es bedarf schon eines geübten Auges, sie zu sehen. Denn viele von ihnen sind so klein und unscheinbar gefärbt, dass man sie einfach übersieht. Andere wiederum sind so farbenprächtig gekennzeichnet, dass man sie schon von weitem erspäht. Die meisten Arten jedoch sind dämmerungs- und nachtaktiv, so dass derjenige, der nur tagsüber unter Wasser taucht, sie nie zu sehen bekommt.

Anmutige Kopfschildschnecke *(Chelidonura amoena)*

Anmutige Kopfschildschnecken besitzen einen schlanken und zylindrischen Körper, dessen Kopf zu einem Kopfschild verbreitert ist. Eine kleine und dünne Restschale befindet sich noch im Körper der Tiere, doch wird sie von den breiten Parapodien bedeckt, die über den Körper geschlagen werden. Diese werden nur beim Schwimmen ausgebreitet. Am Körperende befinden sich 2 längliche Lappen, von denen der eine stets länger ist, als der andere. Anmutige Kopfschildschnecken werden bis zu 5cm groß und sind Bodenbewohner, die in Seegraswiesen und auf Sand- und Geröllfeldern ihre Beute suchen. Diese besteht überwiegend aus Plattwürmern.

Foto: Malaysia, Mantanani

Weiße Kopfschildschnecke *(Chelidonura electra)*

Weiße Kopfschildschnecken besitzen einen lang gestreckten Körper, der in der Mitte etwas bauchig erscheint. Ihre breiten Parapodien werden in der Vorwärtsbewegung über dem Körper zusammengelegt und reichen nicht ganz bis zur Körpermitte. Sie berühren sich nicht. Der Körper und die Parapodien sind weiß. Der Rand der Parapodien ist gelb abgesetzt. Eine Restschale befindet sich noch unter der Haut der Tiere. Weiße Kopfschildschnecken sind tag- und nachtaktiv und leben auf verschiedenen Substraten. Sie sind Räuber, die sich von Plattwürmern, Borstenwürmern und von verschiedenen Weichtieren ernähren. Sie werden bis zu 6cm groß und sind im Indopazifik von Madagaskar bis nach Indonesien, Papua Neuguinea, den Solomonen und Australien verbreitet.

Foto: Papua Neuguinea, Milne Bay

Chelidonura amoena, Malaysia, Mantanani

Chelidonura electra, Papua Neuguinea, Milne Bay

Bunte Kopfschildschnecke *(Chelidonura hirundinina)*

Bunte Kopfschildschnecken besitzen einen lang gestreckten Körper, der in seiner Färbung variabel sein kann. Immer jedoch sind die Farben Blau, Gelb und Schwarz miteinander kombiniert. Eine T-förmige Markierung am Kopf ist typisch für diese Art. Die seitlichen Parapodien sind über den Rücken der Tiere zusammengeschlagen, die jedoch nicht die Körpermitte erreichen. Das Körperende ist tief gegabelt, wobei der eine Teil der Gabelung länger ist als der andere. Bunte Kopfschildschnecken werden bis zu 4cm groß. Sie leben auf Sand und verschiedenen Hartsubstraten, ernähren sich hauptsächlich von kleinen Plattwürmern und kommen in allen tropischen Meeren vor. Sie sind im Indopazifik von Südafrika bis nach Papua Neuguinea, Hawaii, Australien und der Karibik verbreitet.

Foto: Papua Neuguinea, Milne Bay

Schwarze Kopfschildschnecke *(Chelidonura inornata)*

Der lang gestreckte Körper der Schnecken ist rabenschwarz gefärbt und das Hinterende tief gegabelt. Ein Teil davon ist länger als das andere. Die Parapodien, die über den Körper zusammengelegt werden, überlappen sich. Sie sind mit feinen und weißen Sprenkeln bedeckt. Ein helles Stirnband befindet sich am Kopf. Eine kleine Restschale ist noch unter der Haut angelegt und verborgen. Schwarze Kopfschildschnecken sind Einzelgänger, die sich nur zur Paarungszeit paarweise oder in Brutaggregationen treffen, ineinander verschlungen kopulieren und Eigelege absetzen. Sie leben im Flachwasser auf Sand und Schlick, zwischen Korallenbruch und auf Korallen, werden maximal 4-5cm groß und ernähren sich überwiegend von kleinen Plattwürmern. Ihre Verbreitung reicht im Indopazifik von Indonesien und den Philippinen bis nach Japan, Papua Neuguinea und Australien.

Foto: Papua Neuguinea, Milne Bay

Chelidonura hirundinina, Papua Neuguinea, Milne Bay

Chelidonura inornata, Papua Neuguinea, Milne Bay

Schöne Kopfschildschnecke *(Chelidonura pallida)*

Kopfschildschnecken dieser Art besitzen einen schlanken und milchig weißen Körper von 2-3cm Länge. Ihr Körpersaum und die Parapodien sind orange und schwarz gesäumt. Der Kopf ist zu einem Kopfschild verbreitert. Eine Restschale ist im Körper noch vorhanden, doch wird sie von den Parapodien völlig bedeckt. Schöne Kopfschildschnecken sind Räuber, die sich möglicherweise von Plattwürmern der Gattungen Pseudoceros und Pseudobiceros ernähren. Ihr Vorkommen reicht von Malaysia bis Westaustralien, den Fiji-Inseln, Papua Neuguinea und Neukaledonien bis nach Mikronesien.

Foto: Indonesien, Nord Sulawesi

Neon-Kopfschildschnecke *(Chelidonura varians)*

Neon-Kopfschildschnecken sind Sand- und Schlickbewohner und extreme Nahrungsspezialisten, die sich von Meeresborstenwürmern und von kleinen Hinterkiemerschnecken ernähren. Sie leben einzeln, sind tag- und nachtaktiv und werden nur bis zu 5cm groß. Nur zur Kopulation treffen sich die Tiere. Ihr Körper ist schwarz, lang gestreckt und in der Mitte etwas bauchig. Der Kopf ist blasig erweitert und die kurzen Parapodien sind über den Körper zusammengeschlagen. Sie sind neonblau gesäumt. Das Hinterende trägt zwei gleichlange, abgerundete und blau gesäumte Fortsätze. Eine kleine Kalkschale tragen die Schnecken noch unter ihrer Haut. Neon-Kopfschildschnecken sind im Indopazifik von Ostafrika bis zu den Marschall-Inseln und Australien verbreitet.

Foto: Philippinen, Cabilao

Chelidonura pallida, Indonesien, Nord Sulawesi

Chelidonura varians, Philippinen, Cabilao

Weißgefleckte Kopfschildschnecke *(Chelidonura sp.5)*

Das Bild zeigt eine noch nicht beschriebene Kopfschildschnecke der Gattung Chelidonura, die im Moment von Bill Rudman noch als Chelidonura sp. 5 bezeichnet wurde. Das Tier lebt auf einer ausgedehnten Sandfläche in 24m Tiefe und kommt hier in einer bemerkenswerten Individuendichte vor. Der 3-4cm lange und schlanke Körper der Kopfschildschnecke trägt ein breites Kopfschild und Parapodien, die über den Rücken zusammengelegt werden und die sich überlappen. Das Körperende zeigt auf der linken Seite eine schwanzähnliche Verlängerung, während die auf der rechten Seite abgerundet ist wie bei Kopfschildschnecken der Gattung Philinopsis. Alle Tiere dieser Art sind schwarz bis schwarzbraun gefärbt und der Körper mit Tausenden von kleinen weißen Flecken und Punkten übersät. Über die Biologie dieser Kopfschildschnecke ist nichts bekannt.

Foto: Malaysia, Mantanani

Variable Kopfschildschnecke *(Philinopsis cyanea)*

Kopfschildschnecken dieser Art sind sehr variabel in ihrer Farbe und kommen überwiegend in dunklen bis schwarzen Farbtönen vor. Dabei sind die Jugendformen die wohl farbigsten. Sie kommen in verschiedenen Farben und Körperzeichnungen vor. Dabei sind Farbkompositionen von blau-schwarz-gelb, schwarz-blau und schwarz-blau-gold besonders häufig. Der schlanke und fast zylindrische Körper der Schnecken ist an beiden Enden abgestumpft. Der Kopf trägt ein breites Kopfschild und das Hinterende 2 gleich lange Ausläufer. Die Parapodien werden in Bewegung dem Körper angelegt, reichen aber nicht bis zur Körpermitte. Eine kleine, verkalkte Restschale befindet sich noch unter der Haut. Kopfschildschnecken sind Tiere des Flachwassers und nächtliche Räuber, die sich auf Weichböden aufhalten und sich hier von Würmern, verschiedenen Weichtieren und speziell von Schnecken der Gattung *Bulla* und *Haminoea* ernähren.

Fotos: Papua Neuguinea, Milne Bay

Chelidonura sp.5, Malaysia, Mantanani

Philinopsis cyanea, Papua Neuguinea, Milne Bay

Variable Kopfschildschnecke *(Philinopsis cyanea)*

Kopfschildschnecken dieser Art sind sehr variabel in ihrer Farbe und kommen überwiegend in dunklen bis schwarzen Farbtönen vor. Dabei sind die Jugendformen die wohl farbigsten. Sie kommen in verschiedenen Farben und Körperzeichnungen vor. Dabei sind Farbkompositionen von blau-schwarz-gelb, schwarz-blau und schwarz-blau-gold besonders häufig. Der schlanke und fast zylindrische Körper der Schnecken ist an beiden Enden abgestumpft. Der Kopf trägt ein breites Kopfschild und das Hinterende 2 gleich lange Ausläufer. Die Parapodien werden in Bewegung dem Körper angelegt, reichen aber nicht bis zur Körpermitte. Eine kleine, verkalkte Restschale befindet sich noch unter der Haut. Kopfschildschnecken sind Tiere des Flachwassers und nächtliche Räuber, die sich auf Weichböden aufhalten und sich hier von Würmern, verschiedenen Weichtieren und speziell von Schnecken der Gattung *Bulla* und *Haminoea* ernähren.

Fotos: Malaysia, Mantatani

Philinopsis cyanea, Malaysia, Mantatani

Philinopsis cyanea, Malaysia, Mantatani

Streifenschnecke *(Thurdillia lineolata)*, Indonesien, Sabolan

Sackzüngler *(Sacoglossa)*

Sackzüngler, auch „Saftsauger" genannt, sind relativ kleine, schlanke, filigrane und maximal 4cm große Schnecken. Sie sind hoch spezialisierte Nahrungsspezialisten, die sich ausschließlich von Pflanzen ernähren. Mit Hilfe ihrer Raspelzunge (Radula), die gegenüber den anderen Schnecken nur aus einer Zahnreihe besteht und ihrer Nahrungsaufnahme angepasst ist, reißen sie Pflanzenzellen auf und ernähren sich saugend von ihrem Inhalt. Dabei sind die meisten Arten auf ganz bestimmte Algengattungen, manche sogar auf Algenarten, spezialisiert. Die Zähne der Schnecken sind scharf, rasierklingenartig, verschieden in der Form und werden nur ein einziges Mal benutzt. Wenn sie von der Raspelzunge abfallen, werden sie in einem speziellen Sack am Ende der Raspelzunge gesammelt. Daher stammt der Name Sackzüngler. So sind Tiere aus dieser Ordnung trotz ihrer Vielgestaltigkeit stets an dieser einreihigen Raspelzunge erkennbar. Um das festzustellen, bedarf es allerdings einer mikroskopischen Untersuchung.

Da Sackzüngler Pflanzensauger sind, findet man sie ausschließlich in den Algenzonen tropischer und subtropischer Meeresküsten. Hier leben sie zwischen den Algen und im Seegras und sind auf ihren Fresssubstraten fast nicht zu erkennen. Die meisten Vertreter aus dieser Gattung besitzen keine Schale mehr. Einige haben entweder eine dünnwandige äußere oder innere Schale. Bei einer kleinen Familie, den Juliidae, kommt bei den Tieren sogar eine zweiklappige Schale vor, die sonst nur die Muscheln besitzen. Diese Schalenklappen deuten jedoch nicht auf Übergangsformen zu den Muscheln hin, denn die Larve trägt noch eine normal gewundene Schale mit einem Deckel.

Besonders die schalenlosen Sackzüngler und ganz besonders die, deren schlanker Körper sich dem Betrachter in vielen Farben präsentiert, sehen den Nacktschnecken sehr ähnlich und werden von den meisten Menschen auch fur solche gehalten. Einige der Tiere haben Rückenanhänge ausgebildet, die die Funktion von Kiemen übernehmen. Andere wiederum tragen verbreiterte, seitliche Körperlappen (Parapodien), mit deren Hilfe sich die Schnecken über kurze Strecken schwimmend fortbewegen können. Mundtentakeln fehlen fast allen Tieren. Was sie aber von den anderen Hinterkiemenschnecken am deutlichsten unterscheidet, das sind die aufgerollten Strömungsorgane, die Rhinophoren.

Augenfleck-Samtschnecke *(Placobranchus ocellatus)*

Augenfleck-Samtschnecken besitzen einen schlanken und lang gestreckten Körper von weicher Konsistenz, der auf olivbraunem Grund Tausende weißer Flecken und Punkte trägt, die besonders in der Kopfregion am größten sind. Auffallend sind die unterschiedlich langen Parapodien im Schwanzbereich. Schnecken dieser Art bevorzugen mobile, sandige bis schlammige Böden in suspensionsreichen Gewässern als Lebensraum, die mit einem guten Algenbestand ausgestattet sind. Sie ernähren sich von Algen der Gattungen Udotea und Chlorodesmus. Augenfleck-Samtschnecken werden bis zu 4cm groß und sind im Roten Meer und im Indopazifik bis Australien, Japan und Hawaii verbreitet.

Fotos: Philippinen, Cabilao

Placobranchus ocellatus, Philippinen, Cabilao

Placobranchus ocellatus, Philippinen, Cabilao

Elegante Cyerce *(Cyerce elegans)*

Etwas Glück und der Zufall sind verantwortlich dafür, eine Elegante Cyerce zu finden und zu beobachten. Und dabei spielt das geübte Auge eine besonders wichtige Rolle. Diese kleinen und an Algen erinnernden Sackzüngler, die nur 3-4cm groß werden und deren Körper völlig von blattförmigen Rückenanhängen bedeckt ist, sind semitransparent und schleimigweich in ihrer Konsistenz. Sie ernähren sich von Algen, deren Zellen sie anraspeln und aussaugen. Dabei ist beobachtet worden, dass diese Tiere teile ihrer Rückenanhänge abwerfen, wenn sie gestört oder belästigt werden. Die Verbreitung der Art reicht vom Roten Meer und Südafrika bis nach Mauritius, Australien und Hawaii.

Fotos: Papua Neuguinea, Milne Bay

Cyerce elegans, juvenil, Papua Neuguinea, Milne Bay

Cyerce elegans, adult, Papua Neuguinea, Milne Bay MUCK / GÜNTHER

Schwarze Cyerce *(Cyerce nigra)*

Sackzüngler sind kleine Schnecken, die eine Maximallänge von 35mm erreichen können. In der Regel jedoch sind sie kleiner. Auffallend an den Tieren sind die zahlreichen, lappenförmigen Körperanhänge, die an ihren Außenseiten Serien von weißen bis gelben Linien auf schwarzem Grund tragen. Gelegentlich findet man Schwarze Cyercen in der Nähe ihrer Nahrungsquellen, auf Kalkalgen der Gattungen Udotea, von denen sie sich ernähren. Diese kleinen Schnecken besitzen noch ein kleines Gehäuse auf ihrem Rücken, das von den vielen kleinen Rückenanhängen (Ceratae) jedoch völlig verdeckt wird. Schwarze Cyercen sind im westlichen Indopazifik bis nach Westaustralien, Guam, Mikronesien und den Philippinen verbreitet und kommen vom flachen Wasser bis in Tiefen von 10m vor.

Foto: Papua Neuguinea, Milne Bay; MUCK/GÜNTHER

Sackzüngler *(Stiliger sp.)*

Die abgebildete Schnecke ist nur 2cm groß und sie trägt im Vergleich zu ihrer Körperlänge riesige und kolbenförmige Körperanhänge (Ceratae), die spitz enden. Das Tier ist fast transparent und die Oberfläche der Rückenanhänge und des Körpers fein granuliert. Aufgrund ihrer Körpertransparenz sieht man deutlich, dass die spitzen Enden der Rückenanhänge über einen gewundenen und schlauchförmigen Kanal mit dem Körper in Verbindung stehen. Es kann darüber spekuliert werden, ob es sich hier um einen Giftapparat handelt, der zur Verteidigung eingesetzt wird. Sackzüngler sind extreme Nahrungsspezialisten, die sich in der Regel vom Protoplasma nur einer einzigen Algenart ernähren. Sie öffnen mit einem speziellen Zahn ihrer Radula die Algenzellen und saugen sie aus. Das abgebildete Tier weidet in den Algenbeständen der Milne Bay in Papua Neuguinea.

Foto: Papua Neuguinea, Milne Bay

Cyerce nigra, Papua Neuguinea, Milne Bay

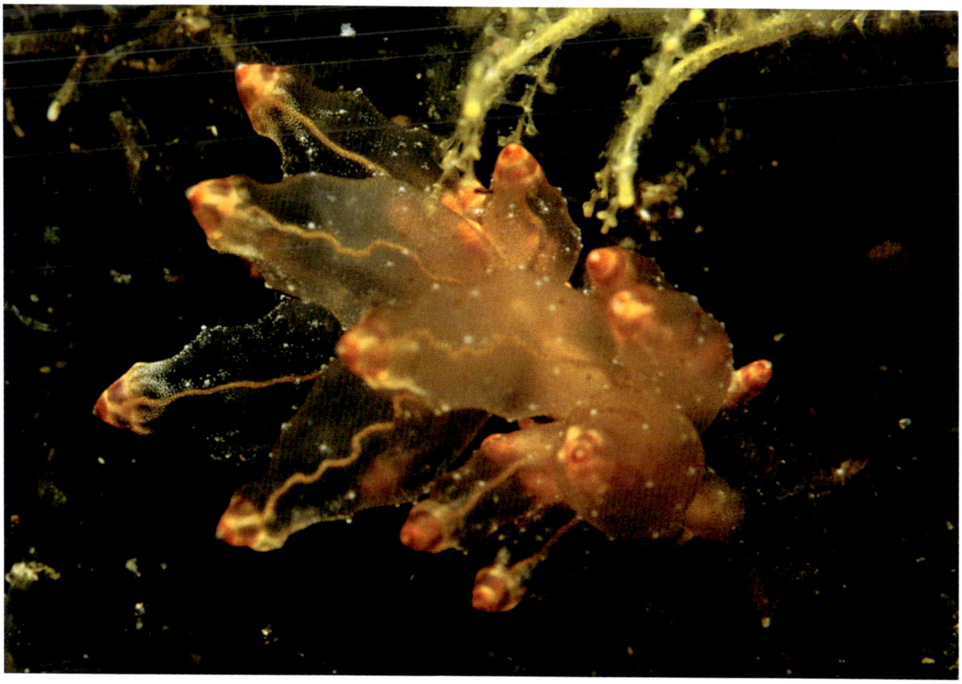

Stiliger sp., Papua Neuguinea, Milne Bay

Geschmückte Samtschnecke *(Elysia ornata)*

Samtschnecken sind Nahrungsspezialisten, die sich ausschließlich von Algen der Gattung Bryopsis ernähren. Ihre Radula, die die Pflanzenzellen öffnet, besteht nur noch aus einem klingenförmigen Zahn in jeder Reihe der Raspelzunge. Damit werden die Pflanzenzellen geöffnet und die Zellflüssigkeit ausgesaugt. Verwirrend ist, dass das Tier die eingesaugte Zellflüssigkeit dann wieder in die Pflanzenzelle zurückspritzt, um sie erneut aufzusaugen und in den Magen zu befördern. Der bis zu 5cm große Körper der Schnecken ist lang gestreckt. Eine Restschale ist im Körper der Tiere noch vorhanden, doch wird sie von den Parapodien, die über den Rücken zusammengelegt werden, völlig bedeckt. Diese besitzen einen gelben bis orangen und schwarz gewellten Rand. Der Kopf trägt 2 lange Tentakel. Der Körper der Schnecken ist hellgrün und mit einer Vielzahl schwarzer Punkte bedeckt. Geschmückte Samtschnecken kommen im Flachwasser auf Sand, Korallenbruch und in Algenbeständen vor und sind in allen tropischen Meeren verbreitet.

Foto: Indonesien, Bali, Menjangan

Grüner Saftsauger *(Lobiger viridis)*

Grüne Saftsauger findet man überall dort, wo die Alge Caulerpa racemosa vorkommt. Von diesen Algen ernähren sich die Tiere. Man muss schon ein geübtes Auge haben und genauestens hinsehen, um sie von den grünen Algen zu unterscheiden und zu entdecken. Von einer grünen Schale aus strahlen 4 Körperfortsätze nach allen Seiten ab. Zwei davon sind wesentlich länger als die restlichen. Zweigen von diesen Fortsätzen weitere, sekundäre Fortsätze ab, dann handelt es sich um die Art Lobiger viridis, die nur im Indo-West-Pazifik verbreitet ist. Fehlen die sekundären Fortsätze an den Parapodien, dann handelt es sich um die kosmopolitische Art L. souverbii FISCHER, 1856. Deren grüne Schale trägt in der Regel feine, blaue Linien. Grüne Saftsauger scheiden ein helles und milchiges Sekret aus, wenn sie sich bedroht fühlen. Es ist anzunehmen, dass dieses Sekret Fressfeinde abschrecken soll.

Foto: Papua Neuguinea, Milne Bay

Elysia ornata, Indonesien, Bali, Menjangan

Lobiger viridis, Papua Neuguinea, Milne Bay

Streifenschnecke *(Thuridilla lineolata)*

Streifenschnecken sind Sackzüngler und damit Nahrungsspezialisten, die sich aussschliesslich von Algen ernähren und auch hier eine ganz bestimmte Art bevorzugen. Die hier vorgestellte Schnecke ernährt sich überwiegend von Algen der Gattung Caulerpa. Um die Pflanzenzellen öffnen und aussaugen zu können, ist ihre Radula modifiziert worden. Sie ist einreihig und besitzt stilettähnliche Zähne. Der nur 2-3cm große Körper der Tiere ist schlank und zylindrisch. Er besitzt keine Restschale mehr und hat auch keine Kiemen. Auffallend ist die schöne und plakative Färbung ihres Körpers, eine Komposition aus Blau, Orange und Schwarz. Selbst die walzenförmigen Rhinophoren am Kopf sind in diese Farbpalette mit einbezogen. Streifenschnecken sind sehr schwer zu finden, so selten sind sie. Man muss in Algenbeständen nach ihnen suchen, wo sie sich in der Nähe oder auf ihren Freßsubstraten aufhalten. Die Verbreitung der Art reicht im Indopezifik von Indonesien bis zu den Philippinen.

Foto: Indonesien, Sabolan

Schlanke Samtschnecke *(Thuridilla gracilis)*

Samtschnecken sind Nahrungsspezialisten, die sich vom Zytoplasma verschiedener Algen ernähren. Sie bohren die Pflanzenzellen an und saugen sie aus. Ihr schlanker und maximal nur 2cm langer Körper trägt kein Gehäuse mehr und ist prächtig gefärbt. Auf dem dunklen bis schwarzen Körper verlaufen feine weiße bis cremefarbene Längslinien, die gelegentlich rote Flecken tragen. Die Rhinophoren sind zylindrisch und deren Spitzen rot abgesetzt. Schlanke Samtschnecken sind Tiere des Flachwassers. Sie sind tag- und nachtaktiv und kommen einzeln oder in kleineren Gruppen vor. Ihre Verbreitung reicht im Indopazifik von Ostafrika bis in den Westpazifik und Australien.

Foto: Malaysia, Mantanani

Thuridilla lineolata, Indonesien, Sabolan

Thuridilla gracilis, Malaysia, Mantanani

Ein **Gemeiner Seehase** *(Aplysia depilans)*
in der Hand einer Taucherin

Seehasen *(Anaspidae)*

Seehasen leben küstennah in Algen- und Seegrasbeständen und kommen in allen tropischen und subtropischen Meeren vor. Sie alle sind reine Pflanzenfresser, die sich von Algen und Seegräsern ernähren. Die Nahrung wird mit Hilfe der Raspelzunge (Radula) grob aufgenommen und in einem Kaumagen weiter zerkleinert.

Bei den Seehasen gibt es Winzlinge in Form von kleinen und zarten Planktern, wie die in der Familie der Flossenfüßler, aber auch Riesen von über 75cm Länge, wie die Kalifornischen Seehasen *(Aplysia californica)*, die mehrere Kilogramme schwer werden können.

Der Körper der Tiere ist lang gestreckt. Am Kopf fallen lange Fühler und Rhinophoren auf, die so angeordnet sind, dass sie den Tieren ein hasenähnliches Aussehen verleihen. Eine kalkige oder häutige Restschale kann vorhanden sein, die ganz oder teilweise vom Mantel überdeckt wird. Sie kann aber auch bei einigen Tieren fehlen.

Der Fuß ist breit und gut entwickelt. Zwei seitliche Hautlappen, so genannte Parapodien, die in Ruhe über den Rücken zusammengeschlagen werden, dienen der Fortbewegung und werden zum Schwimmen eingesetzt. Geschwommen wird mit dem Rückstoßprinzip, indem die Parapodien heruntergeklappt und wieder hochgeschlagen werden.

Die im Eingeweidesack liegende „Bohadsche Drüse", auch Purpurdrüse genannt, produziert eine violette Flüssigkeit, die bei Störungen ausgestoßen wird. Die Flüssigkeit verbreitet sich wie eine rauchige Wolke im Wasser und soll Fressfeinde abschrecken. Das scheint zu funktionieren, denn wie Experimente zeigen konnten, meiden Fische diese in das Wasser ausgestoßene „Tinte".

Auffallend bei den Seehasen ist, dass dunkle Körperfarben dominieren. Die Farben schwarz, braun, dunkelrot und dunkelgrün sind am häufigsten vertreten.

Seehasen sind Zwitter. Zur Kopulation treffen sich die Tiere. Abgelaicht wird in langen Schnüren, die an Seegras, an Algen und an anderen Gegenständen befestigt werden.
Bis zu 750 000 Eier kann ein Seehase in einer Saison absetzen.

Die meisten Seehasen sind nachtaktiv. Um sie zu sehen, muss man bei Anbruch der Dämmerung ins Wasser. In seichten und warmen Lagunen nahe der Küste findet man sie am häufigsten.

Riesen-Seehase *(Dolabella auricularia)*

Riesen-Seehasen sind die größten Seehasen an den Riffen im Indopazifik. Sie werden bis zu 50cm groß. Tagsüber leben die Tiere versteckt im Riff und erst bei Anbruch der Dunkelheit gehen sie auf Nahrungssuche. Sie sind strikte Algenfresser, die im Flachwasser der Lagunen auf Algenteppichen und auch auf spärlich bewachsenem Korallengrund weiden. Der Körper der Jungtiere ist lang gestreckt. Die erwachsenen Tiere zeigen dagegen einen kräftigen Buckel und ein breites, schildförmig abgeflachtes Hinterende. Der breite Fuß ist stark abgeplattet und orange gefärbt. Der Körper der Seehasen ist in der Grundfarbe grau und zeigt helle und dunkle Sprenkel. Die Haut trägt fädige Protrusionen und das Tier ist im Gegensatz zu anderen Seehasen in seiner Konsistenz hart. Riesen-Seehasen haben kaum Feinde. Möglicherweise schmecken sie nicht gut. Bei starker Belästigung stoßen sie eine violette Tinte aus. Die Verbreitung der Art reicht von Südafrika bis nach Papua Neuguinea und den Fiji-Inseln bis nach Hawaii und den Galapagosinseln. Im seichten Wasser der Lagunen der Insel Mauritius sind Riesen-Seehasen in der Nacht besonders häufig anzutreffen.

Foto: Philippinen, Bohol

Netz-Seehase *(Aplysia dactylomela)*

Netz-Sehasen sind in allen tropischen Meeren verbreitet. Sie sind Tiere des Flachwassers, die hauptsächlich in seichten Lagunen leben und sich hier von verschiedenen Grünalgen ernähren. Als nachtaktive Tiere leben sie tagsüber versteckt unter Steinen und Korallen und verlassen erst bei Anbruch der Dämmerung ihre Verstecke, um sich auf Nahrungssuche zu begeben. An manchen Riffen im Indopazifik sieht man sie dann zu Hunderten in der Lagune fressen. Der Körper der Tiere ist lang gestreckt und das Hinterende kurz und abgerundet. Der Kopf trägt 4 Tentakel. Eine kalkige Restschale befindet sich noch im Körper der Tiere und wird vom Mantel verdeckt. Die bis zu 30cm großen Seehasen sind entsprechend ihrem großen Verbreitungsgebiet auch verschieden in der Farbzeichnung ihres Körpers, der jedoch stets eine Netzstruktur aufweist.

Foto: Philippinen, Cebu

Dolabella auricularia, Philippinen, Bohol

Aplysia dactylomela, Philippinen, Cebu

Kleiner Seehase *(Aplysia parvula)*

Seehasen dieser Art sind in allen tropischen Meeren beheimatet. Die relativ kleinen Tiere, die eine Länge von 10cm erreichen, kommen in verschiedenen Farbmorphen vor, wobei sich die Farbe ihres Körpers weitgehend nach der Farbe der Algen richtet, die sie fressen. Sie können braun, grün, gelb, grau oder rostrot gefärbt sein, doch stets mit kleinen und hellen Tupfen und Sprenkeln auf dem Körper. Ihre Parapodien tragen stets eine schwarze Randbegrenzung. Der Körper der kleinen Seehasen ist lang gestreckt, das Hinterende kurz und abgerundet und eine kleine Restschale befindet sich noch im Körper, die vom Mantel bedeckt ist. 4 Tentakeln befinden sich am Kopf. Zwei davon sind Rhinophoren, die anderen beiden sind trichterförmig erweitert. Auch ihre Enden sind schwarz abgesetzt. Seehasen dieser Art sind nicht gerade häufig an den Riffen im Indopazifik. Meist ruhen die kleinen Seehasen am Meeresgrund, so dass man sie für Nacktschnecken halten könnte. Erst wenn sie sich strecken und bewegen erkennt der kundige Taucher, das es sich um Seehasen handelt.

Foto: Indonesien, Rinca

Geographie-Seehase *(Siphonota geographica)*

Seehasen sind fast ausschließlich nachtaktive Tiere, die sich tagsüber im Riff verstecken. Sie sind Tiere des flachen Wasers, die bevorzugt in Seegraswiesen weiden und sich hier von verschiedenen Algen ernähren. Geographie-Seehasen besitzen einen massigen und fleischigen Körper mit breiter Kriechsohle und stark gewölbtem Rücken. Sie werden bis zu 12cm groß und können mit Hilfe breiter Parapodien über kurze Distanzen schwimmen und so ihren Standort wechseln. Die Farbe ihres Körpers kann verschieden sein. Gelegentlich ist er grün, dann wieder gelbgrün und manchmal auch braun. Er trägt helle Strichzeichnungen auf seinem Rücken, die an eine Landkarte erinnern sollen. Im Indopazifik sind die Tiere von Südafrika bis nach Neukaledonien und den Philippinen verbreitet. Auch in der Karibik kommen sie vor.

Foto: Papua Neuguinea, Milne Bay; MUCK/GÜNTHER

Aplysia parvula, Indonesien, Rinca

Siphonota geographica, Papua Neuguinea, Milne Bay

Große Seitenkiemenschnecke *(Pleurobranchus grandis)*
Foto: Indonesien, Nord Sulawesi

Bildbeschreibung auf Seite 368

Flankenkiemer *(Pleurobranchidae)* – Leben mit nur einer Kieme

Flankenkiemer, die auch Seitenkiemenschnecken, Rückenschildschnecken oder Hinterkiemenschnecken genannt werden, gehören zu einer vielgestaltigen Ordnung (Notaspidea), die als primitive Vorgänger der Nacktkiemenschnecken (Nudibranchia) gelten. Die meisten Arten besitzen noch eine flache und dünne Restschale auf ihrem Rücken, die vom Mantel überwachsen sein kann. Bei den Schirmschnecken (Umbraculidae) sitzt eine äußere und flache Schale wie ein kleiner Schirm auf dem Rücken der Tiere, die in der Regel stark bewachsen ist. Andere Vertreter innerhalb dieser Familien haben ihre Schale gänzlich verloren.

Alle Flankenkiemer besitzen externe, doppelt gefiederte Kiemen, die stets an der rechten Körperseite zwischen dem Fuß und dem Mantelrand liegt und die den Tieren ihren Namen gab.

Fast alle Flankenkiemer sind nachtaktive Räuber, die ausgesprochene Nahrungsspezialisten sind. Sie ernähren sich überwiegend von festsitzenden Wirbellosen, wobei Schwämme und Seescheiden ihre Hauptnahrung darstellen. Beobachtungen haben gezeigt, dass sie auch Aas als Nahrung zu sich nehmen. Die Nahrung wird von den Schnecken entweder mit ihrer breiten Radula vom Untergrund abschabt oder sie wird mit Hilfe ihrer kräftigen Kiefern vom Untergrund abgerissen.

Besonders die Pleurobranchiden können in ihrem Fuß und im Kopfsegel viel Wasser aufnehmen und dieses bei Störungen entlassen. Dann sie schrumpfen zusammen und kugeln sich ein. Andere verteidigen sich mit Hilfe von saurem Schleim oder produzieren zu Feindabwehr Schwefelsäure. Wenn räuberische Fische diese Schnecken als vermeintliche Beute packen, dann lassen sie sie sofort wieder fallen. Ein Zeichen dafür, dass sie auch für Fische ungenießbar sind.

Erwachsene Tiere können bis zu 30cm groß werden. Alle Tiere sind Zwitter und kopulieren miteinander. Die Kopulation kann spontan erfolgen oder sie dauert mehrere Tage. Aus den am Boden befestigten Eigelegen verläuft die Entwicklung der befruchteten Eizellen über Veliger- Larven, die im Plankton driften, sich später zu Boden sinken lassen und zu erwachsenen Flankenkiemern entwickeln.

Flankenkiemer kommen überwiegend im Flachwasser gemäßigter und tropischer Meere vor.

Martens Rückenschildschnecke *(Berthella martensi)*

Martens Rückenschildschnecken sind auffällige Tiere im Riff, die sehr variabel in ihrer Farbe sein können. Sie kommen in den Farben Weiß, Gelb, Braun oder Schwarz vor und können auf ihrem Körper dunkle Flecken tragen oder auch nicht. Ihr Mantel ist in verschiedenen Schnittzonen geteilt, die bei Störungen vom Körper abgespreizt oder abgeworfen werden, wenn ein Räuber sich darin verbeißt. Das obere Bild zeigt ein noch junges Tier mit schwarzbraunem Körper und und gelben Fleckenzeichnngen. Die andere Schnecke auf dem Bild trägt auf gelbem Grund viele schwarze Flecken unterschiedlicher Größe auf dem Körper. Alle Mantelzonen und der spitz auslaufende Fuß sind schwarz umrandet. Auch die Fühler und die Spitzen der Rhinophoren sind schwarz. Martens Rückenschildschnecken werden etwa 5cm groß und leben in verschiedenen Wassertiefen auf Korallensand und Korallenbruchfeldern. Sie ernähren sich von Schwämmen. Ihre weite Verbreitung reicht von Tansania bis Hawaii und bis zur Pazifikküste von Mexiko.

Fotos: Philippinen, Cabilao; Indonesien, Nusakode

Berthella martensi, Philippinen, Cabilao

Berthella martensi, Indonesien, Nusakode

Zitronenschnecke *(Berthellina citrina)*

Zitronenschnecken leben tagsüber einzeln oder paarweise versteckt im Riff und kommen vom flachen Wasser bis in 30m Tiefe vor. Erst in der Nacht sind sie unterwegs auf Nahrungssuche. Möglicherweise ernähren sie sich von kolonialen Manteltieren, was aber nicht gesichert ist. Die bis zu 5cm großen Schnecken sind in ihrer Körperfarbe variabel und können hellgelb, rosa, orange oder rot aussehen. In Körpermitte, etwas dunkel hindurch scheinend, kann man noch eine kleine Restschale der Tiere erkennen. Zur Abwehr von Freßfeinden können sie bei Gefahr schwefelige Säure ausstroßen, die auch die menschliche Haut ätzt. Zitronenschnecken kommen im Roten Meer und im Indopazifik von Ostafrika bis nach Australien, Japan und Hawaii vor.

Foto: Papua Neuguinea, Milne Bay

Mondschnecke *(Euselenops luniceps)*

Tiere dieser Art sind bizarre Vorderkiemenschnecken, die manchmal einem kleinen Tintenfisch ähnlich sehen, weil die Form ihres Körpers erheblich von den anderen Vorderkiemenschnecken abweicht. Der Kopf ist seitlich zu einem Mundvelum verbreitert und der Saum ausgefranst. Der stark abgeflachte Körper ist variabel in der Farbe, doch trägt er stets eine Vielzahl verschieden großer und dunkler Flecken. Eine Schale fehlt den erwachsenen Tieren. Mondschnecken sind Räuber, die sich von Anemonen und von anderen Wirbellosen ernähren. Ihr Lebendraum sind sedimentreiche Seegraswiesen und ausgedehnte Sandflächen. Bei einem Standortwechsel können sie über kurze Strecken schwimmen. Die nur bis zu 8cm großen Schnecken sind die einzige Art in ihrer Gattung, die von Südafrika bis nach Australien und Hawaii verbreitet ist. Gesehen werden diese nachtaktiven Tiere nur selten.

Foto: Malaysia, Mantanani

Berthellina citrina, Papua Neuguinea, Milne Bay

Euselenops luniceps, Malaysia, Mantanani

Brocks Rückenschildschnecke *(Pleurobranchus brockii)*

Brocks Rückenschildschnecken sind nachtaktive Tiere, die im Flachwasser auf und in verschiedenen Weichböden leben. Ihr abgeflachter Körper ist länger als breit und eine Restschale wird vom Mantel vollständig bedeckt. Der Mantel lässt das Hinterende des breiten Fußes frei. Der dunkelbraune Körper und der Fuß der Schnecken tragen weiße bis hellbraune, wolkenförmige Muster, die teilweise ineinander verlaufen. Die Rhinophoren sind zylindrisch und lang und deutlich von den seitlich am Kopf ansetzenden Fühlern zu unterscheiden. Brocks Rückenschildschnecken sind selten unter Wasser zu sehen. Die Tiere werden bis zu 9cm groß und sind im Indopazifik von Indonesien und Papua Neuguinea bis nach Australien und Hong Kong verbreitet.

Fotos: Malaysia, Mantanani; Papua Neuguinea, Milne Bay

Pleurobranchus brockii, juvenil, Malaysia, Mantanani

Pleurobranchus brockii, adult, Papua Neuguinea, Milne Bay

Forskals Seitenkiemenschnecke *(Pleurobranchus forskalii)*

Forskals Seitenkiemenschnecken bewegen sich auf einem breiten Kriechfuß, der in der Regel vom Mantel vollständig bedeckt wird. Ihr Körper ist abgeflacht und die Oberfläche mit vielen warzigen Höckern und Feldmarkierungen ausgestattet. Die Farbe ist variabel und möglicherweise abhängig vom Alter der Tiere. Eine kleine Restschale ist im Inneren der Schnecke noch vorhanden. Sie wird vom Mantel zugedeckt. In Bewegung wird das Hinterende der Schnecke zu einem Rohr gerollt und bei Belästigung scheidet der Körper einen giftigen Schleim ab, der Fressfeinde abschrecken soll. Die hier vorgestellte Rückenschildschnecke ist die wohl bekannteste an den Riffen im Roten Meer und im Indopazifik. Sie kann über 25cm groß werden und ist ein nachtaktiver Einzelgänger. Sie ernährt sich von Schwämmen, von Seescheiden und von Anemonen. Über die Biologie dieser Tiere ist wenig bekannt. Das liegt mit Sicherheit auch daran, dass sie nachtaktiv sind und Wissenschaftler um diese Zeit nicht immer an den Riffen tauchen, wo sie sich aufhalten.

Fotos: Indonesien, Komodo, Papua Neuguinea, Milne Bay

Pleurobranchus forskalii, Indonesien, Komodo

Pleurobranchus forskalii, Papua Neuguinea, Milne Bay

Große Seitenkiemenschnecke *(Pleurobranchus grandis)*

Große Seitenkiemenschnecken sind nachtaktive Tiere, die im Flachwasser auf Fels, Sand, Schlick und im Seegras ihre Nahrung suchen, die aus Schwämmen und Seescheiden besteht. Mit einer Länge von 25cm sind sie unübersehbar im Riff. Ihr abgeflachter Körper wird auf einem breiten Kriechfuss bewegt, der vom Mantel völlig bedeckt ist. Die Oberfläche des Körpers zeigt viele warzige Höcker und ist übersät mit vieleckigen hellen und dunklen Feldern. Durch Wasseraufnahme kann der Körper eine halbkugelige Form annehmen und in Bewegung und Ruhe ist das Mantelende oft zu einem Rohr gerollt. Die Farbe der Tiere ist sehr variabel. Sie reicht von weiß und gelblich über hellbraun und braun bis hin zu dunkelrot und schwarz. Bei Belästigung sondern die Schnecken einen giftigen Schleim ab. Über die genaue Verbreitung der Tiere ist wenig bekannt. Sie kommen aber sowohl im Roten Meer als auch im gesamten Indopazifik vor.

Foto: Indonesien, Banta

Perons Seitenkiemenschnecke *(Pleurobranchus peroni)*

Perons Seitenkiemenschnecken sind nachtaktive Räuber, die sich von verschiedenen Wirbellosen ernähren. Tagsüber leben sie versteckt unter Steinen und Korallen. Die bis zu 10cm großen Schnecken besitzen einen ovalen, dorsoventral abgeflachten und rötlich bis rotorange gefärbten Körper, der eine körnige Haut trägt. Feine weiße Flecken und Punkte, die in Gruppen stehen, befinden sich darauf. Auffallend sind zwei kurze und zylindrische Fühler am Kopf. Leider weiß man sehr wenig über die Biologie dieser Tiere, die ja nur in der Nacht im Riff unterwegs sind. Perons Seitenkiemenschnecken sind im gesamten Indopazifik verbreitet.

Foto: Malaysia, Lankayan

Pleurobranchus grandis, Indonesien, Banta

Pleurobranchus peroni, Malaysia, Lankayan

Webers Seitenkiemenschnecke *(Pleurobranchus weberi)*

Sandring-Seitenkiemenschnecken sind selten und daher taxonomisch relativ spät erfaßt. Es sind große Tiere, die in Marschposition fast 20cm groß sind und die eine helle und damit auffallende Ringzeichnung auf ihrem dunkelbraunen bis schwarzen Rücken tragen: Eine granulierte Ringzeichnung aus hellem und körnigen Granulat, ähnlich kleinen Sandkörnchen. Sie beginnen mit kleineren Ringstrukturen am Mantelsaum und vergrößern sich zum Rücken hin. Unter dem dunklen Mantel befindet sich ein rostbrauner Fuß. Treffen zwei Tiere aufeinander, erfolgt eine spontane Kopulation, die viele Stunden oder Tage dauern kann. Danach wird ein breites Laichband an den Untergrund befestigt und das Gelege sich seiner Entwicklung selbst überlassen. Sandring-Seitenkiemenschnecken leben auf tiefen, algenbestandenen Sand- und Geröllflächen und ernähren sich möglicherweise von kolonialen Manteltieren. Eine kommensale Garnele, Periclimenes imperator, lebt auf diesen Schnecken und nimmt zur besseren Tarnung die Farbe der Schnecken an. Sandring-Seitenkiemenschnecken sind bisher nur von Papua Neuguinea bekannt.

Foto: Papua Neuguinea, Milne Bay

Warzige Schirmschnecke *(Umbraculum umbraculum)*

Warzige Schirmschnecken sind Nahrungsspezialisten, die sich von ganz bestimmten Schwammarten ernähren. Die dämmerungs- und nachtaktiven Tiere leben tagsüber im weichen Sediment versteckt. Ihr breiter Fuß ist muskulös und trägt helle, runde bis ovale, unterschiedlich große und papillenähnliche Warzen auf rehbraunem bis gelben Grund des Mantels. Eine Restschale in Form eines scharfkantigen Schirmes befindet sich auf dem Rücken der Schnecken, der von Algen und Sediment bedeckt sein kann. Warzige Schirmschnecken leben in allen tropischen Gewässern, von Südafrika bis Hawaii, dem Zentralpazifik, der Karibik und dem Mittelmeer. Systematiker sind der Auffassung, dass es weltweit nur eine einzige Art, nämlich *U. umbraculum*, gibt. Damit wäre die im Mittelmeer beheimatete Schrimschnecke *Umbraculum mediterraneum* die gleiche Art, die hier vorgestellt wird.

Foto: Indonesien, Nord Sulawesi

Pleurobranchus weberi, Papua Neuguinea, Milne Bay

Umbraculum umbraculum, Indonesien, Nord Sulawesi

Violette Prachtsternschnecke *(Hypselodoris apolegma)*
Foto: Malaysia, Lankayan

Marine Nacktschnecken *(Nudibranchia)* – Harlekine der Meere

Mit über 100 000 Arten leben Nacktschnecken auf unserer Erde. Wie viele Arten es tatsächlich sind, kann nur grob geschätzt werden, denn die Tiefsee und die unterseeischen Höhlen sind bis heute weitgehend unerforscht geblieben und werden möglicherweise in der nahen und fernen Zukunft noch für so manche Überraschung sorgen. Und das nicht nur, was den Fund neuer Weichtierarten betrifft.

Nacktschnecken sind mit über 9000 Arten in allen unseren Meeren vertreten. Sie sind von den Polen bis zum Äquator verbreitet und entwickeln ihre grösste Artenvielfalt in den tropischen Meeren, wo sie vom Flachwasser bis in grosse Tiefen vorkommen und fast alle Biotope bewohnen.

Dem Betrachter fällt es oft schwer, ihre Verwandtschaft mit den Schalen tragenden Schnecken und Muscheln zu erkennen, denn sie besitzen kein festes Gehäuse mehr, das ihnen Schutz bietet und in das sie sich bei Gefahr zurückziehen können. Embryonal wird zwar bei den Veliger-Larven der Nacktschnecken, die für die Verbreitung der Art im Meer sorgen, noch eine Schneckenschale angelegt, diese jedoch beim Übergang von der planktischen (im Meer treibenden) zur benthischen (auf dem Boden lebenden) Lebensweise allmählich reduziert und abgeworfen.
Da den Nacktschnecken sowohl ein Innenskelett als auch ein Aussenskelett fehlt, ist ihr Körper weich, elastisch und vielgestaltig, nahezu bilateralsymmetrisch, und in der Form entweder breit, oval, rund oder fadenförmig. Ihre Formenvielfalt reicht von zarten und bizarr geformten und nur wenige Millimeter grossen Planktern bis hin zu den grossen und plumpen Seehasen.

Auf einem abgeplatteten Fuss bewegen sich Nacktschnecken mit Hilfe von Kontraktionswellen über den Untergrund, wobei Drüsen, die Schleim absondern, den Gleitvorgang unterstützen. Über den Fuss wölbt sich der Mantel, der von einem Saum begrenzt wird. Der Kopf ist unter dem Mantel verborgen. 2 Fühler werden sichtbar, die Tastorgane darstellen, mit deren Hilfe Nacktschnecken ihre Umgebung erkunden. Augen, die diese Aufgabe übernehmen könnten, besitzen sie nicht. Nur Ozellen (Augenflecken) sind vorhanden, primitive Lichtsinnesorgane, die eine Hell-Dunkel-Wahrnehmung ermöglichen.

Die für Nacktschnecken wohl wichtigsten Sinnesorgane sind die paarigen Rhinophoren (Riechfühler), die oberhalb des Kopfes sitzen und die Strömungsorgane darstellen. Sie können stabförmig, zylindrisch, glatt, gefiedert, lamelliert oder quer- bis längsgerillt sein. Mit ihrer Hilfe können sie Signal- und Duftstoffe im Meerwasser wahrnehmen, die sie zu ihren Nahrungsquellen und zu ihren Geschlechtspartnern leiten. Diese erreichen sie meist kriechend, schwimmend oder schwebend.
Ihren Namen verdanken Nacktschnecken der Tatsache, dass ihre Kiemen im Verlaufe der Entwicklung hinter dem Herzen zu liegen kommen (Opisthobranchia). Kiemen, wie wir sie von den Schalen tragenden Schnecken und Muscheln kennen, besitzen sie aber nicht mehr. Bei den meisten Arten sind sie zurückgebildet, fehlen ganz oder sie sind durch sekundär angepasste Kiemen ersetzt worden. Sie befinden sich als gefiederte Büschel auf dem Rücken der Schnecken und umstehen die Afteröffnung. In der Regel sind sie prächtig gefärbt, reich verzweigt und in Form einer Rosette angeordnet. Über sie erfolgt der Gasaustausch, also die Atmung. Manche Arten haben ihre Kiemen

völlig verloren und auch keine adaptiven Kiemen mehr entwickelt. Sie atmen über die gesamte Hautoberfläche.

Fast alle Nacktschnecken sind ausgeprägte Nahrungsspezialisten. Sie ernähren sich entweder von Algen, Detritus, von Schwämmen und Quallen, von Hydroiden, Korallen und Seeanemonen oder von Moostierchen, Seescheiden und von Fischeiern. Die Nahrung wird mit Hilfe ihrer Raspelzunge (Radula) zerkleinert und dem Magen zugeführt. Nur wenige Arten sind Herbivoren (Pflanzenfresser), die sich von Grün-, Braun- oder Rotalgen ernähren. Der Rest ist carnivor (Fleisch fressend). Und hier passiert bei denen, die sich von Hydroiden, Anemonen und von Quallen ernähren etwas Erstaunliches und Einmaliges im gesamten Tierreich: Sie nehmen mit der Nahrung die Nesselkapseln (Cniden) ihrer Opfer auf, die in den Diensten der Verteidigung und des Beuteerwerbs stehen und die Gift (Toxine) enthalten. Sie stellen ein bemerkenswertes Waffenarsenal dar. Jeder Mensch, der im Meer einmal mit Nesseltieren wie Hydroiden oder Quallen in Berührung kam weiß, wie schmerzhaft es sein kann, von diesen Cniden genesselt zu werden. Die noch immer schussbereiten Waffen ihrer Opfer passieren den Verdauungstrackt der Nacktschnecken und werden letztlich in die Enden der Körperanhänge (Cerata) eingelagert und deponiert. Erst jetzt kann eine bedrängte Nacktschnecke die von einem fremden Tier erworbenen Nesselkapseln auf einen Feind abfeuern. Es ist bis heute nicht bekannt, warum die von anderen Tieren erworbene und regelrecht gestohlenen „Kleptocniden" ihrer Opfer bei der Nahrungsaufnahme nicht zur Explosion gelangen und welcher Chemismus den Abschuss verhindert. Neuere Erkenntnisse lassen vermuten, dass hantelförmige Strukturen in der Schneckenhaut sie „wie ein Schutzwall abfangen." Andere Arten verwenden für ihre Verteidigung die Kalknadeln (Spiculae) von Schwämmen, die sie mit der Nahrung aufnehmen oder saure und giftige Substanzen, wobei übelriechender Schleim, violette Tinte oder sogar hochprozentige Schwefelsäure in ihren Hautdrüsen produziert wird. Um dieses toxische Diebesgut noch giftiger zu machen, werden chemische Veränderungen hier und da vorgenommen, um die Giftigkeit zu steigern. So verzehnfachen manche Schnecken ihre Giftigkeit. Nacktschnecken „stehlen" sogar den Pflanzen das, was sie zu einer Pflanze macht: die Chloroplasten. Diese Zellbestandteile, die Photosynthese betreiben, werden unverdaut unter die Haut der Schnecken befördert, betreiben dort angekommen weiterhin Photosynthese und versorgen die Nacktschnecken mit nahrhaftem Zucker. Diese Eigenschaften, Fremdes von anderen Tieren aufzunehmen und für die eigenen Zwecke zu nutzen, sind absolut einmalig im gesamten Tierreich.

Es ist schon außerordentlich erstaunlich, dass Nacktschnecken trotz ihrer Auffälligkeit im Riff kaum Feinde haben. Als Taucher kann man hin und wieder Fische beobachten, die Nacktschnecken aufnehmen und sie sofort wieder ausspucken. Dem Beobachter wird sofort klar, dass Nacktschnecken für Fische ungeniessbar sind und mit ziemlicher Sicherheit über Abwehrmechanismen verfügen müssen, bei der die „chemische Keule" eines der Mittel ist, Angreifer abzuschrecken.

Nacktschnecken faszinieren besonders durch die Farben und Farbkompositionen ihres Mantels, denn eine scheint bunter und bizarrer zu sein als die andere. Dieser Mantel kann einfarbig, mehrfarbig, gestreift, geringelt, mit Anhängen, Protuberanzen und mit Pusteln bedeckt sein und die Nacktschnecken in ihrer natürlichen Umgebung entweder auffällig oder fast unsichtbar machen. Im Tierreich dienen Farben und Farbmuster vielfach der innerartlichen Verständigung, sind optische Signale zwischen Geschlechtspartner und Schreckfarben, um Fressfeinde auf Distanz zu halten. Da Nacktschnecken nicht sehen können und nur zu einer Hell-Dunkel-Wahrnehmung mit Hilfe ihrer Augenflecken (Ocellen) befähigt sind, ist die Frage berechtigt: Wozu also dieser Aufwand an Farben und Muster? Offensichtlich handelt es sich hier um eine Botschaft an ihre Fressfeinde, sie zu warnen, abzuschrecken und Gefahr zu signalisieren. Doch in welcher Art und Weise die Farben und Muster Nacktschnecken vor ihren Feinden schützen, darüber streitet auch heute noch die Fachwelt. Einige Forscher sind der Ansicht, dass es sich um ein „Tarnkleid" handelt, andere jedoch betrachten Farben und Muster als „Warnkleid". Es ist möglich, dass beide Ansichten ihre Gültigkeit haben.

Die Geschlechtsverhältnisse bei den Nacktschnecken sind eindeutig. Fast alle Tiere sind Zwitter. Ein jedes Tier besitzt weibliche und männliche Fortpflanzungsorgane, die ausserordentlich kompliziert gebaut sind. Eine Selbstbefruchtung findet nicht statt. Daher ist für die Erhaltung der Art eine Kopulation unerlässlich. Häufig ist es eine Blitzkopulation, doch sie kann auch Stunden oder Tage dauern. Dabei orientieren sich die Schnecken mit dem Kopf zur Schwanzregion des jeweiligen Partners, weil die Geschlechtsöffnung auf der rechten Seite der Tiere liegt. Die Geschlechtsprodukte werden als Eiballen oder in Form von Eischnüren oder Eibänder abgelegt und am Boden befestigt. Ein jedes Tier produziert nach der Kopulation ein Gelege, entweder sofort oder zeitlich versetzt. In der Regel sind die Gelege auffallend gefärbt und in der Form für die Art typisch. Jedes ist ein Kunstwerk an Form und Komposition. Um sie für Fressfeinde ungeniessbar zu machen, sind den Eimassen Giftstoffe beigemengt. Die meisten der in verschwenderischer Vielzahl abgelegten Eier werden gefressen. Aus denen, die verschont bleiben, schlüpfen nach wenigen Tagen winzige Veliger-Larven, die noch ein kleines Gehäuse besitzen, ein Souvenir aus ihrer entwicklungsgeschichtlichen Vergangenheit. Sie werden im Plankton durch das Meer verdriftet und verbreiten so die Art. Auch hier im Plankton fallen die Larven noch vielen ihrer Fressfeinde zum Opfer.

Die Suche nach Nacktschnecken gestaltet sich auch für Taucher als ausserordentlich schwierig. Es ist beinahe so, als suche man in einem riesigen Meer aus Wasser eine winzige Stecknadel. Bis auf wenige Arten leben Nacktschnecken im Verborgenen. Sie verstecken sich gut getarnt auf Algen, Schwämmen, Korallen und auf Seescheiden und Seescheidenkolonien und sind so ihren Fress-Substraten farblich außerordentlich gut angepasst. Die meisten Arten sind erst in der Nacht auf Nahrungssuche im Riff unterwegs. Will man also am Tag Nacktschnecken beobachten, dann orientiert man sich am besten an Standorten im Riff, die reich an sessilen (festsitzenden), wirbellosen Organismen sind, die als Fress-Substrate der Nacktschnecken gelten: Schwämme, Hydroiden, Seescheiden und Moostierchen. Hier sollte man sich ausreichend Zeit für eine genaue Inspektion der Tiere und Tierkolonien nehmen, denn die Aussicht, Nacktschnecken gerade hier zu finden, ist relativ gross.

Nacktschnecken werden in ein noch unsicheres System eingeordnet. Man unterschiedet folgende 4 Ordnungen: Sternschnecken (Doridacea), Bäumchenschnecken (Dendronotacea), Furchenschnecken (Arminacea) und Fadenschnecken (Aeolidacea).

Auch heute noch werden zahlreiche Nacktschnecken gefunden, die auch die Spezialisten in den Museen der Welt nicht in der Lage sind, zu bestimmen. Offensichtlich handelt es sich dabei um neue Arten, die darauf warten, erstmals beschrieben und systematisch eingeordnet zu werden.

Rotweiße Okenia *(Okenia kondoi)*

Der schlanke Körper, die Rhinophoren, die Spitzen der Rückenanhänge, die Fußsohle und das Mundschild der Nacktschnecken sind tiefrot gefärbt. Nur die Basis der 4 auf jeder Körperseite befindlichen Rückenanhänge ist hell abgesetzt. Ein weißes Band verbindet die seitlichen Rückenanhänge an der Basis miteinander. Eine ähnliche Art, Okenia nacamotoensis, sieht der hier vorgestellten Art zum Verwechseln ähnlich. Ihr fehlt jedoch das weiße Band, das die seitlichen Körperanhänge an der Basis miteinander verbindet. Beide Okenia-Arten weiden auf roten Busch-Moostierchen der Art Tropiodozoun cellariforme. Diese kleine Nacktschnecke, die maximal 2cm groß wird, ist im Indopazifik von Thailand bis zu den Marschall-Inseln weit verbreitet.

Foto: Philippinen, Cabilao

Nakamotos Okenia, Rote Okenia *(Okenia nakamotoensis)*

Nakamotos Okenien sind kleine Nacktschnecken, die maximal 2cm groß werden. Sie weiden einzeln, paarweise oder in kleinen Gruppen auf Moostierchenkolonien der Art Tropiodozoun cellariiforme, von denen sie sich ernähren. Der Körper der kleinen Nacktschnecken ist leuchtend karminrot, wie auch die schlanken Rhinophoren und die Kiemen. Auf den Körperseiten befinden sich je 5 lange und schlanke Rückenanhänge, deren Enden kolbig erweitert sind. Die paarigen Rückenanhänge sind weiß und tragen karminrote Spitzen. Nakamotos Okenien sind von Thailand, Indonesien und den Philippinen bis nach Australien und den Marschall-Inseln verbreitet. Man kann sie leicht mit einer ähnlichen Art, Okenia kondoi, verwechseln, deren Rückenanhänge zum Unterschied zu der hier vorgestellten Art an der Basis über weiße Bänder miteinander verbunden sind.

Foto: Philippinen, Cabilao

Okenia kondoi, Philippinen, Cabilao

Okenia nakamotoensis, Philippinen, Cabilao

Bunte Neonsternschnecke *(Thecacera picta)*

Bunte Neonsternschnecken kommen vom Arabischen Golf und den Malediven bis nach Australien, Papua Neuguinea und Japan vor. Der Körper der Tiere zeigt eine breite Palette an Farbkompositionen, doch stets trägt er schwarze Längsstreifen und schwarze Flecken verschiedener Form und Größe. Die langen und paarigen Körperanhänge, die wie Hörner hinter den Kiemen aufrecht gerichtet sind, tragen auf dunklem Grund orange Kappen mit einem weißen Fleck im Zentrum. Die kurzen Rhinophoren sind orange. Bunte Neonsternschnecken sind selten, weil sie ausschließlich nachtaktiv sind. Man sieht sie in der Nacht auf der Suche nach Nahrung auf Sand, auf Schlamm und in Algenbeständen kriechen, wobei sie sich möglicherweise von Moostierchen ernähren.

Foto: Papua Neuguinea, Milne Bay

Neonsternschnecke *(Thecacera sp.)*

Die abgebildete Neonsternschnecke ist eine relativ kleine Nacktschnecke, die nur 2-3cm Länge erreicht. Sie ernährt sich möglicherweise von kolonialen Moostierchen und ist nur in der Nacht unterwegs zu ihren Fresssubstraten. Die Grundfarbe des Körpers ist gelb. Zwei lange und zylindrische Körperanhänge, die wie Hörner nach hinten ragen, sind schwarzbraun gezeichnet und heben sich kontrastreich vom Körper ab. Schwarze Flecken und Bänder am Körper sind kennzeichnend für diese Art, die noch nicht beschrieben und bisher nur von Indonesien bekannt ist. Neonsternschnecken leben bevorzugt im Flachwasser auf bewachsenen Hartgründen und sind gelegentlich auch über Sandflächen auf ihren Weg zu den Nahrungsgründen zu sehen.

Foto: Indonesien, Molukken

Thecacera picta, Papua Neuguinea, Milne Bay

Thecacera sp., Indonesien, Molukken

Tilesius-Nacktschnecke *(Plocamopherus tilesii)*

Tilesius-Nacktschnecken sind nachtaktive Tiere, die sich tagsüber verstecken. Sie leben auf und in weichen Sedimenten und weiden auf mit Algen bestandenem Grund in Wassertiefen zwischen 15-30m. Was sie tatsächlich fressen, ist auch in der Fachliteratur nicht nachzulesen. Sicher ist, dass sie Aufwuchsfresser sind und sich möglicherweise von verschiednen benthischen Wirbellosen ernähren. Der schlanke Körper der Nacktschnecken ist am Ende zugespitzt und der Kopf ist, ähnlich einem Kopfschild, verbreitert. Er trägt lamellierte und in Scheiden einziehbare Rhinophoren. Auf dem leicht erhobenen Rücken befinden sich dreiteilige Kiemen. Die Farbe des Körpers dieser Art ist sehr variabel. Stets aber befinden sich auf hellem Grund braune, dunkelbraune und gelbe Flecken und Punkte, die zum Teil sehr filigran gemischt sind. Tilesius-Nacktschnecken sind im Indopazifik von Indonesien bis nach Hongkong, Japan und Papua Neuguinea bekannt.

Foto: Papua Neuguinea, Milne Bay

Chamberlains Nacktschnecke *(Nembrotha chamberlaini)*

Chamberlein-Nacktschnecken sind schlanke Tiere, die eine Länge von 7-8cm erreichen. Ihr langgestreckter Körper endet in einem spitz ausgezogenen Fuß. Am Kopf befinden sich zwei lange und gefiederte Rhinophoren, die in Scheiden einziehbar sind und die wie zwei Hörner am Kopf emporragen. Der hellgrundige Körper der Tiere kann hellbraune, dunkelbraune, schwarze oder rostrote Flecken unterschiedlicher Größe und Form besitzen, wobei die Körperfarbe wahrscheinlich vom jeweiligen Nahrungsangebot in den unterschiedlichen Verbreitungsgebieten der Schnecken abhängig ist. Etwa in Körpermitte erheben sich die dreiteiligen und reich verzweigten Kiemen, die auch unterschiedlich gefärbt sein können. Chamberlein-Nacktschnecken sind Nahrungsspezialisten, die sich von Schwämmen ernähren. An den Riffen im gesamten Indopazifik sind sie weit verbreitet.

Foto: Indonesien, Komodo

Plocamopherus tilesii, Papua Neuguinea, Milne Bay

Nembrotha chamberlaini, Indonesien, Komodo

Schwarzgrüne Kopflappenschnecke *(Nembrotha cristata)*

Nacktschnecken dieser Art sind im Indopazifik von den Malediven, Indonesien, den Philippinen und Malaysia bis in den Westpaziifk und Australien weit verbreitet. Ihr lang gestreckter, schlanker und schwarzer Körper trägt eine Vielzahl grüner und halbkugeliger Warzen. Der Mantel ist mit dem Kriechfuß verwachsen und die schwarzen Rhinophoren können in grüne Scheiden eingezogen werden. Die vielfach verzweigten Kiemen befinden sich etwa in Körpermitte und sind ebenfalls grün gefärbt. Kopflappenschnecken besitzen keine Radula mehr. Sie können aber ihren Schlund ausstülpen und diesen als Saugpumpe einsetzen. Damit saugen sie Hydroid-und Hornkorallenpolypen und Moostierchen auf.

Foto: Malaysia, Lankayan

Gestreifte Neonsternschnecke *(Nembrotha lineolata)*

Gestreifte Neonsternschnecken sind als erwachsene Tiere relativ kleine Schnecken, die nur 4cm bis 5cm groß werden. Ihr cremefarbener, schlanker und am Ende zugespitzter Körper ist mit feinen, brauner bis rotbrauner und parallel verlaufender Linien bedeckt, die den Kopf und das Areal um die verzweigten Kiemen aussparen. Die kolbenförmigen Rhinophoren sind sehr groß und lamelliert. Die hier vorgestellte Nacktschnecke gehört zu einer großen Gruppe von ähnlichen Arten, die noch nicht beschrieben sind. Gestreifte Neonsternschnecken sind tagaktiv und weiden auf solitären Manteltieren, von denen sie sich ernähren. Sie fressen bevorzugt Manteltiere der Gattungen Clavelina, Rhopalaea und Nephtheis. Die Verbreitung der Art reicht von der Ostküste von Afrika bis nach Westaustralien und Japan.

Foto: Indonesien, Tomia

Nembrotha cristata, Malaysia, Lankayan

Nembrotha lineolata, Indonesien, Tomia

Millers Neonsternschnecke *(Nembrotha milleri)*

Millers Neonsternschnecken werden bis zu 6cm groß. Sie besitzen einen graugrünen, grünen oder dunkelgrünen, schlanken und dennoch für Nacktschnecken massigen Körper, der mit feinen Längsfurchen übersät ist. In Körpermitte ragt eine dreiteilige Kieme hervor, deren Filamente schwarz abgesetzt sind. Die beiden Rhinophoren sind kolbig und schwarz. Millers Neonsternschnecken leben einzeln und sind überwiegend nachtaktiv. Sie ernähren sich von kolonialen Seescheiden der Art Sigillina signifera. Auf ihren Fresssubstraten findet man sie gelegentlich. Verbreitet sind diese Nacktschnecken im gesamten tropischen Westpazifik.

Foto: Indonesien, Tomia

Braungefleckte Neonsternschnecke *(Nembrotha mullineri)*

Braungefleckte Neonsternschnecken tragen auf gelbem Körpergrund verschieden große braune Flecken und Bänder. Die Rhinophoren und die dreiästigen Kiemen sind braun bis dunkelbraun gekennzeichnet. Die relativ großen Nacktschnecken, die eine Länge von 8cm erreichen können, besitzen einen lang gestreckten und an Fußende zugespitzten Körper. Der Mantel und der Kriechfuß sind miteinander verwachsen. Die Frage nach ihrer Nahrung lässt sich schwer beantworten. Es ist anzunehmen, dass sie Aufwuchsfresser sind, wie so viele Arten aus dieser Gattung auch. Diese fressen Schwämme, Hydroiden, Moostierchen und Synascidien. Man findet sie häufig auf den Kolonien gestieleter Manteltiere der Art Nephtheis fascicularis. Es ist anzunehmen, dass sie sich von diesen auch ernähren. Die abgebildete Nacktschnecke ist an den Riffen in Nationalpark von Komodo verbreitet, doch selten zu sehen. Sie ist nachtaktiv.

Foto: Indonesien, Rinca

Nembrotha milleri, Indonesien, Tomia

Nembrotha mullineri, Indonesien, Rinca

Schwarzgrüne Neonsternschnecke *(Nembrotha kubaryana)*

Der Körper dieser schlanken und recht großen Tiere ist schwarz gefärbt und trägt in Reihen angeordnet grüne Pusteln unterschiedlicher Größe. Die Nacktschnecken wachsen bis zu einer Länge von 6cm heran. Ihr Fuß ist orangerot gesäumt. Die Basis der Rhinophoren und ihre lamellierten Kolben sind ebenfalls orangerot abgesetzt. Die dreiteiligen, verzweigten und gefiederten Kiemen sind grün. Nicht immer sehen Schwarzgrüne-Neonsternschnecken so aus, wie im Bild gezeigt. Sie kommen in verschiedenen Farbvariationen vor. Moostierchen, Hydroiden und die Polypen von Hornkorallen sind ihre bevorzugte Nahrung. Die Verbreitung der Art reicht von Südafrika bis nach Mikronesien und Australien.

Foto: Philippinen, Cebu

Purpurstreifen-Neonschnecke *(Nembrotha purpureolineata)*

Nacktschnecken dieser Art kommen im Indopazifik von Afrika bis nach Indonesien, Japan und Papua Neuguinea und bis nach Australien vor. Die bis zu 6cm großen Tiere leben vom Flachwasser bis in größere Tiefen und weiden auf verschiedenen Hartsubstraten und in Algenfeldern. Hier ernähren sie sich von Manteltieren (Ascidien). Sie sind tag- und nachtaktiv. Ihr schlanker und in der Grundfarbe weißer bis gelber Körper trägt breite und purpurrote bis rotbraune Längsstreifen. Auffallend sind die feuerroten Kiemen und die roten und kolbigen Rhinophoren, die mit einer violetten Basis am Kopf ansetzen. Purpurstreifen-Neonschnecken sind selten und können leicht mit einer anderen Art, Nembrotha rutilans, verwechselt werden.

Foto: Indonesien, Rinca

Nembrotha kubaryana, Philippinen, Cebu

Nembrotha purpureolineata, Indonesien, Rinca

Neonsternschnecke *(Nembrotha rutilans)*

Neonsternschnecken dieser Art sind selten und kommen nur an den Riffen von Indonesien bis nach Ost-Australien vor. Ihr schlanker und lang gestreckter Körper trägt einen lang ausgezogenen Fuß und am Kopf zwei lange und gefiederte Rhinophoren, die in Scheiden einziehbar sind und die wie Hörner aussehen. Der Mantel der Schnecken ist mit dem Kriechfuß verwachsen und etwa in Körpermitte befinden sich drei reich verzweigte Kiemen auf dem Rücken. Der hellgrundige Körper trägt rotbraune Flecken auf der Oberseite des Körpers und am Körperende, wobei die Rhinophoren und die Kiemen entweder der Farbe der Körperflecken gleichen oder davon abweichen. Neonschnecken sind Nahrungsspezialisten und ausschließlich Schwammfresser. Ausgewachsene Tiere erreichen eine Länge von 6-7cm.

Foto; Indonesien, Nusakode

Seerosen-Neonsternschnecken *(Roboastra arika)*

Neonsternschnecken dieser Art besitzen einen dunkelbraunen bis schwarzen und etwas hochrückigen Körper, der am Ende spitz ausläuft. Auffallend sind lange und gelbe Bänder, die vom Kopf des Tieres bis in Schwanzregion ziehen. Dazwischen liegen verstreut grüne Flecken unterschiedlicher Form und Größe. Auch die Basis der Kiemen ist grün eingefasst. Seerosen-Neonsternschnecken werden bis zu 5cm groß und ernähren sich von Moostierchen. Sie sind im Indopazifik von Südafrika und den Malediven bis nach Australien und den Salomonen weit verbreitet.

Foto: Papua Neuguinea, Milne Bay

Nembrotha rutilans, Indonesien, Nusakode

Roboastra arika, Papua Neuguinea, Milne Bay

Grazile Kopflappenschnecke *(Roboastra gracilis)*

Grazile Kopflappenschnecken besitzen einen lang gestreckten und im Querschnitt fast runden Körper, der 2 Kopflappen trägt und dessen Ende spitz ausläuft. Die 3-5 teiligen und graublauen Kiemenbüschel befinden sich etwa in Körpermitte und die großen und graublau gefiederten Rhinophoren sind in Scheiden einziehbar. Nacktschnecken dieser Art sind selten. Die nur 3-4cm großen Tiere leben tagsüber versteckt unter Steinen und Korallen und bewegen sich erst in der Nacht aus ihren Verstecken auf der Suche nach Nahrung. Sie fressen Hydroiden, Moostierchen und Seescheiden. Man findet sie in der Nacht ausschließlich im flachen Wasser in Tiefen bis zu 3m und gelegentlich auch in seichten Lagunen. Grazile Kopflappenschnecken kommen je nach Verbreitungsgebiet in verschiedenen Farbvarianten vor, wobei die orangen, schwarzen und dunkelgrünen Längsstreifen am Körper der Schnecken auch unterbrochen sein können. Im Indopazifik sind sie von Ostafrika, den Philippinen, Solomonen und Australien bis nach Japan verbreitet.

Foto: Indonesien, Komodo

Gelbgestreifte Neonschnecke *(Roboastra luteolineata)*

Gelbgestreifte Neonschnecken tragen auf ihrem blauen bis hellblauen Körper feine und gelbe Längsstreifen, die teilweise unterbrochen sind. Die Kiemen und die Rhinophoren sind in diese Farbkomposition von Blau und Gelb mit einbezogen. Die relativ großen Nacktschnecken, die eine Länge von 7cm erreichen können, sind nachtaktive Weidegänger und Aufwuchsfresser, die sich von verschiedenen benthischen Wirbellosen ernähren. Dazu gehören u.a. Hydroiden, Moostierchen, koloniale Seescheiden und andere Tiere. Gestreifte Neonschnecken kommen im Indopazifik von Thailand bis nach Japan von und sind auch in den Gewässern von Australien beheimatet.

Foto: Indonesien, Komodo

Roboastra gracilis, Indonesien, Komodo

Roboastra luteolineata, Indonesien, Komodo

Gesäumte Sternschnecke *(Tambja affinis)*

Gesäumte Sternschnecken sind tag- und nachtaktive Einzelgänger, die sich von Hydroiden, Moostierchen und Seescheiden ernähren. Ihr lang gestreckter und fast schlauchförmiger Körper bewegt sich auf einem schlanken und zugespitzten Kriechfuß, wobei dieser mit dem Mantel verwachsen ist. Auffallend sind die schmalen gelben bis grünen Längslinien auf ihrem schwarzen Körper, die auch die drei mehrfach verzweigten Kiemenbüschel umfließen. Sternschnecken dieser Art können jedoch in ihrer Farbe und Farbkomposition in ihrem Verbreitungsgebiet von Ort zu Ort variieren. Die Rhinophoren sind lamelliert und schwarz. Gesäumte Sternschnecken sind Tiere des tieferen Wassers, die zwischen 10m und 20m leben. Sie werden etwa 7cm groß und sind im Roten Meer und im Indopazifik von Ostafrika bis nach Thailand und in den Westpazifik weit verbreitet.

Foto: Papua Neuguinea, Milne Bay

Bunte Tambja, Bunte Neonsternschnecke *(Tambja blacki)*

Die Bunte Tambja ist erst sehr spät entdeckt beschrieben worden. Sie besitzt einen schlanken und ovlivfarbenen bis gelb-grünen Körper mit verschiedenen großen, symmetrischen und schwarzen Flecken, die die Schnecke außerordentlich farbenfroh erscheinen lassen. Die Mundtentakeln sind groß und stark abgeflacht. Die Rhinophoren sind orangefarben und die Kiemen grün und auf dem Rücken steil aufragend. Bunte Neonsternschnecken findet man auf verschiedenen mobilen Böden, in Seegraswiesen und an Küsten- und Außenriffen. Sie werden bis zu 12cm groß und ernähren sich möglicherweise von Moostierchen. Bekannt sind sie von Papua Neuguinea und von Heron Island in Australien.

Foto: Papua Neuguinea, Milne Bay

Tambja affinis, Papua Neuguinea, Milne Bay

Tambja blacki , Papua Neuguinea, Milne Bay

Blauschwarze Kopflappenschnecke *(Tambja morosa)*

Kopflappenschnecken dieser Art sind aufgrund ihrer schwarzen Farbe schwer zu fotografieren, da das Bild kaum Kontrast hergibt. Der lang gestreckte Körper der Nacktschnecken ist in der Mitte etwas aufgebuckelt. Nur Teile des Mantelrandes, die Kopflappenbegrenzung und die Kiemenspitzen sind leuchtend blau abgesetzt. Selbst die Rhinophoren sind schwarz. Man weiß, dass diese Art in verschiedenen Farbvariationen vorkommt und sich auch tagsüber im tieferen Wasser auf verschiedenen Hartsubstraten und auf Korallenbruch bewegt. Möglicherweise ernähren sich die bis zu 7cm langen Schnecken von Hydroiden, Moostierchen und kolonialen Seescheiden. Die Verbreitung der Art reicht von Ostafrika bis nach Hawaii.

Fotos: Indonesien, Bali

Tambja morosa, Indonesien, Bali, Menjangan

Tambja morosa, Indonesien, Bali, Menjangan

Grüne Tambja *(Tambja tenuilineata)*

Das Bild zeigt eine Grüne Sternschnecke, die sich auf ihrem Fressubstrat, einer gestielten kolonialen Seescheide der Art *Nephtheis fascicularis*, befindet und auf ihr ein Zooid nach dem anderen abweidet. Nach beendeter Mahlzeit wird nur noch der fleischige Stiel der Seescheidenkolonie übrig bleiben. Der Körper der Nacktschnecke trägt auf grünem Grund schwarze Längsrillen, die entlang der Körperachse ausgerichtet sind. Die kräftigen Kiemenbüschel setzen mit hellgrünen Verzweigungen am Körper an und enden in schwarzen, feingliedrigen Kiemenendigungen. Die lamellierten Rhinophoren sind schwarz und einziehbar. Ganz selten findet man Sternschnecken tagsüber auf ihren Fresssubstraten, weil die Tiere überwiegend nachtaktiv sind. Die vorgestellte Nacktschnecke ist etwa 8cm groß und in einer Wassertiefe von über 30m Tiefe fotografiert.

Foto: Indonesien, Rinca

Gabrieles Neonsternschnecke *(Tambja gabrielae)*

Erst sehr spät konnte diese wunderschöne, doch seltene Schnecke bis zur Art bestimmt werden. Ihr lang gestreckter, hochrückiger und schwarzer Körper trägt gelbe Flecken unterschiedlicher Größe und Form. Etwa in Körpermitte erscheinen grün verzweigte und schwarz gefiederte Kiemenbüschel. Die Rhinophoren sind gelb. Neonschnecken weiden auf Hartsubstraten, wo sie nach Moostierchen und kolonialen Seescheiden suchen, von denen sie sich möglicherweise ernähren. Gerade die hier vorgestellte Schnecke findet man im Flachwasser unter schattigen Überhängen, wo sich auch ihr Fresssubstrat befindet.

Foto: Indonesien, Nord Sulawesi

Tambja tenuilineata, Indonesien, Rinca

Tambja gabrielae, Indonesien, Nord Sulawesi

Rote Neonsternschnecke *(Gymnodoris aurita)*

Rote Neonsternschnecken besitzen einen großen und fleischigen Körper von bis zu 10cm Länge, der plakativ rot gefärbt ist. Unterschiedlich große und gelbe Pusteln befinden sich darauf. Der Mantelrand, der Fußsaum und auch die Rhinophoren sind gelb gefärbt. Nur der große Kiemenkranz trägt beide Farben, die ineinander vermischt sind. Rote Neonsternschnecken sind extreme Nahrungsspezialisten, die sich von anderen Hinterkiemenschnecken ernähren, die sich nachts erbeuten und fressen. Sie sind im Indopazifik von Indonesien und den Philippinen bis nach Papua Neuguinea, Australien und Okinawa verbreitet.

Foto: Indonesien, Rinca

Zweifarbige Nacktschnecke *(Gymnodoris bicolor)*

Der Körper dieser kleinen Schnecken besteht nur aus den Farben Weiß und Orange. Er ist schlank, am Körperende zugespitzt, semitransparent und mit vielen kleinen, orangen Warzen bedeckt. Auch die beiden Rhinophoren und der Kopfkamm sind orange gefärbt. Wovon sich die nur 30mm großen Nachtschnecken ernähren, ist nicht bekannt und in der für uns zugänglichen Literatur nicht beschrieben. Die Verbreitung der Art reicht im Indopazifik von Indonesien und Australien bis nach Papua Neuguinea und den Philippinen.

Foto: Papua Neuguinea, Milne bay

Gymnodoris aurita, Indonesien, Rinca

Gymnodoris bicolor, Papua Neuguinea, Milne bay

Ceylon-Nacktschnecke *(Gymnodoris ceylonica)*

Der Körper dieser weißen, fast transparenten und mit rotorangen Punkten versehenen Nacktschnecken ist lang gestreckt und hochrückig. Die Rhinophoren am Kopf sind rotorange und gefiedert und die weißen Kiemen auf dem Rücken der Tiere sind rotorange gesäumt. Der schlanke Kriechfuß trägt einen rotorangen Saum. Ceylon-Nacktschnecken sind seltene und ausschließlich nachtaktive Tiere, die sich zu bestimmten Jahreszeiten zu größeren Kopulationsgemeinschaften von Hunderten von Tieren formieren. Welche Signale oder Geruchstoffe die Tiere in dieser Dichte zusammenführen, ist leider nicht bekannt. Ihr Gelege aus gelben Eibändern befestigen sie an Steinchen und an Algen. Innerhalb von 24 Stunden hat sich die Kopulationsgemeinschaft aufgelöst und kein einziges Tier ist mehr zu sehen. Ceylon-Nacktschnecken leben auf Sand-und Schlammgrund. Als Räuber fressen sie andere Nacktschnecken und Seehasen. Sie werden bis zu 12cm groß und sind im Roten Meer und im Indopazifik von den Seychellen bis nach Japan und Australien verbreitet.

Foto: Indonesien, Nord Sulawesi

Gelbe Neonsternschnecke *(Gymnodoris citrina)*

Der Körper der Gelben Neonsternschnecke auf dem Bild scheint in der Mitte eingeschnürt und damit zweigeteilt zu sein. Dieser Zustand ist bei den Tieren aus dieser Gattung selten oder nicht zu beobachten. Der gelbe Körper der Schnecke ist semitransparent und trägt auf dem Rücken winzig kleine Papillen. Auch die Rhinophoren und die Kiemen sind gelb gefärbt. Gelbe Neonsternschnecken sind nachtaktiv und verstecken sich tagsüber unter Steinen und toten Korallen. In der Nacht sieht man sie auf Sand und Schlamm des Flachwassers kriechen. Wovon sie sich ernähren ist nicht bekannt. Verbreitet sind sie an den Riffen der Milne Bay in Papua Neuguinea.

Foto: Papua Neuguinea, Milne Bay

Gymnodoris ceylonica, Indonesien, Nord Sulawesi

Gymnodoris citrina, Papua Neuguinea, Milne Bay

Orange Gymnodoris, Orange Neonsternschnecke *(Gymnodoris inornata)*

Orange Neonsternschnecken können von einem semitransparenten Gelb bis hin zu einem kräftigen Orange und Rotorange gefärbt sein, wobei ihr Körper von zahlreichen kleinen Pusteln bedeckt ist. Sie werden bis zu 6cm groß und ernähren sich von anderen Nacktschnecken der Gattungen Dendrodoris, Doriopsilla, Gymnodoris und Chromodoris. Sie sind also wirkliche Räuber. Man findet sie auf Sand und Korallenbruch, in Seegraswiesen und in Küsten- und Außenriffen, wo sie anderen Nacktschnecken nachstellen und fressen. Sie kommen vom Flachwasser bis in größere Tiefen vor und sind vom Indischen Ozean bis nach Australien, Neukaledonien und Japan weit verbreitet.

Foto: Papua Neuguinea, Milne Bay

Rotpapillen-Neonsternschnecke *(Gymnodoris rubropapillosa)*

Nacktschnecken dieser Art sind aufgrund ihrer Farbe auffallend in einem Korallenriff. Ihr schlanker und weißgrundiger Körper trägt eine Vielzahl verschieden großer, orangeroter Papillen, die auch den Fuß mit einbeziehen. Rhinophoren und Kiemenbüschel sind auch so gefärbt. Rotpapillen-Neonsternschnecken werden bis zu 5cm groß und ernähren sich von verschiedenen Vorderkiemenschnecken. Wenn sie ihre Mahlzeit beendet haben, graben sie sich in den Untergrund ein, um die Beute zu verdauen. Sie leben vom Flachwasser bis in moderate Tiefen, wo man sie auf Sand, Korallenbruch und Algenbeständen findet kann. Ihre geographische Verbreitung reicht von den Malediven bis nach Indonesien und den Westpazifik.

Foto: Papua Neuguinea, Milne Bay

Gymnodoris inornata, Papua Neuguinea, Milne Bay

Gymnodoris rubropapillosa , Papua Neuguinea, Milne Bay

Gelbe Sternschnecke *(Aegires minor)*

Gelbe Sternschnecken besitzen einen langestreckten, hochrückigen und in seiner Konsistenz festen Körper, der knotige Höcker, warzige Buckel und im vorderen Körperdrittel ein mehrteiliges Schild trägt. Dahinter liegen die feingliedrigen Kiemen. Der zitronengelbe Körper der Schnecken zeigt verschiedene schwarze Strichmuster. Regional kann die Körperfarbe sehr verschieden sein und von gelb bis hin zu schwarz reichen. Die anderen Arten aus dieser Gattung, A. citrina, A. gardineri und A. nigerrima sehen ähnlich aus und sind möglicherweise nur Farbvarianten der hier vorgestellten Art. Gelbe Sternschnecken sind Einzelgänger, die sich überwiegend von Schwämmen ernähren. Schwämme der Gattung Leucetta werden von ihnen offensichtlich als Fresssubstrat bevorzugt. Nur zur Paarungszeit treffen sich die Tiere. Sie legen gelatineartige Laichbänder, die aus Millionen kleiner und befruchteter Eizellen bestehen. Diese werden am Untergrund befestigt und bis zum Schlüpfen der Veriger-Larven sich selbst überlassen. Die Farbe Gelb ist eine Warnfarbe im Tierreich und schreckt offensichtlich Fressfeinde ab. Gelbe Sternschnecken sind im Roten Meer und im Indopazifik weit verbreitet. Sie werden etwa 8cm groß und sind tag-und nachtaktiv.

Foto: Papua Neuguinea, Milne Bay

Neonsternschnecke *(Aegires serenae)*

Die auf dem Bild vorgestellte Nacktschnecke ist als Art erst kürzlich beschrieben worden. Das Tier besitzt einen langen, schlanken und in seiner Konsistenz sehr harten Körper, der mit unterschiedlich großen Pusteln ausgestattet ist, die an ihrer Spitze schwarz enden. Das Hinterende ist zugespitzt, der Kopf abgerundet und die Kopftentakeln sind klein und gelb. So auch die Fußsohle ist gelb gefärbt. Auffallend sind die großen und paarigen Höcker im vorderen Körperdrittel. Neonschnecken werden bis zu 10cm groß und weiden auf bewachsenen Hartgründen in Tiefen zwischen 10m und 20m. Sie sind Schwammfresser, die man gelegentlich in der Nacht auf Schwämmen der Gattung Leucetta antrifft. Im Indopazifik sind sie von Indonesien, Malaysia und den Philippinen bis nach Guam und Japan verbreitet.

Fotos: Indonesien, Kalatoa

Aegires minor, Papua Neuguinea, Milne Bay

Aegires serenae, Indonesien, Kalatoa

Spanische Tänzerin *(Hexabranchus sanguineus)*

Das Schwimmen der Tiere mit Auf- und Abbewegungen des Körpers und mit Hilfe von wellenförmigen Bewegungen des Mantelsaumes, soll an eine Flamenco-Tänzerin erinnern, die ihre mit Rüschen besetzten Röcke fliegen lässt. Spanische Tänzerinnen sind große und überwiegend nachtaktive Nacktschnecken, die eine Länge von 40cm erreichen. Ein vergrößerter Mantelsaum, der beim Kriechen am Boden eingerollt ist, wird nur entfaltet, wenn das Tier sich vom Boden abhebt und zu schwimmen beginnt. Dann leuchtet der Mantelsaum in prächtigen Farben und Mustern auf. Der Körper der Tiere zeigt variable Rottöne, die je nach Faunengebiet verschieden sind. Die Tiere des Roten Meeres zeigen satte und kräftige Rottöne, die des Indischen Ozeans und des Indopazifik dagegen verschiedene Farbmuster. Spanische Tänzerinnen ernähren sich von verschiedenen Wirbellosen, so von Schwämmen, Würmern, Schnecken und Stachelhäutern. Ihr Laich wird in charakteristischen Bändern abgelegt, spiralig aufgerollt und am Untergrund befestigt. Um die Eier vor Fressfeinden zu schützen, werden Giftstoffe aus ihrem Fresssubstrat extrahiert und in die Gelege eingebaut. Die Entwicklung verläuft über planktische Larven. Auf der Körperoberfläche und häufig zwischen den Kiemen versteckt lebt die Partnergarnele Periclimenes imperator, die sich farbig sehr gut ihrem Wirt angepasst hat. Sie ernährt sich vom Hautschleim ihres Wirtes und von den organischen Partikeln die daran haften bleiben.

Fotos: Indonesien, Tatawa, Komodo

Hexabranchus sanguineus, Indonesien, Tatawa, Komodo

Eigelege von Hexabranchus sanguineus, Indonesien, Tatawa, Komodo

Variable Höckerschnecke *(Aphelodoris varia)*

Variable Höckerschnecken leben vom Indischen Ozean bis in den westlichen Indopazifik und bis nach Australien. Die etwa 8cm großen und dorsoventral abgeflachten Tiere besitzen einen ovalen Körper, der verschieden gefärbt sein kann. Häufig ist er schmutziggrau bis schmutzigbraun gefärbt. Ihr Mantel ist wesentlich breiter als der Kriechfuß. Der Mantelsaum ist dünn, hellgelb bis bläulich abgesetzt und unduliert. Daran schließt sich ein cremeweißer Gürtel mit einer Vielzahl von kleinen Tuberkeln an, an deren Basis sich kleine dunkelbraune Punkte befinden. Ihr Rücken trägt ein dunkelbraunes Muster mit vielen großen Papillen. Die Rhinophoren und die Kiemenbüschel sind weiß, braun bis graublau und tragen blaue bis grüne Spitzen. Höckerschnecken dieser Art kommen vom Flachwasser bis in Tiefen von 30m vor und leben als Einzelgänger auf verschiedenen Hartgründen. Nur zur Fortpflanzungszeit kommen sie zu Kopulationsgruppen von 10-20 Tiere zusammen. Sie sind Nahrungsspezialisten und ernähren sich von Schwämmen.

Foto: Mauritius, Flic en Flac

Variable Höckerschnecken *(Aphelodoris sp.)*

Variable Höckerschnecken leben vom Indischen Ozean bis in den westlichen Indopazifik. Die etwa 8cm großen und dorsoventral abgeflachten Tiere besitzen einen ovalen Körper, der unterschiedlich gefärbt sein kann. Häufig ist er schmutziggrau bis schmutzigbraun gefärbt. Ihr Mantel ist wesentlich breiter als der Kriechfuß, der milchig weiß bis gelblich coloriert sein kann. Der Mantelsaum ist dünn, heller abgesetzt und gewellt. Die Körperoberfläche ist glatt bis tuberkulös. Die aufragenden Kiemen und die Rhinophoren sind sind stets unterschiedlich gefärbt. Die Basis der Rhinophoren ist häufig andersfarbis abgesetzt. Bisher sind nur 10 Arten aus dieser Gattung weltweit beschrieben worden. Man geht davon aus, dass alle diese Schnecken Schwammfresser sind und an den Rifen im Indopazifik vorkommen.

Foto: Indonesien, Raja Ampad

Aphelodoris varia, Mauritius, Flic en Flac

Aphelodoris sp., Indonesien, Raja Ampad

Variable Höckerschnecken *(Aphelodoris sp.)*

Variable Höckerschnecken leben vom Indischen Ozean bis in den westlichen Indopazifik. Die etwa 8cm großen und dorsoventral abgeflachten Tiere besitzen einen ovalen Körper, der unterschiedlich gefärbt sein kann. Häufig ist er schmutziggrau bis schmutzigbraun gefärbt. Ihr Mantel ist wesentlich breiter als der Kriechfuß, der milchig weiß bis gelblich coloriert sein kann. Der Mantelsaum ist dünn, heller abgesetzt und gewellt. Die Körperoberfläche ist glatt bis tuberkulös. Die aufragenden Kiemen und die Rhinophoren sind sind stets unterschiedlich gefärbt. Die Basis der Rhinophoren ist häufig andersfarbis abgesetzt. Bisher sind nur 10 Arten aus dieser Gattung weltweit beschrieben worden. Man geht davon aus, dass alle diese Schnecken Schwammfresser sind und an den Rifen im Indopazifik vorkommen.

Fotos: Indonesien, Papua Neuguinea

Aphelodoris sp., Indonesien, Molukken

Aphelodoris sp., Papua Neuguinea, Milne Bay

Klumpige Höckerschnecke *(Asteronotus caespitosus)*

Klumpige Höckerschnecken sind sehr große Tiere, die bis zu 20cm im Durchmesser werden können. Sie leben einzeln, sind nachtaktiv und Nahrungsspezialisten, die sich überwiegend von Schwämmen ernähren. Ihr dorsoventral abgeflachter und diskusförmiger Körper trägt einen erhöhten Rücken und konzentrisch angeordnete Tuberkeln, die den Tieren ein warziges Aussehen verleihen. Die Farbe der Schnecken variiert je nach Standort im großen Verbreitungsgebiet, das vom Roten Meer und von Ostafrika bis nach Papua Neuguinea und Hawaii reicht.

Foto: Philippinen, Cebu

Braune Rückensternschnecke *(Asteronotus hepaticus)*

Rückensternschnecken dieser Art sind große, 15-20cm lange und dorso-ventral stark abgeflachte Nacktkiemenschnecken, deren Körperoberfläche relativ glatt ist. Auffallend sind die großen Kiemenbüschel im hinteren Drittel des Körpers, die sich wie kleine Bäumchen auf dem Rücken der Tiere befinden. Am vorderen Körperpol befinden sich die Rhinophoren. Diese und die Kiemen können bei Störungen eingezogen werden. Rückensternschnecken sind nachtaktive Tiere, die sich tagsüber unter Steinen und Korallen verstecken. Erst bei Anbruch der Dunkelheit sind sie einzeln oder in kleinen Gruppen im Riff auf Nahrungssuche unterwegs. Sie ernähren sich überwiegend von Schwämmen. Braune Rückensternschnecken kommen vom Flachwasser bis in größere Tiefen an den Riffen im Indopazifik vor.

Foto: Indonesien, Tatawa

Asteronotus caespitosus, Philippinen, Cebu

Asteronotus hepaticus, Indonesien, Tatawa

Schwamm-Nacktschnecke *(Atagema spongiosa)*

Die Schwamm-Nacktschnecke ist in ihrem natürlichen Biotop auch für das geübte Auge eines Tauchers fast nicht zu erkennen, so gut getarnt ist sie ihrem Lebensraum angepasst. Ihr Körper ist stark gefaltet, trägt dicke Wülste und Erhebungen und löst sich im Raum fast auf. Es könnten auch Algen oder ein Schwamm sein, der da den Riffboden bedeckt. Der Mantelrand der Tiere zeigt stiftförmige Projektionen. Nur die reich verzweigten Kiemen weisen letztlich darauf hin, dass es sich hier um eine Nacktschnecke handelt. Schwamm-Nacktschnecken sind nachtaktive Aufwuchsfresser, die sich überwiegend von Schwämmen ernähren. Tagsüber leben sie versteckt in Ritzen und Spalten oder unter Steinen und Korallen. Die Farbe ihres Körpers ist variabel. Sie werden bis zu 13cm groß und sind an den Riffen im Indopazifik beheimatet. Trippa spongiosa ist ein Synonym.

Foto: Indonesien, Banta

Bohol-Sternschnecke *(Discodoris boholensis)*

Bohol-Sternschnecken sind nachtaktive Tiere, die sich tagsüber im Flachwasser der Riffe verstecken. Die etwa 6-7cm großen Nacktschnecken besitzen einen stark abgeflachten und ovalen Körper, der in der Mitte gebuckelt ist. Mit ihrem geflammten, dünn ausgezogenen und undulierenden Mantelrand könnte man sie auch für Plattwürmer halten, wenn die buschigen Kiemen am Rücken nicht wären. Der braungrundige Körper zeigt ein wunderschönes Farbspiel aus hellen, roten und dunklen Flecken und Punkten. Die Rhinophoren sind kolbenförmig und lamelliert. Bohol-Sternschnecken sind vorwiegend Schwammfresser, die von den Küsten Afrikas bis nach Fiji, Okinawa, Australien und Tasmanien verbreitet sind.

Foto: Malaysia, Mantanani

Atagema spongiosa, Indonesien, Banta

Discodoris boholensis, Malaysia, Mantanani

Bohol-Sternschnecke *(Discodoris boholensis)*

Bohol-Sternschnecken sind nachtaktive Tiere, die sich tagsüber im Flachwasser der Riffe verstecken. Die etwa 6-7cm großen Nacktschnecken besitzen einen stark abgeflachten und ovalen Körper, der in der Mitte gebuckelt ist. Mit ihrem geflammten, dünn ausgezogenen und undulierenden Mantelrand könnte man sie auch für Plattwürmer halten, wenn die buschigen Kiemen am Rücken nicht wären. Der braungrundige Körper zeigt ein wunderschönes Farbspiel aus hellen, roten und dunklen Flecken und Punkten. Die Rhinophoren sind kolbenförmig und lamelliert. Bohol-Sternschnecken sind vorwiegend Schwammfresser, die von den Küsten Afrikas bis nach Fiji, Okinawa, Australien und Tasmanien verbreitet sind.

Foto: Malaysia, Mantanani

Batangas Höckerschnecke *(Halgerda batangas)*

Diese Art ist erst vor einigen Jahren beschrieben worden und nach einer Stadt in Guam / Mikronesien benannt. Die Schnecken besitzen einen schlanken und hochrückigen Körper, der von kleinen, mittelgroßen und großen Höckern bestanden ist. Diese enden terminal in rotorangen Punkten. Die Körperoberfläche, einschließlich der Höcker, wird von einem feinmaschigen Netz von orangenen Linien durchzogen. Nur die Kiemenbüschel und die Rhinophoren sind weiß und schwarz gefleckt. Malesso-Höckerschnecken sind Einzelgänger auf felsigen Grund, wo sie nach Schwämmen suchen, von denen sie sich ernähren. Sie sind tag- und nachtaktiv, werden bis zu 8 cm lang und sind im Indopazifik von Indonesien, den Philippinen und Guam bis zu den Marianen-Inseln verbreitet. Das Bild zeigt ein Tier bei der Eiablage.

Foto: Indonesien, Molukken

Discodoris boholensis, Malaysia, Mantanani

Halgerda batangas, Indonesien, Molukken

Carlsons Höckerschnecke *(Halgerda carlsoni)*

Carlsons Höckerschnecken leben tagsüber unter Steinen, zwischen Korallenbruch und unter Korallen und kommen vom Flachwasser bis in Tiefen von 25m vor. Sie werden bis zu 5cm groß und besitzen auffallend große Kiemenbüschel. Ihr weißer Körper ist mit feinen und orangefarbenen Linien bedeckt und trägt zahlreiche stumpfe Höcker, deren Spitzen leuchtend orange gefärbt sind. Auch der Mantelrand wird von orangen Flecken bedeckt. Die Rhinophoren und Kiemenbüschel tragen feine, schwarze Zeichnungen. Die Schnecken sind Schwammfresser und kommen im Indopazifik von Papua Neuguinea und den Salomonen bis nach Fiji und Okinawa vor. Man kann sie leicht mit den beiden anderen Höckerschnecken H. malesso und mit H.aurantiomaculata verwechseln.

Foto: Philippinen, Cabilao

Warzige Sternschnecke *(Hoplodoris estrelyado)*

Warzige Sternschnecken sind nachtaktive Einzelgänger, die sich nur zur Kopulation treffen. Sie besitzen einen flachen, ovalen Körper, dessen Oberfläche von einer Vielzahl warziger Erhebungen, die verschieden gefärbt sind, bedeckt ist. Viele der Warzen sind an ihrer Basis weiß umrandet. Gleich hinter den kolbenförmigen Rhinophoren wird ein braunes Warzenfeld sichtbar, das alle Tiere besitzen und das typisch für sie ist. Der Mantelrand ist unduliert. Warzige Sternschnecken sind Tiere des Flachwassers. Sie sind Nahrungsspezialisten, die sich von ganz bestimmten Schwammarten ernähren. Ausgewachsene Tiere werden bis zu 8cm groß. Die Verbreitung der Art reicht im Indopazifik von Indonesien und den Philippinen bis nach Australien und Polynesien.

Foto: Papua Neuguinea, Milne Bay

Halgerda carlsoni, Philippinen, Cabilao

Hoplodoris estrelyado, Papua Neuguinea, Milne Bay

Bewaffnete Sternschnecke *(Carminodoris armata)*

Bewaffnete Sternschnecken werden bis zu 70mm groß. Ihr Mantel ist bedeckt mit zahlreichen Tuberkeln unterschiedlicher Größe und Farben, wobei sich die größten Tuberkeln im hellen Bereich des Mantels befinden. Auffallend ist der dunkelbraune Saum des Mantelrandes, die dunkelbraunen Kiemen und Rhinophoren und der hellbraune Fleck im zentralen Bereich des Mantels. Es ist zu vermuten, dass sich auch diese Sternschnecken von Schwämmen ernähren, so, wie es auch die anderen Nacktschnecken aus der Familie tun. Verbreitet sind die Tiere bevorzugt im westlichen Pazifik und kommen hier von Australien und Papua Neuguinea bis nach Vanuatu, Japan und Hawaii vor.

Foto: Papua Neuguinea, Milne Bay

Carminodoris armata, Papua Neuguinea, Milne Bay

Carminodoris armata, Papua Neuguinea, Milne Bay MUCK / GÜNTHER

Trauer-Sternschnecke *(Jorunna funebris)*

Aufgrund ihrer weißen Farbe sieht man Trauer-Sternschnecken sofort im Riff. Ihr lang gestreckter und etwas hochrückiger Körper ist rau und zeigt eine unterschiedlich große Anzahl von schwarzen Ringen und Pusteln, die durch eingelagerte Nadeln entstehen und die die Schnecken zu Feindabwehr nutzen. Die Rhinophoren sind groß und schwarz, wie auch die gefiederten Kiemenbüschel. Trauer-Sternschnecken sind Schwammfresser, die man sehr oft auf blauen Schwämmen der Gattung Haliclona antrifft. Sie werden bis zu 10cm groß und leben auf gut bewachsenen Hartgründen des Flachwassers an schattigen Stellen von Überhängen und in Höhlen. Verbreitet sind sie von Ostafrika bis nach Japan und Australien.

Foto: Indonesien, Nord Sulawesi

Feinstrichel-Nacktschnecke *(Jorunna rubescens)*

Obwohl die Nacktschnecken dieser Art tag- und nachtaktiv sind, bekommt man als Taucher sie sehr selten zu sehen. Der Körper der Schnecken ist langgestreckt mit weit in das Wasser aufragenden Kiemenbüscheln in Körpermitte und hoch erhobenen Fühlerscheiden am Kopf. Auf dem weißlich gelben Körper der Tiere befinden sich feine und parallel zu Körperachse ausgerichtete dunkelbraune bis violette Strichelzeichnungen. Der Kopf, die Rhinophoren, die Kiementasche und das Fußende sind dunkel abgesetzt. Feinstricher-Nachtschnecken werden bis zu 15 cm groß und ernähren sich von Schwämmen. Im Indopazifik sind sie von der Ostküste Afrikas bis nach Papau Neuguinea und Australien weit verbreitet.

Foto: Malaysia, Lankayan

Jorunna funebris, Indonesien, Nord Sulawesi

Jorunna rubescens, Malaysia, Lankayan

Rotstrichel-Sternschnecke *(Platydoris cruenta)*

Rotflecken-Sternschnecken sind nächtliche Einzelgänger, sie sich nur zur Kopulation treffen. Ihr weißer bis gelbgrundiger und stark abgeflachter Körper ist übersät mit einer ganzen Anzahl roter Flecken unterschiedlicher Größe und Form. Der relativ steife Körper erhält seine Festigkeit durch feine Kalknadeln, die als dünne und braune Striche unter der Haut sichtbar sind. Tagsüber leben die Schnecken versteckt unter Steinen und Korallen. Nachts schieben sie sich über das Riff, um Schwämme zu finden, die sie fressen. Sternschnecken dieser Art sind im Indopazifik von Südafrika bis Japan, Australien und Neuseeland verbreitet.

Foto:Papua Neuguinea, Milne Bay

Formosa-Nacktschnecke *(Platydoris formosa)*

Nacktschnecken dieser Art kommen in vielen Farbvarianten vor und sind zum Teil perfekt ihrer Umgebung angepasst. Ihr Körper ist fast so lang wie breit und erinnert an einen Diskus. Die raue Körperoberfläche zeigt fein strukturierte Felder in verschiedenen Farbnuancen, wobei die roten Flecken verschiedener Größe und Form besonders auffällig sind. Die paarigen Rhinophoren sind kolbig und die Körperseiten unduliert. Formosa-Nacktschnecken sind nachtaktive Einzelgänger, die sich überwiegend von Schwämmen ernähren. Sie werden bis zu 10cm groß und leben auf Sand und Schlamm, auf Korallenbruch, und kommen auch in Seegrasbeständen vor. Ihr Vorkommen reicht im Indopazifik von Indonesien bis nach Westaustralien, Hawaii und Japan.

Foto: Philippinen, Bohol

Platydoris cruenta, Papua Neuguinea, Milne Bay

Platydoris formosa, Philippinen, Bohol

Augenfleckschnecke *(Platydoris ocellata)*

Augenfleckschnecken, auch Ledernackenschnecken genannt, sind nachtaktive Einzelgänger, die sich nur zur Kopulation treffen. Der Körper der Nacktschnecken ist stark abgeflacht, scheibenförmig, sehr fest in seiner Konsistenz und besitzt eine raue, schmirgelpapierähnliche Oberfläche. Die Grundfarbe des Körpers kann rotbraun bis rostrot sein, wobei der Saum heller erscheint und stets unduliert ist. Tausende kleiner und weißer Pünktchen bedecken den Körper und große, weiße und schwarz umrandete Flecken verschiedener Größe und Form liegen dazwischen verteilt. Ledernackenschnecken werden 8-10cm groß und sind möglicherweise Schwammfresser. Tiere aus dieser Gattung sind in allen tropischen Meeren beheimatet.

Foto: Indonesien, Komodo

Schöne Blattsternschnecke *(Platydoris pulchra)*

Der Körper der Blattsternschnecken ist stark abgeflacht und trägt einen leicht undulierten Mantelsaum, der schwarz gefleckt ist. Eine sternförmige Öffnung im hinteren Drittel des Körpers markiert die Kiemenöffnung, aus der verzweigte Kiemenbüschel in das freie Wasser gestreckt werden können. Im Moment der Störung sind sie jedoch eingezogen. Die beiden konischen Rhinophoren am Kopfende sind kaum sichtbar, da sie in der plakativen Färbung des Körpers fast aufgelöst werden. Schwarze, weiße und gelbliche Flecken und Punkte bedecken den Körper der Tiere. Blattsternschnecken sind nachtaktiv. Sie kriechen über Sand, Korallenbruch und Hartsubstrat auf der Suche nach Nahrung. Diese besteht überwiegend aus Schwämmen. Die Tiere sind vom Indischen Ozean bis nach Indonesien verbreitet.

Foto: Indonesien, Komodo

Platydoris ocellata, Indonesien, Komodo

Platydoris pulchra, Indonesien, Komodo

Blutrote Platydoris *(Platydoris sanguinea)*

Tiere dieser Art sieht man nur in der Nacht. Ihr flacher und ovaler Körper ist rot bis rotbraun gefärbt und zeigt auf dem Rücken kleine, weiße Flecken. Die Kiemenbüschel sind in der Regel weiß und die Rhinophoren auf der Vorderseite grau und auf der Rückseite weiß. Beide Organelle sind einziehbar. Blutrote Platydoris sind möglicherweise Schwammfresser, da man sie fast immer auf oder in der unmittelbaren Nähe von Schwämmen antrifft. Ausgewachsene Tiere werden bis zu 8cm groß. Ihre Verbreitung reicht im Indopazifik von Indonesien bis zu den Philippinen. Das Bild zeigt zwei Tiere während der Kopulation.

Foto: Indonesien, Zentral Sulawesi

Dunkle Sternschnecke *(Sebadoris nubilosa)*

Dunkle Sternschnecken, im englischen Sprachgebrauch auch „Brown Spanish Dancer" genannt, sind nachtaktive Tiere des Flachwassers, die sich gut getarnt in Lagunen auf verschiedenen Weichböden, auf Korallenbruch und in Seegraswiesen sich bewegen und auch über kurze Strecken schwimmen können. Tagsüber leben sie versteckt unter Korallen und Zivilisationsmüll. Der bis zu 25cm große, ovale und stark abgeflachte Körper der Tiere trägt viele weiche und spitze Papillen, die über den gesamten Mantel verteilt sind. Die Farbe der Schnecken ist ein Gemisch aus Braun, Grau, Grün, Gelb und violett, was sie auf den unterschiedlichsten Böden fast unsichtbar macht. Verbreitet sind die recht seltenen Tiere im Roten Meer und kommen im Indopazifik von Ostafrika bis zu den Philippinen, Französisch Polynesien, Hawaii und Australien vor.

Foto: Philippinen, Cebu

Platydoris sanguinea, Indonesien, Zentral Sulawesi

Sebadoris nubilosa, Philippinen, Cebu

Nackte Sternschnecke *(Trippa intecta)*

Nackte Sternschnecken sind unauffällige Tiere im Riff, die sehr leicht übersehen werden. Ihre versteckte Lebensweise und die braune und durch zahlreiche warzige Papillen aufgelöste Körperoberfläche verstärken noch diesen Eindruck. Der ovale, breite und stark abgeflachte Körper zeigt in Körpermitte auf dem Rücken einen weißen Kamm. In der Literatur ist über diese Tiere außerordentlich wenig nachzulesen und durch eigene Beobachtungen kann man davon ausgehen, dass die Tiere Schwammfresser sind, weil man sie häufig auf bewachsenem Felsgrund im Flachwasser auf Schwämmen antrifft. Ihr Verbreitungsgebiet ist im Indopazifik begrenzt, weil man sie bisher nur von den Riffen von Indonesien bis nach Australien kennt.

Fotos: Papua Neuguinea, Milne Bay

Trippa intecta, Papua Neuguinea, Milne Bay

Trippa intecta, Papua Neuguinea, Milne Bay

Prachtsternschnecke *(Chromodoris alius)*

Prachtsternschnecken dieser Art sind Tiere des westlichen Indischen Ozeans und kommen von Südafrika bis nach Tansania, Reunion und Mauritius vor. Die kleinen Schnecken, die nur bis zu 40mm groß werden, sind Nahrungsspezialisten, die sich von Schwämmen ernähren. Ihr heller Manterl ist pustulös und bedeckt mit vielen kleinen und goldgelben Pünktchen, Der Mantelrand ist mit einer Reihe purpurfarbener Flecken bedeckt, die sich in unterschiedlich großen Abständen entlang des Mantelsaumes verteilen. Die Kiemen un die Rhinophoren sind weiß bis rosa gefärbt. Ptachtsternschnecken dieser Art sind Tiere des Flachwassers.

Foto: Mauritius, Flick en Flack

Annas Prachtsternschnecke *(Chromodoris annae)*

Der Körper der etwa 4-5cm großen Tiere ist lang gestreckt und schlank, wobei der verbreiterte Mantel den Kopf und den Fuß bedeckt. Nur das Fußende läuft spitz aus und wird nicht vom Mantel überragt. Ein großes und blaues Feld auf dem Rücken wird von einem schwarzen Band umrandet. Gelegentlich kommt noch ein mittleres, meist unterbrochenes, schwarzes Band vor. Der Mantelrand ist gelb bis weiß und die Kiemen und Rhinophoren orange. Prachtschnecken dieser Art sind Tiere mittlerer Wassertiefen, die auf Steinen und anderen Hartgründen von 15 - 30 m Wassertiefe vorkommen. Hier suchen sie nach Schwämmen, die sie fressen. Sie sind im Roten Meer und im Indopazifik von Indonesien bis Japan und Australien verbreitet.

Foto: Papua Neuguinea, Milne Bay

Chromodoris alius, Mauritius, Flick en Flack

Chromodoris annae, Papua Neuguinea, Milne Bay

Goldgepunktete Prachtsternschnecke *(Chromodoris aureopurpurea)*

Die hier vorgestellte Prachtsternschnecke besitzt einen ovalen, lang gestreckten, abgeflachten und cremeweißen Körper, der auf seiner Oberfläche tausende goldener Punkte trägt. Der Mantel bedeckt den Fuß vollständig und er zeigt an seiner Peripherie blauviolette Flecken, die gesäumt ineinander übergehen. Die Rhinophoren und die Kiemen sind orange. Goldgepunktete Prachtsternschnecken sind Schwammfresser, die ihr Freßsubstrat auf Sand, Korallenbruch und in Seegrasbeständen suchen. Die nur 4-6cm großen Tiere sind von Indonesien, den Philippinen und Australien bis nach Japan verbreitet.

Foto: Malaysia, Mantanani

Coi-Sternschnecke *(Chromodoris coi)*

Coi-Sternschnecken besitzen einen länglich ovalen Körper und einen Mantel, der den Fuß vollständig bedeckt. Der cremgelbe bis violettbraune Mantel trägt auf dem Rücken einen in braunen bis schwarzen und sinusförmigen Linien eingeschlossenen Rückenfleck, der verschieden gefärbt sein kann. Die Rhinophoren sind kolbig. Sternschnecken dieser Art werden bis zu 7 cm groß und leben auf bewachsenen Hartgründen und auf Schwämmen. Sie sind hochspezialisierte Schwammfresser, die sich in der Regel nur von einer einzigen Schwammart ernähren. Im Indopazifik sind sie von den Malediven bis nach Vietnam und Polynesien verbreitet.

Foto: Philippinen, Cabilao

Chromodoris aureopurpurea, Malaysia, Mantanani

Chromodoris coi, Philippinen, Cabilao

Collingwood´s Prachtsternschnecke *(Chromodoris collingwoodi)*

Nacktschnecken dieser Art kommen vom Flachwasser bis in große Tiefen vor. Sie sind Schwammfresser und überwiegend nachtaktiv. Tagsüber verstecken sie sich im Riff unter Steinen und Korallen. Der Körper der Tiere ist lang gestreckt, die Seiten abgeplattet und der Rücken etwas erhoben und pustulös. Der Mantelrand trägt ein violettes Band und der creme-weiße Saum darüber zeigt viele gelbe und violette Punkte. Die Rhinophoren sind kolbig, lamelliert und relativ groß. Collingswood´s Prachtsternschnecken leben auf Sand, Geröll und auf bewachsenen Hartgründen. Sie werden maximal 8 cm lang und sind im Indopazifik von Malaysia und Indonesien bis nach Papua Neuguinea und Australien verbreitet.

Foto: Malaysia, Mantanani

Dianas Prachtsternschnecke *(Chromodoris dianae)*

Prachtsternschnecken dieser Art leben an den Korallenriffen im Indopazifik und kommen von Indonesien und den Philippinen bis nach Borneo und Japan vor. Sie leben vom Flachwasser bis in Tiefen von 20m und sind Schwammfresser. Ihr schlanker und weißer Körper trägt ein schwarzes und unterbrochenes Band entlang des Körpersaumes und schwarze Flecken in Körpermitte. Von Ort zu Ost kann die Fleckenzeichnung verschieden sein. Die beiden Rhino-phoren und die Kiemen tragen gelbe Spitzen. Dianas Prachtsternschnecken werden maximal 5cm lang.

Foto: Indonesien, Bali

Chromodoris collingwoodi, Malaysia, Mantanani

Chromodoris dianae, Indonesien, Bali

Getreue Prachtsternschnecke *(Chromodoris fidelis)*

Der cremefarbige Mantel dieser Prachtsternschnecken trägt entlang des Mantelrandes ein typisches, wellenförmiges und orangefarbenes Band, das schwarz-weiß gesäumt ist. Die beiden Rhinophoren und die Kiemenbüscheln sind schwarz. Prachtsternschnecken dieser Art werden bis zu 40mm groß und sind Nahrungsspezialisten, die sich von Schwämmen ernähren. Beobachtungen haben gezeigt, dass sie die Schwammart Chelonaplysilla violacea als Nahrung bevorzugen. Verbreitet sind sie im Roten Meer und kommen im Indopazifik von Sri Lanka, Malaysia, Indonesien und Australien bis nach Papua Neuguinea vor.

Foto:Papua Neuguinea, Milne Bay

Geometrische Sternschnecke *(Chromodoris geometrica)*

Geometrische Sternschnecken besitzen einen lang gestreckten und stark abgeflachten Körper, der je nach Faunengebiet verschieden gefärbt sein kann. Doch stets zeigt die Körperoberfläche verschiedene große und helle Warzen auf braunvioletten Grund. Der Mantel bedeckt den Kriechfuß fast vollständig und lässt nur das Ende frei. Er ist violett gesäumt. Die Rhinophoren und die Kiemen können im Verbreitungsgebiet von Art zu Art verschieden sein. Geometrische Sternschnecken sind Schwammfresser, die man zwischen Aufwuchs auf Hartgründen findet. Tagsüber verstecken sie sich auch unter Steinen und zwischen Korallenbruch. Das Gift, das sie mit ihrer Schwammnahrung aufnehmen, wird in Drüsen gespeichert und zur Abwehr von Fressfeinden eingesetzt. Die Verbreitung der Art reicht von Afrika bis nach Guam und Okinawa.

Foto: Malaysia, Lankayan

Chromodoris fidelis, Papua Neuguinea, Milne Bay

Chromodoris geometrica, Malaysia, Lankayan

Kuni`s Prachtsternschnecke *(Chromodoris kuniei)*

Prachtsternschnecken dieser Art leben tag- und nachtaktiv auf gut bewachsenen Hartgründen und stets an schattigen Stellen im Riff, wo sie auf der Suche nach Schwämmen sind, von denen sie sich ernähren. Die nur 4-6cm großen Tiere sind in ihrer Körperform dorso-ventral abgeflacht und oval. Der Mantel ist breiter als der Kriechfuß und bedeckt diesen vollständig. Der Mantelrand ist dünn, häufig unduliert und violett gesäumt. Der Rücken trägt eine große und 9-13 teilige Kieme und kolbige Rhinophoren. Auf dem cremeweißen bis hellbraun geflammten Körper befinden sich schwarze und violett umrandete Punkte, die unterschiedlich groß sind. Kuni`s Prachtsternschnecke ist eine der häufigsten Nacktschnecken an den Korallenriffen im Indopazifik.

Foto: Indonesien, Nord Sulawesi

Dreiband-Prachtsternschnecke *(Chromodoris trimarginata)*

Dreiband-Prachtsternschnecken sind kleine Tiere, die bis zu 30mm groß werden. Ihr ovaler, schlanker und abgeflachter Körper wird auf einem schmalen Fuß bewegt, der vom Mantel verdeckt wird. Ihr cremeweißer Körper ist pustulös und wird von einer Vielzahl kleiner, oranger Pünktchen bedeckt. Der Mantelrand ist gelb-orange-violett gesäumt, die Rhinophoren kolbig, lamelliert und, wie auch die Kiemen, orange gefärbt. Dreiband-Nacktschnecken leben auf verschiedenen Gründen und kommen vom flachen Waser bis in moderate Tiefen vor. Sie sind Nahrungsspezialisten und ernähren sich von Schwämmen. Ihre Verbreitung reicht im Indopazifik von Ceylon und den Malediven bis nach Australien, Papua Neuguinea und Vanuatu.

Foto: Papua Neuguinea, Milne Bay

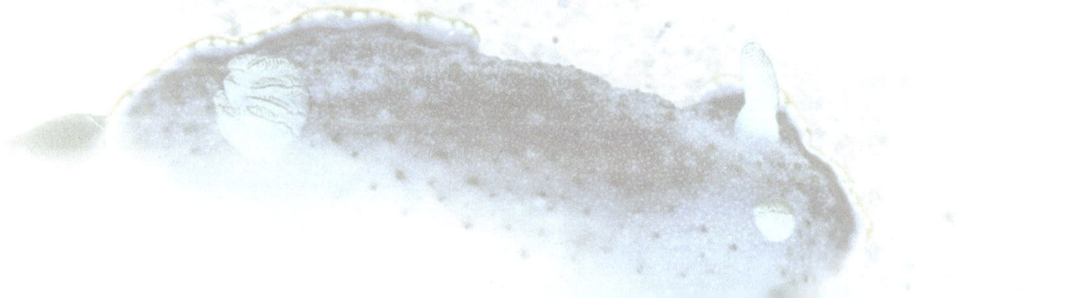

Chromodoris kuniei, Indonesien, Nord Sulawesi

Chromodoris trimarginata, Papua Neuguinea, Milne Bay

Leoparden-Prachtsternschnecke *(Chromodoris leopardus)*

Leoparden-Prachtsternschnecken sind nachtaktiv, leben einzeln und sind im Indopazifik von Australien bis zu den Philippinen verbreitet. Sie ernähren sich von Schwämmen und sind, obwohl sie selten sind, meist nur in schwammreichen Habitaten der Riffe anzutreffen. Die Grundfarbe ihres Körpers ist weiß oder beige. Der Mantelsaum ist violett abgesetzt und die Körperoberfläche trägt ein Leopardenmuster. Die ringförmig eingeordneten schwarzen Zeichnungen sind von einem braunen Saum eingefasst, der einen hellen Ring ausspart. Die Spitzen der lamellierten Rhinophoren sind violett abgesetzt. Leoparden-Prachtsternschnecken werden bis zu 6cm groß.

Foto: Indonesien, Zentral Sulawesi

Lochs Nacktschnecke *(Chromodoris lochi)*

Lochs Nacktschnecken sind recht häufig in ihrem Verbreitungsgebiet, das im Indopazifik von Malaysia und Indonesien bis nach Vanuatu, Japan, Tonga, Fiji und Australien reicht. Die Schnecken leben einzeln, paarweise oder treffen sich zur Fortpflanzungszeit in Kopulationsgruppen. Ihr schlanker und hellblauer Körper trägt einen dünnen und weißen Mantelrand und drei schwarze Längsstreifen auf der Körperoberfläche, wobei der mittlere Streifen entweder durchgehend oder unterbrochen sein kann. Die beiden Rhinophoren können rosarot gefärbt sein oder die hellblaue Farbe des Körpers besitzen. Ausgewachsene Tiere können bis zu 4cm groß werden und kommen vom flachen Wasser bis in moderate Tiefen vor. Sie ernähren sich von Schwämmen. Lochs Nacktschnecken gehören zu einer größeren Gruppe ähnlich aussehender Nacktschnecken, die sich alle ein großes Verbreitungsgebiet teilen.

Foto: Malaysia, Lankayan

Chromodoris leopardus, Indonesien, Zentral Sulawesi

Chromodoris lochi, Malaysia, Lankayan

Prächtige Nacktschnecke *(Chromodoris magnifica)*

Prächtige Nacktschnecken tragen auf ihrem bläulich gefärbten Rücken schwarze Längsstreifen, die von Tier zu Tier verschieden sind und daher in einer großen Variationsbreite vorkommen. Der leicht undulierte Mantelsaum ist weiß gerandet und wird begleitet von einem breiten gelben bis orangefarbenen, inneren Band. Die Rhinophoren und die Kiemen sind orange bis rot gefärbt. Prächtige Nacktschnecken werden bis zu 5cm groß und sind reine Schwammfresser. Auch sie speichern das mit der Nahrung aufgenommene Gift der Schwämme in ihrem Körper und nutzen es zur Feindabwehr. Die Verbreitung der Art reicht im Indopazifik von Malaysia und Indonesien bis nach Papua Neuguinea, Japan und Australien.

Foto: Indonesien, Molukken

Michaels Prachtsternschnecke *(Chromodoris michaeli)*

Michaels Prachtsternschnecken sind selten an den Riffen im Indopazifik. Der lang gestreckte Körper der Nacktschnecken trägt ein für die Art typisches Farbkleid mit gelb gesäumten Mantel und Fuß und schwarzen Längsbändern und Punkten am Kopf und entlang der Körpermitte bis nahe der Kiemenbüschel. Die Kiemen und die Rhinophoren sind gelb bis orange. Fast alle Chromodoris Arten sind nachtaktive Tiere, die sich tagsüber im Riff verstecken. Nur wenige sind tag- und nachtaktiv. Möglicherweise ernähren sie sich von Schwämmen. In der Literatur gibt es leider keinen Hinweis über die Ernährungsgewohnheiten dieser Art.

Foto: Indonesien, Raja Ampad

Chromodoris magnifica, Indonesien, Molukken

Chromodoris michaeli, Indonesien, Raja Ampad

Pyjama-Prachtsternschnecke *(Chromodoris quadricolor)*

Die Pyjama-Nacktschnecke ist die wohl häufigste Prachtsternschnecke an den Riffen im Roten Meer und im Indopazifik. Man findet die nur 5-6cm großen Tiere mit großer Wahrscheinlichkeit immer auf Schwämmen der Art Latrunculia corticata, auf denen sie weiden und von denen sie sich ernährten. Das Gift der Schwämme speichert die Schnecke in ihrem Körper, um gegenüber Fressfeinden gewappnet zu sein. Die Färbung der Tiere ist sehr variabel. Im Zentrum der schwarzen Körperscheibe befinden sich 2 hellblaue bis weiße Längsstreifen und ein gleichfarbiger Rand. Der Mantelrand ist gelb bis orange gefärbt und trägt einen weißen Saum. Die Rhinophoren und die Kiemen sind orange. Ähnlich Arten sind Ch. africana und Ch. hilaris.

Foto: Ägypten, Ras Muhamed

Netz-Prachtsternschnecke *(Chromodoris reticulata)*

Netz-Prachtsternschnecken sind große, fleischige, länglich-ovale und lang gestreckte Tiere, mit einem auffällig rot-weiß gemustertes Netzwerk auf dem Körper, der von kleinen Tuberkeln übersät ist. Ein kräftiger und weißer Fuß, der länger als der Mantel ist, bewegt die Schnecken über gut bewachsene Hartgründe und zwischen Korallenbruch im Flachwasser der Riffe. Hier suchen die Tiere nach Schwämmen, von denen sie sich ernähren. Auffallend auf dem Rücken sind die Kiemenbüschel und die klobigen Rhinophoren. Die Verbreitung der Art reicht im Indopazifik von Tansania bis nach Vietnam, Tonga, Okinawa und Australien.

Foto:Indonesien, Raja Ampad

Chromodoris quadricolor, Ägypten, Ras Muhamed

Chromodoris reticulata, Indonesien, Raja Ampad

Gestreifte Nacktschnecke *(Chromodoris strigata)*

Der Körper der Nacktschnecken ist schlank, lang gestreckt und er zeigt eine schwarze Längsstreifung auf Rücken und Fuß. Der Mantel ist breiter als der Kriechfuß und nur das Fußende überragt den Mantel. Mantel und Fußrand sind gelb bis orange gefärbt. Der Rücken der Tiere zeigt typische, schwarze Längsstreifen, die teilweise unterbrochen sind. Die Rhinophoren und die Kiemen sind orange. Gestreifte Nacktschnecken sieht man nicht oft im Riff und sie sind nicht immer leicht zu bestimmen, denn sie kommen in verschiedenen Farbvarianten vor. Einige von ihnen erinnern an eine ähnlich aussehende Art, an Chromodoris quadricolor. Gestreifte Nacktschnecken werden bis zu 4cm und sind reine Schwammfresser. Im Indopazifik sind sie vom Indischen Ozean bis in den westlichen Pazifik verbreitet.

Foto:Indonesien, Raja Ampad

Mosaik-Prachtsternschnecke *(Chromodoris tinctoria)*

Nacktschnecken dieser Art können leicht mit einer sehr ähnlichen, Chr. reticulata, verwechselt werden. Der letzteren fehlt der gelbe bis gelborange abgesetzte Mantel-und Fußsaum. Der Körper von Mosaik-Prachtsternschnecken trägt ein rotoranges Mosaikmuster aus feinen Linien, Flecken und Pusteln. Die Kiemen am Körperende und die kolbigen Rhinophoren sind orange gesäumt. Als Schwammfresser leben sie in den schwammreichen Habitaten der Riffe und kommen vom Flachwasser bis in große Tiefen vor. Sie sind Einzelgänger und überwiegend nachtaktiv. Die Verbreitung der Art reicht vom Roten Meer bis in den Indopazifik von Ostafrika bis in den westlichen Pazifik.

Foto: Indonesien, Raja Ampad

Chromodoris strigata, Indonesien, Raja Ampad

Chromodoris tinctoria, Indonesien, Raja Ampad

Warzige Chromodoris *(Chromodoris sp.)*

Tiere dieser Art leben tagsüber im Flachwasser unter toten Korallen und sind erst in der Nacht im Riff unterwegs auf Nahrungssuche. Was sie fressen, das weiß man noch nicht. Der Körper der Tiere ist cremeweiß bis hellbraun und ihr Rücken über und über mit kleinen, warzigen Erhebungen bedeckt, die sich vom braunen Untergrund hell absetzen. Der weiße Mantelsaum trägt einen dunkelblauen bis violetten Saum, der auch unterbrochen sein kann und sich dann als ein Strich-Punkt-Muster präsentiert. Die kolbigen Rhinophoren sind lamelliert. Warzige Chromodoris werden 2-5cm groß und sind von Afrika bis nach Japan und Australien verbreitet.

Foto: Malaysia, Lankayan

Blaue Prachtsternschnecke *(Chromodoris willani)*

Der Mantel und der Fuß der Nacktschnecken sind hellblau. 2-3 schwarze Längsstreifen, die auch unterbrochen sein können, befinden sich auf dem Rücken der Tiere. Die Rhinophoren und die Kiemenbüschel sind mit feinen, weißen und reflektierenden Punkten übersät, die ähnlich aussehenden Tieren aus dieser Gattung fehlen und damit ein eindeutiges Identifizierungsmerkmal darstellen. Blaue Prachtsternschnecken sind Schwammfresser, die im Flachwasser an Riffwänden und gut bewachsenem Hartsubstrat zu finden sind. Sie sind tag- und nachtaktiv. Ihre Verbreitung reicht im Indopazifik von Indonesien bis nach Mikronesien, Japan und Australien.

Foto: Malaysia, Sipadan

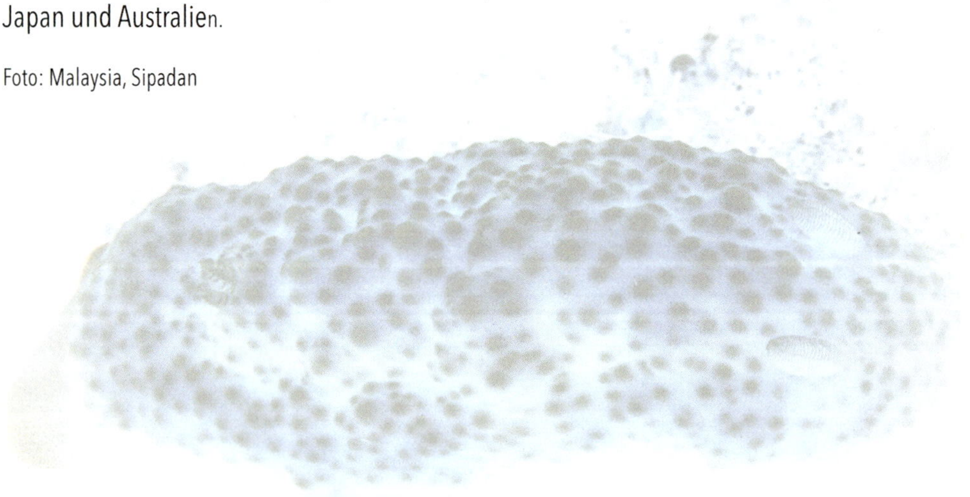

Chromodoris sp.w, Malaysia, Lankayan

Chromodoris willani, Malaysia, Sipadan

Prachtsternschnecke *(Chromodoris sp.)*

Leider war es nicht möglich, diese Nacktschnecke bis zur Art zu identifizieren. Wichtige Merkmale fehlen, wie die eingezogenen Rhinophoren und die Kiemen. Der komplette rotgrundige Mantel dieser Schnecke ist mit einem feinen, weißen Netzmuster bedeckt und der Mantelrand orange davon abgesetzt. Das Tier bewegt sich im flachen Wasser auf Algengrund, auf der Suche nach Nahrung, die mit großer Wahrscheinlich aus Schwämmen besteht.

Foto: Papua Neuguinea, Milne Bay

Gelbrand-Sternschnecke *(Ardeadoris egretta)*

Nacktschnecken dieser Art sind im Korallenriff in der Regel nicht zu übersehen, da ihr weißer bis cremefarbener Körper schon von weitem leuchtet. Die relativ großen Tiere, die fast 10cm Länge erreichen können, besitzen einen gelben bis orangeroten Körpersaum, weiße Kiemenbüschel und Rhinophoren. Sie sind nachtaktive Einzelgänger, die sich tagsüber im Riff verstecken. Als ausgesprochene Nahrungsspezialisten ernähren sie sich von verschiedenen Schwammarten. Die Verbreitung der Art reicht im Indopazifik vom Arabischen Meer bis nach Australien, den Philippinen und bis nach Japan.

Foto: Indonesien, Raja Ampad

Chromodoris sp., Papua Neuguinea, Milne Bay

Ardeadoris egretta, Indonesien, Raja Ampad

Schlanke Sternschnecke *(Ceratosoma gracillimum)*

Schlanke Sternschnecken sind Einzelgänger, die sich nur zur Kopulation treffen. Sie besitzen einen hochrückigen Vorderkörper, bei dem der Mantel am Kopf und hinter den Kiemen verbreitert und hochgestülpt ist. Der hintere Teil des Körpers läuft schlank aus. Die orangerote Schnecke ist bedeckt mit zahlreichen tiefroten Punkten und mit hellen Fleckenzeichnungen. Der Mantelrand ist rot. Am Kopf fallen 2 kolbige und lamellierte Rhinophoren und auf dem Rücken große Kiemenbüschel auf. Schlanke Sternschnecken sind überwiegend tagaktiv und ernähren sich möglicherweise von Schwämmen. Ausgewachsene Tiere können 12cm groß werden. Die Verbreitung der Art reicht von Indonesien und den Philippinen bis nach Vietnam und Westaustralien.

Foto: Malaysia, Lankayan

Pracht-Sternschnecke *(Ceratosoma magnifica)*

Pracht-Sternschnecken leben sowohl im Roten Meer als auch in Indopazifik und kommen von Ostafrika bis nach Japan und Australien vor. Sie präsentieren sich in verschiedenen Farbmodifikationen, wobei diese immer an das jeweilige Faunengebiet gebunden sind. Die nachtaktiven Schnecken sind mitunter außerordentlich plakativ gefärbt, wie das Bild es ausweist. Ihr bis zu 8cm langer Körper trägt kräftige Höcker und einen warzigen Fuß. Die grellen Farben scheinen sich zu vermischen und auch die Kiemenbüschel scheinen in Flammen zu stehen. Die Rhinophoren sind lamelliert und in Taschen einziehbar. Pracht-Sternschnecken sind extreme Nahrungsspezialisten, die sich von ganz bestimmten Schwammarten ernähren. Sie leben unterhalb der Wasserlinie und kommen bis in 30 m Wassertiefe vor. Sie sind sehr selten im Riff anzutreffen.

Foto: Indonesien, Raja Ampad

Ceratosoma gracillimum, Malaysia, Lankayan

Ceratosoma magnifica, Indonesien, Raja Ampad

Variable Hammerschnecke *(Ceratosoma trilobatum)*

Variable Hammerschnecken kommen in einem breiten Spektrum an Farben und Farbkompositionen vor, die dem jeweiligen Verbreitungsgebiet entsprechen. Sie sind im Roten Meer und im gesamten Indopazifik von Ostafrika bis Polynesien, Hawaii und Australien verbreitet. Ihr Körper ist lang ausgezogen und der Mantel verbreitert. Er endet hochgestülpt wie ein Kragen hinter den Kiemen. Der Rand ist lila gesäumt. Die verzweigten und gefiederten Kiemen formieren sich zu einem Kiemenbüschel. Das Bild zeigt ein prächtiges und plakativ gefärbtes Tier, das auf rotorangem Grund eine Vielzahl gelber Punkte trägt. Die am Kopf befindlichen Rhinophoren sind kolbig und lamelliert. Variable Hammerschnecken sind Nahrungsspezialisten, die sich von Schwämmen ernähren. Sie können eine Länge von 12-15 cm erreichen.

Foto: Indonesien, Nord Sulawesi

Gefleckte Orodoris *(Ceratosoma miamirana)*

Diese Nacktschnecke ist bisher nur von den Langford-Inseln (Queensland, Australien) und von Papua Neuguinea bekannt und als Art noch nicht beschrieben. Die bis zu 10cm großen und tagaktiven Tiere sind auch sehr schwer zu finden, da ihr stark abgeflachter und skulpturierter Körper zahlreiche Warzen und Pusteln verschiedener Größe trägt, die fast so aussehen, wie der Untergrund selbst. Die grünbraune Marmorierung der Körperoberfläche verstärkt noch diesen Eindruck. Der schmale Fuß, der vom breiten Mantel völlig bedeckt wird, endet zugespitzt und ist drüsenreich. Der Mantelrand ist scharf gezackt. Über die Biologie, die Verbreitung und über das, was die Tiere fressen, ist bisher nichts bekannt.

Foto: Papua Neuguinea, Milne Bay

Ceratosoma trilobatum, Indonesien, Nord Sulawesi

Ceratosoma miamirana, Papua Neuguinea, Milne Bay

Gekrümmte Sternschnecke *(Ceratosoma sinuatum)*

Der lang gestreckte Körper dieser Nacktschnecken ist an beiden Seiten unduliert und tief gefaltet. Der Rücken zeigt Netzzeichnungen auf hellem Grund. Der Mantel der Tiere ist breiter als der Fuß, der an seinem Ende spitz ausläuft. Die grauen Kiemenbüschel tragen weiße Flecken und Punkte. Gekrümmte Sternschnecken sind nachtaktive Schwammfresser, die sich tagsüber im Riff verstecken. Sie leben auf verschiedenen Substraten und man findet sie in der Nacht stets in der Nähe ihrer Fresssubstrate, den Schwämmen. Ob sie sich auf nur eine einzige Schwammart spezialisiert haben, weiß man nicht. Es ist jedoch anzunehmen, dass sie sich von verschiedenen Schwammarten ernähren. Die bis zu 5cm großen Nacktschnecken kommen in verschiedenen Farbvarianten vor und sind von den Malediven bis zu den Solomonen und Australien verbreitet.

Foto: Papua Neuguinea, Milne Bay

Schmale Hammerschnecke *(Ceratosoma tenue)*

Schmale Hammerschnecken können sehr leicht mit den Variablen Hammerschnecken (C. trilobatum) verwechselt werden, da sie ähnlich aussehen und auch ähnlich gefärbt sind. Es gibt nur zwei Unterscheidungsmerkmale, um beide Tiere auseinander zu halten. Das erste Merkmal ist die durchgehende violette Linie am Mantelrand und am Fuß von C. trilobatum, die bei C. tenue unterbrochen ist und an den 3 Lappen an den beiden Körperseiten von C. trilobatum, von denen die hier vorgestellte Art nur 2 besitzt. Auch der Körper ist kleiner und etwas gestreckter als bei C. trilobatum. Schmale Hammerschnecken leben vom Flachwasser bis in größere Tiefen auf Sand, Schlamm und in Algenbeständen. Sie werden bis zu 12cm groß, sind überwiegend nachtaktiv und ernähren sich möglicherweise von Schwämmen. Verbreitet sind sie im Roten Meer und im gesamten Indopazifik bis nach Polynesien.

Foto: Papua Neuguinea, Milne Bay

Ceratosoma sinuatum, Papua Neuguinea, Milne Bay

Ceratosoma tenue, Papua Neuguinea, Milne Bay

Hammerschnecke, Langschwanz-Sternschnecke *(Ceratosoma sp.)*

Der Körper dieser Nacktschnecken lässt zwei deutlich voneinander unterscheidbare Abschnitte erkennen: Einen kurzen und dicken Vorderkörper und einen schlanken, dünnen und spitz auslaufenden Hinterkörper. Der Mantel ist um den Kopf und um die Kiemen herum deutlich verbreitert und endet an den Kiemen etwas aufgestülpt. Der Kopf trägt lamellierte und keulenförmige Rhinophoren. Nacktschnecken aus dieser Gattung sind nachtaktive Einzelgänger, die sich nur zur Kopulation treffen. Sie sind Nahrungsspezialisten und ernähren sich überwiegend von Schwämmen. Auf ihrem Weg von einem Standort zum anderen sind sie relativ schnell unterwegs. Die Körperfarbe der bis zu 12cm großen Nacktschnecken ist verschieden. Rot- und Brauntöne überwiegen jedoch. Langschwanz-Sternschnecken leben an den Riffen im Indopazifik auf gut bewachsenen Hartböden und auf Sand und Korallenbruch.

Foto: Indonesien, Bali

Harlekin-Prachtsternschnecke *(Druvilledoris pusilla)*

Harlekin-Prachtsternschnecken besitzen einen feuerroten Rücken, der zwei große und weiße Flecken trägt, die über eine dünne Brücke miteinander verbunden sein können. Der eine Fleck befindet sich zwischen den kolbenförmigen Rhinophoren, den andere am Ansatz der Rückenkiemen. Der Mantelsaum ist unduliert und zeigt drei unterschiedliche Farbbänder: Innen ein breites weißes Band, in der Mitte ein schmales gelbes Band und außen erneut ein schmales weißes Band. Harlekin-Prachtsternschnecken sind etwa 3cm große und überwiegend nachtaktive Tiere, die sich möglicherweise von Schwämmen ernähren. Da sie selten zu finden sind, weiß man so gut wie nichts über die Biologie dieser Tiere. Sie leben an den Riffen im Indopazifik.

Foto: Indonesien, Komodo

Ceratosoma sp., Indonesien, Bali

Druvilledoris pusilla, Indonesien, Komodo

Schwarzrand-Sternschnecke *(Glossodoris atromarginata)*

Schwarzrand-Sternschnecken besitzen einen schlanken und festen Körper, dessen Mantelrand schwarz gefärbt und stets stark unduliert ist. Der weiße bis senfgelbe Körper bewegt sich auf einem schmalen Fuß, der an seinem hinteren Ende nicht mehr von Mantel bedeckt wird. Die Kiemenbüschel in Körpermitte, sowie die Basis und die Spitzen der Rhinophoren sind dunkelbraun bis schwarz. Nacktschnecken dieser Art gehören zu den wohl bekanntesten Sternschnecken in ihrem Verbreitungsgebiet. Sie werden maximal 10cm groß, sind spezialisierte Schwammfresser und leben auf oder unter Korallen. Häufig findet man sie an gut durchströmten Riffwänden. Verbreitet sind sie im Roten Meer und kommen im Indopazifik von Südafrika bis nach Papua Neuguinea, den Gesellschafts-Inseln und Australien vor.

Foto: Indonesien, Zentral Sulawesi

Blaurand-Sternschnecke *(Glossodoris cincta)*

Der Körper dieser Nacktschnecken ist groß, lang gestreckt und fleischig. Der Mantelrand ist stets unduliert und besteht aus drei verschiedenen Farblagen: Oliv, weiß und blau. In ihrem Verbreitungsgebiet kommen die Nacktschnecken in verschiedenen Farbvarianten vor, doch stets ist ihre Grundfarbe rötlichbraun gesprenkelt. Der schmale Fuß wird an seinem Ende nicht mehr vom Mantel überdeckt. Blaurand-Sternschnecken sind strikte Einzelgänger im Flachwasser der Riffe, wo man sie an Riffhängen und auf Korallenbruch finden kann. Sie sind tag- und nachtaktiv und scheiden bei Bedrängnis eine weiße Flüssigkeit aus, die Fressfeinde abschrecken soll. Sie fressen möglicherweise koloniale Manteltiere. Verbreitet sind sie im Roten Meer und im Indopazifik von Ostafrika bis nach Fiji, Japan und Australien.

Foto: Indonesien, Menjangan

Glossodoris atromarginata, Indonesien, Zentral Sulawesi

Glossodoris cincta, Indonesien, Menjangan

Blutflecken-Prachtsternschnecke *(Glossodoris cruenta)*

Prachtsternschnecken dieser Art tragen am Mantelsaum und am Fuß verschieden große, blutrote Flecken, die als Bestimmungsmerkmal dienen. Der cremig weiße bis blassgelbe Körper der Schnecken besitzt einen von innen nach außen weiß-gelb-weißen Saum. Auch der weiße Fuß ist gelb gesäumt. Blutflecken-Nachtschnecken werden bis zu 7cm groß und sind Schwammfresser. Sie leben vom Flachwasser bis in 20m Tiefe an Außen- und Küstenriffen und in Lagunen und sind im Indopazifik von den Philippinen und Solomonen bis nach Australien und Okinawa verbreitet. Zu verwechseln sind sie mit einer ähnlichen Art, G. rubroannulata, die wesentlich schmaler ist und deren Mantelrand rot gesäumt ist.

Foto: Papua Neuguinea, Milne Bay

Graurand-Sternschnecke *(Glossodoris hicuerensis)*

Graurand-Sternschnecken sind große und fleischige Nacktschnecken, mit einem undulierenden Mantelrand, der weiß-grau-weiße Linien trägt. Der rötlich braune Körper der Tiere ist hell gesprenkelt und trägt dazu bei, das unauffällige Farbmuster in seiner Umgebung fast unsichtbar zu machen. Man sieht die Tiere einfach nicht. Der Fuß der Schnecken ist schlank und wird an seinem Ende nicht mehr vom Mantel bedeckt. Graurand-Sternschnecken sind tag- und nachtaktive Einzelgänger, die sich von Schwämmen ernähren. Sie werden maximal 8cm groß und sind im Roten Meer und im Indopazifik von Ostafrika bis zum Tuamotu-Archipel verbreitet.

Foto: Indonesien, Bali

Glossodoris cruenta, Papua Neuguinea, Milne Bay

Glossodoris hicuerensis, Indonesien, Bali

Sternen-Prachtschnecke *(Glossodoris stellata)*

Sternen-Prachtschnecken sind seltene Tiere im Riff. Zuerst waren sie nur aus den Riffgebieten von Papua Neuguinea bekannt und galten als eine endemische Art, bis man sie vor einigen Jahren auch in Indonesien fand. Der Körper der Schnecken ist sehr schlank und lang gestreckt. Im Schwanzbereich läuft er spitz aus. Der Körper trägt auf schwarzen bis schwarzbraunem Grund Tausende feiner weißer Punkte, die dicht angeordnet sind. Die Kiemen befinden sich etwa in Körpermitte und die Rhinophoren stehen wie kleine hellblaue Säulen am Kopf der Tiere. Sternen-Prachtschnecken können bis zu 10cm groß werden. Sie ernähren sich von Schwämmen, die sie auf festen Gründen suchen. Ihre Verbreitung reicht von Indonesien bis nach Papua Neuguinea.

Foto: Papua Neuguinea, Milne Bay

Violette Nacktschnecke *(Hypselodoris apolegma)*

Violette Nacktschnecken sind außerordentlich schöne und plakativ gefärbte Tiere, die in fast allen Riffbereichen leben. Sie sind tag- und nachtaktiv. Ihr schlanker Körper ist hochrückig, der Mantelrand hell abgesetzt und die Rhinophoren und Kiemen gelb gefärbt. Die Farbe ihres Körpers reicht von einem zarten Rosa bis hin zu einem kräftigen Lila. Diese Farbvariationen sehen einige Wissenschaftler als mögliche Farbabstufungen von der Jugendform bis hin zum adulten Tier. Andere Wissenschaftler sind jedoch der Meinung, dass es sich bei den Farbvarianten nicht um Tiere der gleichen Art handelt. Allen Farbvarianten gemeinsam ist, dass ihre Rhinophoren und auch die Kiemen keine Farbabstufungen erkennen lassen. Violette Prachtsternschnecken werden bis zu 8cm groß und ernähren sich von Schwämmen. Sie sind im Roten Meer und im gesamten Indopazifik verbreitet.

Foto: Malaysia, Lankayan

Glossodoris stellata, Papua Neuguinea, Milne Bay

Hypselodoris apolegma, Malaysia, Lankayan

Violette Prachtsternschnecke *(Hypselodoris bullockii)*

Violette Prachtsternschnecken sind außerordentlich schön gefärbte Tiere, die in allen Riffbereichen leben und die tag- und nachtaktiv sind. Ihr Körper ist schlank und hochrückig. Die Farbe der Tiere reicht von einem zarten Rosa bis hin zu einem kräftigen Lila und alle Farbmöglichkeiten dazwischen sind anzutreffen. Diese vielen Farbvariationen bei den Schnecken sehen die einen Wissenschaftler als mögliche Farbabstufungen von der Jugendform bis hin zum geschlechtsreifen Tier; andere wiederum sind der Meinung, dass es sich bei den Farbvarianten nicht um Tiere der gleichen Art handelt. Weitere Untersuchungen werden also notwendig sein, um diese Fragen zu klären. Allen Farbvarianten gemeinsam ist, dass die Rhinophoren und die Kiemenbüschel keine oder kaum Farbabstufungen aufweisen und dass der Mantelrand der Tiere stets weiß ist. Bullocki`s Prachtsternschnecken werden maximal 6-8cm groß und ernähren sich überwiegend von Schwämmen. Ihre Verbreitung reicht vom Roten Meer und im Indopazifik von Ostafrika, Indonesien und Thailand bis nach Neukaledonien und Australien.

Foto: Indonesien, Bali

Bemalte Nacktschnecke *(Hypselodoris infucata)*

Bemalte Nacktschnecken sehen aus, als ob sie gerade ein Künstler in einer Farbkomposition von Blau, Gelb, Orange und Schwarz gemalt hätte. Der schlanke Körper der Tiere wird auf einem schmalen Fuß bewegt, der vom Mantel bedeckt wird. Die Rhinophoren und die 8-12 Kiemenbüschel sind rotorange eingefasst, während der blaugrundige Körper von einer Vielzahl gelber und schwarzer Flecken bedeckt wird. Bemalte Nacktschnecken sind Schwammfresser, die bis zu 6cm groß werden. Sie sind im Roten Meer verbreitet und kommen im Indopazifik von Ostafrika und dem Golf von Oman bis nach Vietnam und Australien vor.

Foto: Malaysia, Lankayan

Hypselodoris bullockii, Indonesien, Bali

Hypselodoris infucata, Malaysia, Lankayan

Krakatoa-Prachtsternschnecke *(Hypselodoris krakatoa)*

Diese Nacktschnecken sind aufgrund ihres hochrückigen Körpers nach dem Indonesischen Vulkan Krakatoa benannt. Ihr hellbraun bis dunkelbrauner Körper und der Fuß tragen feine und dunkelbraune Längslinien, die mit kleinen und weißen Punkten besetzt sind. Die orangen Rhinophoren besitzen weiße Spitzen und die gefiederten Kiemen ragen weit in das freie Wasser und symbolisieren einen Vulkanausbruch. Karakota-Nacktschnecken kommen vom Flachwasser bis in Tiefen von 20m vor und ernähren sich möglicherweise von Schwämmen. Ihre Verbreitung reich im Indopazifik von Malaysia bis nach Papua Neuguinea, Australien und Japan.

Foto: Malaysia, Mantanani

Dunkle Nacktschnecke *(Hyselodoris obscura)*

Nacktschnecken dieser Art besitzen einen schlanken und lang gestreckten Körper. Der breite Mantel bedeckt den Kriechfuß und ist am Kopf verbreitert. Das Hinterende des Fußes ist schlank ausgezogen und wird nicht vom Mantel bedeckt. 8-12 Kiemenbüschel befinden sich auf dem etwas hochrückigen Tier, die rot eingefasst sind. Die kolbigen Rhinophoren sind rot. Dunkle Nacktschnecken werden bis zu 6cm groß und sind sehr variabel in ihrer Farbe. Man kann sie leicht mit einer ähnlichen Art, H. infucata, verwechseln. Die Tiere tragen auf ihrem Körper unterschiedlich große, gelbe Flecken und Punkte und feine, violette und sporadisch verteilte Pünktchen. Alle Nacktschnecken dieser Art sind Schwammfresser, die sich hauptsächlich von Schwämmen der Gattung Dysidea ernähren. Ihr Vorkommen reicht von Südafrika bis nach Indonesien, den Philippinen und Papua Neuguinea bis nach Australien.

Foto: Malaysia, Mantanani

Hypselodoris krakatoa, Malaysia, Mantanani

Hyselodoris obscura, Malaysia, Mantanani

Rotband-Prachtsternschnecke *(Hypselodoris whitei)*

Prachtsternschnecken dieser Art besitzen einen schlanken Körper, der auf hellem Grund eine Vielzahl dunkelroter Längslinien trägt, die gekrümmt oder in Zickzacklinien angelegt sein können. Die Rhinophoren sind orange und tragen weiße Spitzen. Der Fuß und des Kopfschild sind violett gesäumt. Rotband-Prachtsternschnecken sind Schwammfresser, die in verschiedenen Farbvarianten in ihrem Verbreitungsgebiet vorkommen. Die nur 2-3cm großen Tiere leben im Indopazifik kommen von Ostafrika bis nach Indonesien, Neukaledonien, Hawaii und dem Enewetok-Atoll im Pazifik vor. Häufig werden sie in der Literatur unter dem Namen Hyselodoris mouaci dem Leser vorgestellt.

Foto:Papua Neuguinea, Milne Bay

Zephyr-Prachtsternschnecke *(Hypselodoris zephyra)*

Der Körper der Nacktschnecken ist schlank und lang gestreckt. Der Kopfteil ist verbreitert und das Schwanzende läuft konisch aus. Der Mantel bedeckt nicht den gesamten Körper und lässt den Fuß frei. Auf cremefarbenem Grund trägt der Körper dunkelbraune bis violette Längslinien und violette Flecken entlang des Mantelrandes und des Fußsaumes. Die kolbigen Rhinophoren und die Kiemen sind orange gefärbt. Die bis zu 6cm großen Schnecken sind nachtaktive Einzelgänger, die sich von Schwämmen ernähren. Sie sind Tiere des Flachwassers und leicht mit einer ähnlichen Art, mit H. nigrostriata, zu verwechseln. Deren Körperlinien verlaufen jedoch diagonal und nicht parallel. Zephyr-Prachtsternschnecken sind an den Riffen im Indopazifik verbreitet. Sie sind selten zu finden.

Foto: Indonesien, Raja Ampad

Hypselodoris whitei, Papua Neuguinea, Milne Bay

Hypselodoris zephyra, Indonesien, Raja Ampad

Vielwarzige Prachtsternschnecke *(Mexichromis multituberculata)*

Die nur 2-3cm großen Nacktschnecken tragen auf ihrem hellen Körper eine Vielzahl von Tuberkeln, deren Spitzen violett abgesetzt sind. Auch die Kiemen und die lamellierten Rhinophoren sind violett gefärbt. Der Mantelsaum trägt gelbe bis gelborange Flecken. Nacktschnecken dieser Art sind nachtaktive Tiere, die man auf ihrem Fresssubstrat, auf Schwämmen, findet. Die kleine Schnecke auf einem der Bilder legt unmittelbar nach der Kopulation ein weißes Laichband ab, das aus vielen Tausenden von Eizellen zusammengesetzt ist. Aus jedem Ei wird während der Entwicklung eine Veliger-Larve schlüpfen, aus der sich dann eine neue Schnecke entwickeln kann. Vielwarzige Prachtsternschnecken sind im Indopazifik von Sri Lanka bis nach Japan verbreitet.

Fotos: Papua Neuguinea, Milne Bay; Indonesien, Nord Sulawesi

Mexichromis multituberculata, Papua Neuguinea, Milne Bay

Mexichromis multituberculata, mit Eigelege, Indonesien, Nord Sulawesi

Kaiserliche Nacktschnecke *(Risbecia imperialis)*

Kaiserliche Nacktschnecken besitzen einen cremefarbenen und lang gestreckten Körper, der mit Tausenden kleiner und gelber Pünktchen übersät ist. Ihr Mantelrand ist blauviolett abgesetzt und zeigt fingerförmige Einbuchtungen, die leuchtend gelbe Flecken tragen. Die kurzen und stiftförmigen Rhinophoren sind lamelliert und blau gefärbt. Die bis zu 5cm großen Nacktschnecken sieht man häufig paarweise ihren Standort wechseln. Dabei folgt eine der anderen, so dass sie praktisch stets hinter- einander kriechen. Kommt noch ein drittes Tier hinzu, dann bilden sie schon eine kleine Kette. Kaiserliche Nacktschnecken sind Schwammfresser, die sich von Schwämmen der Gattungen Dysidea und Euspongia ernähren. Verbreitet sind sie im Indopazifik und kommen von Indonesien und Okinawa bis nach Hawaii und Australien vor.

Foto: Indonesien, Nord Sulawesi

Prachtsternschnecke *(Risbecia tryoni)*

Prachtsternschnecken dieser Art besitzen einen gelblichbraun geflammten und hochrückigen Körper, der von verschieden großen und violetten Flecken bedeckt ist. Der lang gestreckte Körper ist bis über den Kopf hin stark verbreitert, wobei sich der Mantelrand violett absetzt und den breiten Fuß völlig bedeckt. Die weißen und buschigen Kiemen zeigen rotorange Linien. Die violetten Rhinophoren sind lamelliert. Nacktschnecken dieser Art sind entweder einzeln oder paarweise auf Hartgründen unterwegs, wo sie auch ihre Nahrung suchen. Diese besteht möglicherweise aus Schwämmen. Sind die Tiere paarweise unterwegs im Riff, dann marschiert eines voran, während das andere, immer Körperkontakt haltend, nachfolgt. Sie wachsen bis zu 9cm Länge heran, sind tagaktiv und im Indopazifik von Ostafrika bis nach Papua Neuguinea und Okinawa verbreitet.

Foto: Malaysia, Mabul

Risbecia imperialis, Indonesien, Nord Sulawesi

Risbecia tryoni, Malaysia, Mabul

Geschmückte Nacktschnecke *(Cadlinella ornatissima)*

Geschmückte Nacktschnecken werden wegen ihrer geringen Größe in Riff meist übersehen. Sie werden maximal 3cm groß und sind auch tagsüber auf ihren Freßsubstraten anzutreffen. Es sind Schwämme der Gattung Halisarca, die sie bevorzugt fressen. Doch wer kennt schon diese Schwämme, um nach ihnen zu suchen? Ihr schlanker und gelber Körper trägt eine Vielzahl unterschiedlich langer und zylindrischer Papillen, deren Spitzen rot bis rotorange abgesetzt sind. Beide Rhinophoren sind außerordentlich lang, gefiedert und weiß. Geschmückte Nacktschnecken sind selten im Riff zu sehen. Sie leben vom flachen Wasser bis in moderate Tiefen und sind im Roten Meer und im Indopazifik vom Arabischen Golf und Thailand, bis nach Taiwan, Japan und Australien verbreitet.

Foto: Indonesien, Bali

Schlichte Nacktschnecke *(Noumea simplex)*

Schlichte Nacktschnecken sind kleine Tiere, die gerade einmal 2cm Größe erreichen. Ihr ovaler Körper ist weiß bis rosafarben, wobei die Farbe ihres Körpers weitgehend von der Farbe ihres Freßsubstrates bestimmt wird. So sind Tiere, die sich von rosafarbenen Schwämmen der Gattung Darwinella ernähren, auch rosa gefärbt. Alle anderen sind jedoch schneeweiß in ihrem Aussehen. Auffallend bei beiden Farbvarianten sind der bunte Körpersaum, die farbigen Rhinophoren und die Kiemen. Schliche Nacktschnecken leben tagsüber entweder einzeln oder in kleineren Gruppen unter Korallen und Korallenbrocken. Erst in der Nacht sind sie unterwegs auf Nahrungssuche. Sie kommen vom flachen Wasser bis in moderate Tiefen vor und sind vom Indischen Ozean bis in den westlichen Pazifik verbreitet.

Foto: Malaysia, Lankayan

Cadlinella ornatissima, Indonesien, Bali

Noumea simplex, Malaysia, Lankayan

Babai`s Warzenschnecke *(Phyllidia babai)*

Erst vor wenigen Jahren wurde diese Art beschrieben. Man kann sie leicht mit P. ocellata oder mit P. willani verwechseln. Den beiden anderen Schnecken fehlt im Gegensatz zu der hier vorgestellten Art die außerordentliche Vielzahl an weißen Punkten auf der Haut. Der helle Körper der Nacktschnecken trägt verschieden große und helle Warzen, von denen einige gelb gezeichnet sind. Andere dieser Warzen sind von schwarzen Flecken umringt. Babai`s Warzenschnecken sind Tiere des Flachwassers, die auf Hartgründen nach Schwämmen suchen, von denen sie sich ernähren. Ihr relativ fester Körper produziert bei Berührung eine milchige Flüssigkeit, die möglicherweise Fressfeinde abschrecken soll. Die nur 7cm großen Tiere sind an den Riffen von Indonesien, der Philippinen, Malaysia und Australien verbreitet.

Foto: Indonesien, Raja Ampad

Warzenschnecke *(Phyllidia marindica)*

Warzenschnecken sind Tiere des Flachwassers, die bis in Tiefen von 30m leben und sich von Schwämmen ernähren. Ihr auffällig gezeichneter Körper ist in der Regel 2-6cm groß und trägt bläulich graue Warzen mit gelben Kappen, die in Mantelmitte in einer Linie aufgereiht stehen. Zum Mantelrand hin werden sie immer kleiner, um letztlich keine gelben Kappen mehr zu tragen. Diese Warzen oder Tuberkel, wie man sie auch nennt, sind von schwarzen Linien umgeben, die bis zum Mantelrand reichen. Die Verbreitung der Art reicht im Indopazifik von Südafrika bis nach Indonesien und Australien.

Foto: Indonesien, Bali

Phyllidia babai, Indonesien, Raja Ampad

Phyllidia marindica, Indonesien, Bali

Carlsonhoff's Warzenschnecke *(Phyllidia carlsonhoffi)*

Carlsonhoff's Nacktschnecken besitzen einen schwarzen und samtweichen Rücken, der mit zahlreichen Warzen unterschiedlicher Größe bedeckt ist. Dabei wechseln große und kleine Warzen einander ab. Diese sind konisch, weiß in der Farbe und sie tragen einen gelben Fleck auf ihrer apikalen Spitze. Carlsonhoff's Nacktschnecken sind sehr selten. Sie kommen von Indonesien bis nach Vanuatu, Papua Neuguinea, Mikronesien und Fiji vor und sind überwiegend auf ihren Fresssubstraten zu finden. Sie ernähren sich von Schwämmen. Ihre Tiefenverbreitung reicht bis in 25 m.

Foto: Indonesien, Nusakode

Warzenschnecke *(Phyllidia coelestis)*

Die hier vorgestellte Art sieht der Warzenschnecke P. varicosa sehr ähnlich, besitzt aber im Gegensatz zu dieses eine schwarze und Y-förmige Struktur in der Mittelachse des Körpers, die sich am Kopf zu einem Y öffnet. Auch die Anordnung der blauen Kämme und der sich darauf befindlichen Warzen ist anders. Zudem sind Nacktschnecken dieser Art wesentlich kleiner als P. varicosa. Sie werden maximal nur 6cm groß. Ihr Biotop sind Riffhänge, Korallenbruch und Grobsandflächen, wo sie nach Schwämmen suchen, die sie abweiden. Ihr Tiefenvorkommen endet bei 20m. Y-Warzenschnecken sind im Indopazifik von Südafrika bis Fiji und Australien verbreitet.

Foto: Indonesien, Banta

Phyllidia carlsonhoffi, Indonesien, Nusakode

Phyllidia coelestis, Indonesien, Banta

Elegante Nacktschnecke *(Phyllidia elegans)*

Elegante Warzenschnecken sind selten. Ihr lang gestreckter und ovaler Körper repräsentiert sich in verschiedenen Grundfarben, von denen Grau und Rosa die Häufigsten sind. Auf diesem hellgrundigen Körper verlaufen mehrere schwarze Längs- und Querlinien, zwischen denen sich unterschiedlich große Warzen erheben, deren Spitzen gelb gefärbt sind. Auch die Rhinophoren sind gelb. Der Fuß ist schmal und besitzt ein schwarzes Längsband. Elegante Nacktschnecken leben im Roten Meer und kommen im Indopazifik von den Malediven bis nach Mikronesien, Japan, China und Australien vor. Sie leben vom fachen Wasser bis in 40m Tiefe. Als spezialisierte Schwammfresser suchen sie ihre Nahrung auf verschiedenen Gründen.

Foto: Indonesien, Nord Sulawesi

Augenflecken-Warzenschnecke *(Phyllidia ocellata)*

Warzenschnecken dieser Art besitzen einen ovalen und lang gestreckten Körper, der sehr variabel in der Farbe sein kann. Die Farbe reicht von hellgelb bis goldgelb. Der Körper ist von einer Vielzahl unterschiedlich großer und halbkugeliger Warzen bestanden, von denen einige schwarz umrandet sind. Sie gleichen Augenflecken. Aufgrund der variablen Farbe und der verschieden geformten Augenflecken gehört diese Art zu einem großen Komplex einander sehr ähnlich aussehender Nacktschnecken, die im Mantelmuster sehr stark variieren. Pralinenschnecken werden 4-6cm groß, weiden auf Hartgründen und sind Schwammfresser. Verbreitet ist die Art im Roten Meer und kommt im Indopazifik von Ostafrika bis Japan und Australien vor.

Foto: Papua Neuguinea, Milne Bay

Phyllidia elegans, Indonesien, Nord Sulawesi

Phyllidia ocellata, Papua Neuguinea, Milne Bay

Augenflecken-Warzenschnecke *(Phyllidia cf. ocellata)*

Warzenschnecken dieser Art besitzen einen ovalen und lang gestreckten Körper, der sehr variabel in der Farbe sein kann. Die Farbe reicht von hellgelb bis goldgelb. Der Körper ist von einer Vielzahl unterschiedlich großer und halbkugeliger Warzen bestanden, von denen einige schwarz umrandet sind. Sie gleichen Augenflecken. Aufgrund der variablen Farbe und der verschieden geformten Augenflecken gehört diese Art zu einem großen Komplex einander sehr ähnlich aussehender Nacktschnecken, die im Mantelmuster sehr stark variieren. Pralinenschnecken werden 4-6cm groß, weiden auf Hartgründen und sind Schwammfresser. Verbreitet ist die Art im Roten Meer und kommt im Indopazifik von Ostafrika bis Japan und Australien vor.

Foto: Malaysia, Lankayan

Pralinenschnecke, Variable Warzenschnecke *(Phyllidia varicosa)*

Nacktschnecken dieser Art können bis zu 12cm Länge heranwachsen und gehören damit zu den größten Nacktschnecken an tropischen Riffen. Zudem ist es die häufigste und am weitesten verbreitete Art aus dieser Gattung. Sie kommen im Roten Meer und im Indopazifik von Ostafrika bis zu den Gesellschafts-Inseln und Australien vor. Der samtschwarze Körper der lang gestreckten Schnecken trägt hellblaue bis weiße Längsleisten, die mit großen und gelben Warzen besetzt sind. Und dreht man die Tiere um, dann sieht man auf ihrer Kriechsohle eine schwarze Mittellinie. So kann man sie von ähnlich aussehenden Warzenschnecken unterscheiden. Pralinenschnecken sind Schwammfresser, die tag- und nachtaktiv sind. Sie weiden auf Korallenfels und kommen vom Riffdach bis in 30m Tiefe vor.

Foto: Indonesien, Raja Ampad

Phyllidia ocellata, Malaysia, Lankayan

Phyllidia varicosa, Indonesien, Raja Ampad

Rauhe Warzenschnecke *(Phyllidiella granulata)*

Der Körper der Rauhen Warzenschnecken ist rosafarben und durchzogen mit schwarzen Linien zwischen den hoch aufragenden, hellen Warzen. Diese sind selten einzeln arrangiert, sondern stehen häufig in kleinen Gruppen beieinander. Sie alle sind in unregelmäßigen Reihen formiert. Die Rhinophoren sind schwarz. Rauhe Warzenschnecken werden bis zu 5cm groß. Sie kommen in verschiedenen Farbvarianten vor und sind im Indopazifik von Singapur bis Malaysia, Australien und Hawaii weit verbreitet.

Foto: Malaysia, Sipadan

Höckerige Warzenschnecke *(Phyllidiella pustulosa)*

Diese Art ist eine der häufigsten aus der Gattung Phylidiella an den Riffen im Roten Meer und im Indopazifik. Auf dem lang gestreckten und ovalen Körper befindet sich auf schwarzem Grund eine Vielzahl von rosaroten Tuberkeln, auch Warzen genannt, die unregelmäßig verteilt sind und von Tier zu Tier variieren. Der Mantelrand ist rosa und die Fußsohle weiß. Höckerige Warzenschnecken sind Tiere des Flachwassers, die auf Hartgrund nach Schwämmen suchen, die sie fressen. Sie werden maximal 6-8cm groß. Ihr Aussehen wird von dem Meeresstrudelwurm Pseudoceros imitatus imitiert.

Foto: Indonesien, Bali

Phyllidiella granulata, Malaysia, Sipadan

Phyllidiella pustulosa, Indonesien, Bali

Schwarze Warzenschnecke *(Phyllidiella nigra)*

Schwarze Warzenschnecken besitzen einen tief schwarzen, lang gestreckten Körper, der auf seinem Rücken relativ große und rosa gefärbte Warzen trägt. Diese können einzeln oder zu mehreren beieinander stehen. Die Rhinophoren sind schwarz wie der Körper. Der Mantelsaum ist etwas heller abgesetzt. Schwarze Warzenschnecken werden maximal 3cm groß. Sie sind im Roten Meer und im Indopazifik weit verbreitet und kommen hier von den Andamanen bis nach Australien und Japan vor.

Foto: Papua Neuguinea, Milne Bay

Ceylon-Nacktschnecke *(Phyllidiella zeylandica)*

Ceylon-Nacktschnecken sind Schwammfresser, die sich bevorzugt von Schwämmen der Gattung Smenospongia ernähren. Ihr bis zu 8cm schlanker Körper trägt auf seinem Rücken graubraune bis rosafarbige Erhebungen, die sich am Kopf und am Körperende vereinigen und durch schwarze Linien voneinander getrennt sind. Sie sind mit einer Vielzahl weißer bis rosafarbiger Tuberkaln besetzt. Ceylon-Nacktschnecken zu finden ist nicht gerade einfach, denn sie halten sich stets in der Nähe ihrer Freßsubstrate auf, auf deren Oberfläche sie auch ihre Eigelege deponieren. Verbreitet sind die Tiere im Indopazifik und kommen von Südafrika und den Seychellen bis nach Australien und Papua Neuguinea vor.

Foto: Indonesien, Bali, Secret Bay

Phyllidiella nigra, Papua Neuguinea, Milne Bay

Phyllidiella zeylandica, Indonesien, Bali, Secret Bay

Rissige Nacktschnecke *(Phyllidiopsis fissurata)*

Rissige Nacktschnecken besitzen einen schlanken und schwarzen Körper, der mit vielen unterschiedlich großen und rosafarbenen Warzen bedeckt ist, wobei diese Warzen auch in Reihen angeordnet sein können. Die Rhinophoren sind schwarz. Ausgewachsene Tiere können bis zu 8cm groß werden und ernähren sich von verschiedenen Schwammarten. Nacktschnecken dieser Art zu bestimmen ist nicht immer einfach, denn es gibt zu viele Arten innerhalb dieser Gattung, die ähnlich aussehen. Ihre Verbreitung reicht im Indopazifik von Thailand und Malaysia bis nach Japan, Hawaii und Australien.

Foto: Indonesien, Moyo

Warzenschnecke *(Phyllidiella shireenae)*

Warzenschnecken besitzen einen lang gestreckten Körper mit warzigen Erhebungen, zwischen denen schwarze Längs- und Querbänder verlaufen. Die Rhinophoren am vorderen Körperpol sind sehr schlank und schwarz gefärbt. Die nur 6cm großen Nacktschnecken sind Schwammfresser. Die mit der Nahrung aufgenommenen Schwammgifte werden im Körper der Tiere gespeichert und zur Abwehr von Fressfeinden genutzt. Warzenschnecken sind tag- und nachtaktiv und weiden auf Korallenfels, auf Grobsand und auf Korallenschutt der Lagunen und kommen vom Flachwasser bis in größere Tiefen vor. An den Riffen im Indopazifik sind Tiere dieser Gattung weit verbreitet.

Foto: Malaysia, Mantanani

Phyllidiopsis fissurata, Indonesien, Moyo

Phyllidiella shireenae, Malaysia, Mantanani

Gestreifte Nacktschnecke *(Phyllidiopsis striata)*

Gestreifte Nacktschnecken sind kleine Tiere, die ausgewachsen eine Länge von 5cm erreichen können. Inn der Regel jedoch sind sie kleiner. Ihr hellblauer Körper trägt schwarze Längslinien, die zwischen den Erhebungen des Rückens verlaufen. Während ein schwarzes Band den Körper umgreift, vereinige sich die beiden mittleren Bänder am vorderen Bewegungspol. Gestreifte Nacktschnecken sind nachtaktive Schwammfresser, die auf verschiedenen Gründen weiden. Verbreitet sind sie im Indopazifik und kommen von Ostafrika bis zu den Salomonen, Japan und Australien vor.

Foto: Indonesien, Raja Ampad

Schwarze Halgerda *(Reticulidia halgerda)*

Aufgrund ihrer dunklen Farbe ist die Schwarze Halgerda im Riff leicht zu übersehen. Nur ihre scharfkantigen gelben bis orange Kammlinien sind dafür verantwortlich, dass man gelegentlich auf sie aufmerksam werden kann. Der maximal 7cm große, ovale und hochrückige Körper der Schnecken trägt keine Kiemenbüschel auf dem Rücken und die stiftförmigen Rhinophoren sind auch nicht so groß, dass sie auffallen würden. Möglicherweise sind Nacktschnecken dieser Art Schwammfresser, weil man sie sehr häufig auf Schwämmen der Art Cinachyrella porosa findet. Im Indopazifik sind sie von Indonesien, den Solomonen und Japan bis nach Taiwan und Australien verbreitet.

Foto: Indonesien, Raja Ampad

Phyllidiopsis striata, Indonesien, Raja Ampad

Reticulidia halgerda, Indonesien, Raja Ampad

Pilz-Warzenschnecke *(Reticulidia fungia)*

Pilz-Warzenschnecken sind erst vor einigen Jahren beschrieben worden und relativ selten an den Riffen im Indopazifik. Ihr fester, ovaler, hochrückiger und schwarzer Körper besitzt weiße, gelbe oder orange Kammlinien und kurze, stiftförmige Rhinophoren, die stets die Farbe der Kammlinien besitzen. Die hier vorgestellte Nacktschnecke weidet auf Korallen und gut bewachsenen Hartsubstraten und ernährt sich möglicherweise von Schwämmen. Leider ist über die Biologie dieser Tiere so gut wie nichts bekannt. Verbreitet sind Pilz-Warzenschnecken von Indonesien bis Fiji und Nordaustralien.

Foto: Indonesien, Zentral Sulawesi

Höckerige Nacktschnecke *(Dendrodoris tuberculosa)*

Höckerige Nacktschnecken sind nachtaktive Tiere, die auf verschiedenen Gründen ihre Nahrung suchen. Diese besteht überwiegend aus Schwämmen. Da den Schnecken eine Radula fehlt, sind sie gezwungen, ihre Nahrung fermentativ zu zersetzen, um sie dann aufzusaugen. Ihr relativ großer und ovaler Körper, der eine Länge von 15cm erreichen kann, ist höckerig, tubulös und mit rosettartigen Warzen bedeckt. Zwischen diesen ist kein Lumen mehr sichtbar, die die einzelnen Warzen voneinander trennen könnte. Diese Höcker können grünlich, bräunlich oder graublau gefärbt sein. Höckerige Nacktschnecken sind im Roten Meer und im gesamten Indopazifik verbreitet.

Foto: Philippinen, Cabilao

Reticulidia fungia, Indonesien, Zentral Sulawesi

Dendrodoris tuberculos, Philippinen, Cabilao

Höckerige Nacktschnecke *(Dendrodoris tuberculosa)*

Höckerige Nacktschnecken sind nachtaktive Tiere, die auf verschiedenen Gründen ihre Nahrung suchen. Diese besteht überwiegend aus Schwämmen. Da den Schnecken eine Radula fehlt, sind sie gezwungen, ihre Nahrung fermentativ zu zersetzen, um sie dann aufzusaugen. Ihr relativ großer und ovaler Körper, der eine Länge von 15cm erreichen kann, ist höckerig, tubulös und mit rosettartigen Warzen bedeckt. Zwischen diesen ist kein Lumen mehr sichtbar, die die einzelnen Warzen voneinander trennen könnte. Diese Höcker können grünlich, bräunlich oder graublau gefärbt sein. Höckerige Nacktschnecken sind im Roten Meer und im gesamten Indopazifik verbreitet.

Foto:Papua Neuguinea, Milne Bay MUCK/GÜNTHER

***Warzige Sternschneck**e* *(Dendrodoris carbunculosa)*

Warzige Sternschnecken sind nächtliche Einzelgänger auf Sand- und Schlammböden. Ihr relativ großer und bis zu 20cm ovaler Körper trägt zahlreiche warzige Erhebungen, die den Körper bedecken und die verschiedene Formen zeigen können. Vorsicht bei der Berührung dieser Schnecken: Sie brennen auch die menschliche Haut und können Blasenbildungen hervorrufen. Die Grundfarbe des Körpers der Schnecken ist immer braun. Nur die Farbe der Warzen kann verschieden sein. Auffallend sind die großen und buschigen Kiemen auf dem Rücken der Schnecken, die um eine zentral gelegene Afteröffnung gruppiert sind. Da den Schnecken eine Radula fehlt, sind sie gezwungen, mit Hilfe ihres Rüssels ihr Fresssubstrat, überwiegend Schwämme, auszusaugen. Warzige Sternschnecken sind im Roten Meer und im Indopazifik von Südafrika bis Hawaii und Australien verbreitet.

Foto: Indonesien, Menjangan

Dendrodoris tuberculos, Papua Neuguinea, Milne Bay

Dendrodoris carbunculosa, Indonesien, Menjangan

Schlangenaal-Nacktschnecke *(Bornella anguilla)*

Schlangenaal-Nacktschnecken sind nachtaktive Einzelgänger, die sich tagsüber im Riff verstecken. Sie besitzen einen sehr schlanken und zylindrischen Körper, der außerordentlich lange Rückenanhänge trägt, die geflammt erscheinen. Der Körper selbst trägt fast orientalische Zeichnungen, die in Gelb, Rot, Orange und Braun gehalten sind. Die Musterung zeigt von Tier zu Tier kleine Abweichungen. Einmal gestört können die Tiere vom Boden abheben und sich schwimmend fortbewegen. Die Art, wie sie schwimmen und sich mit seitlichen Wellenbewegungen fortbewegen, erinnert an die Schwimmweise von Schlangenaalen und nicht der von Schnecken. Daraus resultiert letztlich ihr Artname „anguilla". Schlangenaal-Nacktschnecken ernähren sich von Nesseltieren und hier speziell von Hydroiden. Sie werden bis zu 10cm groß und sind im Indopazifik von Afrika bis nach Japan und Australien verbreitet.

Fotos: Philippinen, Siquijor

Bornella anguilla, Philippinen, Silquijor

Bornella anguilla, Philippinen, Silquijor

Schlangen-Nacktschnecke *(Dendronotidae sp.)*

Nacktschnecken aus dieser Familie sind mit nur ganz wenigen Arten an den Riffen im Indopazifik vertreten. Der Körper der Nacktschnecke ist schlank, zylindrisch und fast schlangenförmig. Die langen Körperanhänge (Ceratae) sind bäumchenartig bis federartig verzweigt und zeigen, wie auch der Körper der Schnecken, braune Fleckenzeichnungen auf gelbem Grund.Die Rhinophoren sind gelb, groß, lamelliert und kerzenförmig. Sie sind in Scheiden einziehbar. Schlangen-Nacktschnecken sind tag- und nachtaktiv und weiden auf mit Algen bestandenem Grund. Sie ernähren sich von Hydroiden. In ihrem natürlichen Lebensraum sind sie aufgrund ihres fadenförmigen Aussehend kaum von den Algen zu unterscheiden. Sie kommen von Indonesien bis zu den Philippinen vor und sehen Nacktschnecken der Gattung Bornella sehr ähnlich.

Foto: Indonesien, Rinca

Schleierschnecke *(Melibe megaceras)*

Die hier abgebildeten Tiere gehören zweifelsfrei zu den skurrilsten Formen innerhalb einer Tiergruppe, die sich sowieso durch eine eigenwillige und sonderbare Körperform auszeichnet. Am schlanken und zum Ende hin zugespitzten Körper fallen zahlreiche und extrem lange Körperanhänge auf, die sich terminal spalten und Zehen ähnlich sehen. Der Körper und die ballonförmig erweiterte Mundöffnung sind mit zahlreichen zylindrischen und fadenförmigen Projektionen, ähnlich Papillen, bestückt, die in der Strömung flottieren. Die braune Körperfarbe der Tiere kommt von den einzelligen Algen Symbiodinium microadriaticum, die als Zooxanthellen mit den Schnecken in einer Symbiose leben und von deren Produkten sie sich auch weitgehend ernähren. Aus diesem Grund werden die Körperanhänge auch flach auf dem Boden ausgebreitet, um so genügend Licht für die Photosynthese der Algen einzufangen. Zudem fressen die Schleierschnecken kleine Krebse des Sandlückensystems. Zu diesem Zweck schaufeln sie Sand mit Hilfe ihrer ballonförmig erweiterten Mundöffnung in den Hohlraum und saugen, ähnlich einem Staubsauger, die Krebschen ein. Die fast transparenten Tiere auf einem hellen Sandboden zu entdecken ist schwierig. Sie werden selten gesehen und kommen doch zu bestimmten Jahreszeiten an manchen Küsten in großer Individuendichte zu Kopulations-Aggregationen zusammen. Man kennt diese Tiere von Hawaii doch kommmen sie mit großer Wahrscheinlichkeit auch im restlichen Indopazifik vor.

Foto: Malaysia, Mantanani

Dendronotidae sp., Indonesien, Rinca

Melibe megaceras, Malaysia, Mantanani

Sonderbare Schleierschnecke *(Melibe viridis)*

Schleierschnecken sind sonderbare Geschöpfe, die auf dem Boden kriechen und mit Hilfe ihres breiten Kopfsegels den Untergrund nach Verwertbarem abbürsten. So fressen sie Algen, Detritus und kleine Krebse. Ihr eigenartiges Aussehen lässt nicht vermuten, dass sie zu den Nacktkiemenschnecken zählen. Ihr Körper trägt große, breite, scheibenförmige und hell gefleckte Anhänge, die aufgestellt oder zur Seite gelegt werden. Der Kopf ist ballonartig vergrößert und trägt ein Mundsegel. Sonderbare Schleierschnecken leben in Seegraswiesen, in Mangroven, auf ausgedehnten Sandflächen und kommen auch in belasteten Hafenbecken vor. Sie sind in der Lage, mit Hilfe undulierender Bewegungen ihres Körpers über kurze Strecken zu schwimmen, um einen Standortwechsel vorzunehmen oder Feinden zu entkommen. Die Farbe ihres Körpers ist variabel und den örtlichen Bedingungen angepasst. Die bis zu 16cm großen Tiere sind im gesamten Indopazifik verbreitet.

Fotos: Malaysia, Mantanani

Melibe viridis, Malaysia, Mantanani

Melibe viridis, Malaysia, Mantanani

Olivegrüne Baumschnecke *(Marionia olivacea)*

Olivegrüne Baumschnecken ernähren sich von Weichkorallen der Gattungen Xenia und Heteroxenia. Dort sollte man suchen, um sie zu finden. Der schlanke und grün gefärbte Körper der Schnecken zeigt ein auffälliges Mosaikmuster und trägt reich verzweigte, bäumchenförmige Rückenanhänge zu beiden Seiten des Tieres. Der Fuß ist schmal und läuft am Ende spitz aus und der Kopfrand trägt fransige Protrusionen. Die nachtaktiven Tiere verstecken sich tagsüber unter Steinen und toten Korallen. Sie werden bis zu 6cm groß und sind im Roten Meer und im gesamten Indopazifik weit verbreitet.

Foto: Papua Neuguinea, Milne Bay

Mosaik-Nacktschnecke *(Marionia cf. pustulosa)*

Mosaik-Nacktschnecken besitzen reich verzweigte Körperanhänge, die zu beiden Seiten des Körpers zu langen und buschförmigen Gebilden ausgestreckt werden können. Der lang gestreckte Körper ist von zahlreichen Pusteln bedeckt, die dunkel eingefasst sind. Der Mantel der Tiere geht in den breiten und muskulösen Kriechfuß über und ein Mundsegel zeigt stiftförmige Fransen. Mosaik-Nacktschnecken kommen in verschiedenen Farben vor. Sie werden bis zu 15cm groß und ernähren sich von Weichkorallen der Gattungen Xenia und Heteroxenia. Als nachtaktive Nacktschnecken leben sie tagsüber verborgen unter Steinen und Korallen. Verbreitet sind sie Roten Meer und im Indopazifik von Ostafrika bis zu den Philippinen und Australien.

Foto: Indonesien, Raja Ampad

Marionia olivacea, Papua Neuguinea, Milne Bay

Marionia cf. pustulosa, Indonesien, Raja Ampa

Bäumchenschnecke *(Marionia sp.)*

Die etwa 8cm großen Nacktschnecken besitzen einen lang gestreckten Körper, der zum hinteren Ende dünner wird. Auffallend sind 2 Reihen von bäumchenartigen Anhängen an den Körperseiten, die reich verzweigt enden. Ein rotbraunes Netzwerk überzieht den schlanken Körper und spart dabei eine helle Mittellinie und Querverbindungen zu den büschelartigen Anhängen aus. Auch die Rhinophoren sind büschelartig und können in röhrenförmigen Scheiden versenkt werden. Bäumchenschnecken sind möglicherweise Weichkorallenfresser, die auf bewachsenen Hartgründen weiden. Die kommen im Indopazifik von Ostafrika bis zu den Philippinen vor und sind überwiegend nachtaktiv. Als Art ist die abgebildete Schnecke noch nicht beschrieben.

Fotos: Papua Neuguinea, Milne Bay; Indonesien, Bali

Marionia sp., Papua Neuguinea, Milne Bay

Marionia sp., Indonesien, Bali

Prachtkolbenschnecke *(Janolus sp.)*

Prachtkolbenschnecken tragen auf ihrem Körper eine Vielzahl kolbiger und spitz auslaufender Rückenanhänge (Cerata), die am apikalen Ende einen weißen, spitzen und stilettähnlichen Fortsatz tragen. Die Basis der Spitze ist violett bis rotviolett abgesetzt. Die brillant orangerot gefärbten Tiere sind nachtaktive Weidegänger, die sich bevorzugt von Moostierchen ernähren. Sie werden bis zu 4cm groß und halten sich stets auf oder in der Nähe ihrer Freßsubstrate auf. Das Bild zeigt eine Prachtkolbenschnecke unter einem schattigen Überhang.

Foto: Papua Neuguinea, Milne Bay

Fadenschnecke (*Sakuraeolis nungunoides)*

Das Bild zeigt eine wunderschöne Fadenschnecke mit einem cremeweißen, schlanken und lang gestreckten Körper, der auf dem Rücken zahlreiche, unterschiedlich lange und fingerförmige Anhänge (Ceratae) trägt, die orangerote Spitzen haben. Sie werden überwiegend aufrecht gestellt. Das Körperende läuft spitz aus Der Kopf zeigt lange und spitze Mundtentakeln und darüber liegende konische Rhinophoren. Ein medianes oranges Band am Kopf läuft von den Rhinophoren zu den Fühlern. Fadenschnecken ernähren sich überwiegend von Hydoidpolypen und speichern die Nesselkapseln ihrer Beutetiere in ihren langen Körperanhängen. Sie werden zum Schutz und zu Verteidigung gegenüber Freßfeinden eingesetzt. Die bis zu 4cm schlanken Fadenschnecken kommen an den Riffen von Ostafrika und Malaysia bis nach Neukaledonien vor.

Foto: Malaysia, Mantatani

Janolus sp., Papua Neuguinea, Milne Bay

Sakuraeolis nungunoides, Malaysia, Mantatani

Liebliche Fadenschnecke *(Flabellina exoptata)*

Fadenschnecken dieser Art sind prächtig gefärbt. Es sind Warnfarben, die sie ihren Fressfeinden präsentieren, was heißen soll: Achtung, ich bin giftig und gefährlich! Auffallend sind die zahlreichen bunten Rückenanhänge (Ceratae), die violett geringelt und deren Spitzen gelb abgesetzt sind. Liebliche Fadenschnecken werden bis zu 4cm groß. Sie ernähren sich von Hydroiden der Gattungen Eudendrium, Halocordyle und Pennaria, deren Polypen sie fressen. Auf ihren Kolonien findet man sie auch, wenn man sie sucht. Die Verbreitung der Art reicht vom Indischen Ozean bis in den Westpazifik.

Fotos: Papua Neuguinea, Milne Bay

Flabellina exoptata, Papua Neuguinea, Milne Bay

Flabellina exoptata, Papua Neuguinea, Milne Bay

Dekor-Fadenschnecke *(Flabellina bilas)*

Der schlanke und bis zu 5cm große Körper der Fadenschnecken trägt auf dem Rücken große und kolbenförmige Rückenanhänge, die an ihren Spitzen abgerundet enden. Diese werden von farbigen Querbändern verziert. In Körpermitte verläuft ein breites und helles Längsband, das auch hellblau gefärbt sein kann. Die hoch aufragenden Rhinophoren sind mit plattenförmigen Falten ausgestattet, so genannten Perforationen. Dekor-Fadenschnecken ernähren sich von Hydroidpolypen und sind offensichtlich spezialisiert darauf, sich von den Polypen der Gattung Eudendrium zu ernähren. Verbreitet sind sie im Roten Meer und kommen im Indopazifik von Ostafrika bis nach Polynesien, den Marshall-Inseln und Australien vor.

Foto:Indonesien, Raja Ampad

Purpur-Fadenschnecke *(Flabellina rubrolineata)*

Purpur-Fadenschnecken sind Tiere des Flachwassers. Sie leben auf Hydroiden, von deren Polypen sie sich auch weitgehend ernähren. Hier bevorzugen sie die Art Halocordyle disticha. Die Nesselkapseln der Hydroiden, die sie mit der Nahrung aufnehmen, werden nicht verdaut, sondern in Darmblindsäcken gespeichert. Diese befinden sich auch in der Rückenanhängen (Ceratae). Als sog. „Kleptokniden" (gestohlene Nesselkapseln) werden sie zur Abwehr gegen Fressfeinde eingesetzt. Fadenschnecken besitzen einen annähernd 4cm langen und gestreckten Körper, der viele Rückenanhänge trägt. Diese sind an den rotvioletten bis purpurroten Anhängen des Rückens zu erkennen. Der Kopf trägt ein Paar Rhinophoren und ein Paar lange Tentakeln. Pururpur-Fadenschnecken sind im Roten Meer und im gesamten Indopazifik verbreitet.

Foto: Malaysia, Lankayan

Flabellina bilas, Indonesien, Raja Ampad

Flabellina rubrolineata, Malaysia, Lankayan

Yamasuis Fadenschnecke *(Trinchesia yamasui)*

Fadenschnecken dieser Art waren ursprünglich nur von der Ostküste Afrikas bekannt, bis sie später dann in Indonesien und an der Westküste von Australien gefunden wurden. Die Tiere tragen auf ihrem milchig weißen Körper eine Vielzahl kolbiger Rückenanhänge, die entweder aufgestellt oder über den Rücken gelegt werden. Ihre Spitzen sind graublau und orange abgesetzt. Die Rhinophoren und Kopffühler sind braun und zugespitzt. Fadenschnecken dieser Art sind Tiere des Flachwassers, die auf Sand, Schlamm und auf Korallenbruch leben und sich überwiegend von Hydroiden ernähren. Sie werden bis zu 4cm groß und sind nachtaktiv.

Fotos: Papua Neuguinea, Milne Bay; Malaysia, Mantanani; MUCK/GÜNTHER

Trinchesia yamasui, Papua Neuguinea, Milne Bay

Trinchesia yamasui, Malaysia, Mantanani

Fadenschnecke *(Godiva sp.)*

Fadenschnecken der Gattung Godia sind sehr kleine Tiere, die nur bis zu 4cm groß werden und damit leicht zu übersehen sind. Ihr weißer bis gelblicher Körper trägt eine Vielzahl unterschiedlich langer, dicht stehender und rötlichbrauner Rückenanhänge, die oft in Gruppen arrangiert sind. Ihre Spitzen sind bläulich abgesetzt und enden spitz. Die Kopffühler sind sehr lang und verschiedenfarbig geringelt. Wovon sich die Schnecken ernähren, ist im Moment noch unbekannt. Es ist anzunehmen, dass sie sich von den Polypen verschiedener Hydroidkolonien ernähren, auf deren Verzweigungen sie gelegentlich gefunden werden. Verbreitet sind die Tiere bevorzugt im westlichen Indopazifik.

Bild: Papua Neuguinea, Milne Bay

Fadenschnecke *(Phyllodesmium briareum)*

Fadenschnecken besitzen einen fadenförmigen Körper, der zahlreiche lange, zylindrische und apikal zugespitzte Körperanhänge (Ceratae) trägt. Diese können bei Gefahr abgeworfen und später ersetzt werden. Sie tragen keine von Beutetieren übernommene Nematocysten, sondern beherbergen einzellige Algen, sog. Zooxanthellen, von deren Produkten sich die Schnecken teilweise ernähren. Ihre Hauptnahrung besteht jedoch aus verschiedenen Weichkorallen der Gattungen Clavularia und Pachyclavularia. Hier findet man sie auch auf ihren Freßsubstraten. Fadenschnecken werden bis zu 4cm groß. Aufgrund ihrer unscheinbaren Färbung werden sie häufig übersehen. Sie kommen einzeln oder in kleineren Gruppen vor und sind in Tiefen von 2-25m zu finden. Im Roten Meer und im Indopazifik sind sie weit verbreitet.

Foto: Malaysia, Mantanani

Godiva sp., Papua Neuguinea, Milne Bay

Phyllodesmium briareum, Malaysia, Mantanani

Langzirren-Fingerschnecke *(Phyllodesmium longicirrum)*

Fingerschnecken dieser Art sind tag- und nachtaktive Einzelgänger von skurrilem Aussehen. Die etwa 15cm langen Schnecken besitzen einen hellen und schlanken Körper, der eine Vielzahl außerordentlich langer, kräftiger und apikal abgerundeter Körperanhänge (Cerata) trägt, die braune Flecken tragen. Diese sind nichts anderes als Ansammlungen von Algen. Als Weichkorallenfresser nehmen sie mit ihrer Nahrung auch die symbiotischen Algen (Zooxanthellen) ihrer Beute auf und deponieren sie in ihrem Körper. So nutzen sie die Algen zu ihrem Vorteil, weil diese mit Hilfe der Photosynthese Nährstoffe produzieren, die die Fadenschnecken für ihre eigene Ernährung nutzen. Langzirren-Fadenschnecken leben im Flachwasser der Riffe auf Sand- und Geröllböden und in Seegraswiesen. Häufig findet man sie auch auf ihrem Fresssubstrat, auf Weichkorallen. Im Indopazifik sind sie von Indonesien bis nach Papua Neuguinea und Ostaustralien verbreitet.

Foto: Papua Neuguinea, Milne Bay

Grosse Fadenschnecke *(Phyllodesmium magnum)*

Grosse Fadenschnecken werden bis zu 13cm groß und kommen im Roten Meer und im Indopazifik von Ostafrika bis nach Australien und den Marshall-Inseln vor. Die besitzen einen schlanken und zugespitzten Körper, der eine Vielzahl langer und nach oben gebogener Rückenanhänge trägt, die spitz auslaufen. Die paarigen Fühler und die Rhinophoren sind lang. Grosse Fadenschnecken ernähren sich überwiegend von Weichkorallen der Gattung Sinularia. Sie bewegen sich auf ihren Freßsubstraten auf Schleimbahnen, um nicht genesselt zu werden. Und sie kommen in verschiedenen Farbvarianten vor, wobei graueblaue und blaugelbe Farben überwiegen.

Foto: Papua Neuguinea, Milne Bay

Phyllodesmium longicirrum, Papua Neuguinea, Milne Bay

Phyllodesmium magnum, Papua Neuguinea, Milne Bay

Trauer-Nacktschnecke *(Phestilla lugubris)*

Die Larvalentwicklung dieser Nacktschnecken soll eng mit Steinkorallen der Gattung Porites verbunden sein, die einen Lockstoff produzieren, um die Veliger-Larven der Schnecken zu veranlassen, sich auf ihnen niederlassen. Hier beendet die Larve auch ihre gestaltliche Umwandlung (Metamorphose) bis zur Schnecke und nutzt die Polypen der Korallen als erste Nahrung. Trauer-Nacktschnecken ähneln mitunter kleinen Anemonen mit ihren vielen Tentakeln. Es sind jedoch in Wirklichkeit die vielen hellbraunen Rückenanhänge (Cerata) der Schnecke, die übereinander gelegt werden und deren Spitzen gelb abgesetzt sind. Trauer-Nacktschnecken sind nachtaktive Tiere, die sich tagsüber im Boden verstecken. Sie fressen als erwachsene Schnecken die langen Korallenpolypen der Gattung Goniopora. Verbreitet sind sie im Indopazifik von Indonesien bis nach Hongkong, Australien und Tasmanien. Trauer-Nacktschnecken sind selten.

Foto: Indonesien, Nord Sulawesi

Brockis Fadenschnecke *(Moridilla brocki)*

Der milchweiße Körper der Nacktschnecken ist schlank und läuft konisch aus. Die vielen orangefarbenen Körperanhänge (Ceratae) stehen in Gruppen und werden in Bewegung aufgestellt. Der Kopf trägt sehr lange Fühler mit orange gefärbten Spitzen. Die beiden Rhinophoren sind rot und kolbig. Brockis Fadenschnecken werden bis zu 6cm groß, sie sind tag- und nachtaktiv und dazu extreme Nahrungsspezialisten, die sich von Weichkorallen ernähren. Sie leben überwiegend im Flachwasser der Riffe und lieben schattige Standorte. Verbreitet sind sie im Indopazifik von Ostafrika bis nach Japan und Australien.

Foto: Indonesien, Raja Ampad

Phestilla lugubris, Indonesien, Nord Sulawesi

Moridilla brocki, Indonesien, Raja Ampad

Indische Nacktschnecke *(Phidiana indica)*

Nacktschnecken dieser Art sind im Roten Meer und in gesamten Indopazifik weit verbreitet. Da sie sich bevorzugt von Hydroidpolypen der Gattungen Pennaria und Salmacia ernähren, findet man sie überwiegend auf ihren Fresssubstraten oder auf Hartgründen auf ihrem Weg dahin. Die Nesselkapseln der Hydroiden, die sie mit der Nahrung aufnehmen, speichern sie zur Feindabwehr in ihren Rückenanhängen. Die nur 3-4cm langen Nacktschnecken sind sehr variabel in ihrer Farbe. Der Kopf trägt lange, schlanke und spitze Mundtentakeln und kurze Rhinophoren dahinter. Die zahlreichen Körperanhänge (Ceratae) haben verschiedene Farben in der Kombination rot, blau, gelb und weiß.

Foto: Indonesien, Moyo

Lange Fadenschnecke *(Pteraeolidia ianthina)*

Lange Fadenschnecken werden in der Literatur auch als Finger-Fadenschnecken bezeichnet. Ihr schlanker und fadenförmiger Körper, der länger als 10cm wachsen kann, trägt viele Rückenanhänge (Cerata), die in paarige Büschel zusammengefasst und so angeordnet sind, dass sie sich nicht überlappen. Und das hat seinen Grund: Sie ernähren sich nämlich von Nesseltieren, die mit einzelligen Algen, den Zooxanthellen, in einer Symbiose leben. Die so mit der Nahrung aufgenommenen Algen werden im eigenen Körper deponiert und für die eigene Ernährung genutzt. Selbst einmal deponiert, vergrößern die Zooxanthellen ihren Anteil im Schneckengewebe. Auch die aufgenommenen Nesselzellen werden zur Verteidigung genutzt. Lange Fadenschnecken kommen in verschiedenen Farben vor, wobei zwei Farben für die Unterscheidung von Jung- und Alttieren wichtig sind: In ihrer Jugend sind die Fadenschnecken hellbraun bis braun, als adulte Tiere sind sie hellblau bis blau. Fadenschnecken dieser Art sind Flachwassertiere, die auf das Sonnenlicht für die Photosynthese ihrer Zooxanthellen angewiesen sind. Verbreitet sind sie im Roten Meer und im Indopazifik von Ostafrika bis Hawaii und Australien.

Foto: Malaysia, Lankayan

Phidiana indica, Indonesien, Moyo

Pteraeolidia ianthina, Malaysia, Lankayan

Schmuck-Nacktschnecke, Ambon-Nacktschnecke *(Cerberilla ambonensis)*

Schmuck-Nacktschnecken sind außerordentlich seltene Tiere, die nur nachts auf verschiedenen Sandböden auf Nahrungssuche unterwegs sind. Hier leben sie auch tagsüber eingegraben. Ihr lang gestreckter und ovaler Körper trägt auf dem Rücken viele bunte, dichtstehende und schwarz-orange-weiß gebänderte Körperanhänge (Ceratae). Der schmale und gelblichweiße Fuß zeigt breite und schwarze, vertikale Bänder. Die Fühler sind außerordentlich lang und zugespitzt und schwarz-gelb-blau gebändert. Die unterschiedlichsten Auffassungen behandeln in der Literatur das, was sie fressen. Ein Autor meint, dass sie sich von Seefedern ernähren, der andere ist der Auffassung, dass es Zylinderrosen seien. Ein dritter Autor betrachtet sie als Detritus- und Weichtierfresser. Schmuck-Nachtschnecken werden etwa 5-6cm groß und sind im Indopazifik von Indonesien bis Japan, Hawaii und Australien verbreitet.

Foto: Indonesien, Nord Sulawesi

Schwarzring-Fadenschnecke *(Cerebrilla annulata)*

Fadenschnecken dieser Art leben auf verschiedenen Weichböden und sind in der Lage, sich bei Gefahr schnell einzugraben. Sie ernähren sich von kleinen Zylinderrosen. Ihr cremefarbener Körper trägt zahlreiche fingerförmige, nach hinten gerichtete und zugespitzte Anhänge (Ceratae), die schwarz-gelb geringelt sind. Während die blauen Fühler seitlich weit ausladend und lang sind, tragen die kurzen und auf gelber Basis stehenden Rhinophoren bläuliche Spitzen. Schwarzring-Fadenschnecken werden bis zu 8cm groß und kommen im Indopazifik von Ostafrika bis nach Indonesien, Neukaledonien, Papua Neuguinea und Tahiti vor.

Foto: Papua Neuguinea, Milne Bay

Cerberilla ambonensis, Indonesien, Nord Sulawesi

Cerebrilla annulata, Papua Neuguinea, Milne Bay

Rätselhafte Doto *(Doto ussi, Doto racemosa)*

Nacktschnecken aus der Gattung Doto sind nur mit wenigen Arten an den Riffen im tropischen Indopazifik vertreten und nicht einfach zu finden. Man findet diese Tiere bevorzugt auf Hydroiden der Art Aglaophenia cupressina, von deren Polypen sie sich ernähren. Ihre Gestalt ähnelt eher einem Eigelege, denn einer Nacktschnecke. Erst wenn die Tiere ihren Körper strecken, erkennt man einen Kopf mit Fühlern und Rhinophoren. Der Körper der Nacktschnecken ist von einer Vielzahl verschieden großer kugelförmiger Anhänge (Ceratae) bedeckt, die verschieden gefärbt sein können. Nach einer spontanen Kopulation legen die kleinen Nacktschnecken weiße bis gelbe Laichbänder ab und befestigen diese an den Verzweigungen der Hydroiden. Das Gelege wird sich dann selbst überlassen. Doto-Nacktschnecken, wie sie auch genannt werden, werden maximal 2cm groß. Sie sind im Indopazifik von Madagaskar bis zu den Philippinen, Australien und Papua Neuguinea weit verbreitet.

Fotos: Philippinen, Cabilao; Papua Neuguinea, Milne Bay

Doto ussi, , Philippinen, Cabilao

Doto racemosa, Papua Neuguinea, Milne Bay

Rätselhafte Doto *(Doto sp.)*

Nacktschnecken aus der Gattung Doto sind nur mit wenigen Arten an den Riffen im tropischen Indopazifik vertreten und nicht einfach zu finden. Man findet diese Tiere bevorzugt auf Hydroiden der Art Aglaophenia cupressina, von deren Polypen sie sich ernähren. Ihre Gestalt ähnelt eher einem Eigelege, denn einer Nacktschnecke. Erst wenn die Tiere ihren Körper strecken, erkennt man einen Kopf mit Fühlern und Rhinophoren. Der Körper der Nacktschnecken ist von einer Vielzahl verschieden großer kugelförmiger Anhänge (Ceratae) bedeckt, die verschieden gefärbt sein können. Nach einer spontanen Kopulation legen die kleinen Nacktschnecken weiße bis gelbe Laichbänder ab und befestigen diese an den Verzweigungen der Hydroiden. Das Gelege wird sich dann selbst überlassen. Doto-Nacktschnecken, wie sie auch genannt werden, werden maximal 2cm groß. Sie sind im Indopazifik von Madagaskar bis zu den Philippinen, Australien und Papua Neuguinea weit verbreitet.

Foto: Papua Neuguinea, Milne Bay MUCK / GÜNTHER

Sempers Furchenschnecke *(Armina semperi)*

Sempers Furchenschnecken besitzen einen schlanken und am Ende zugespitzten Körper, der eine maximala Länge von 60mm erreichen kann. Der helle Mantel ist bedeckt mit vielen dünnen und schwarzen Längslinien. Fuß und Kopfschild sind hellblau abgesetzt und mit einem breiten und gelben Rand versehen. Die beiden Rhinophoren tragen orangefarbene Spitzen. Sempers Furschenschnecken ernähren sich von den Polypen von Weichkorallen und von Seefedern, die sie auf ausgedehnten Sandflächen suchen und auch finden. Ihre Verbreitung reicht im Indopazifik von Thailand und Indonesien, bis nach Australien und den Philippinen.

Foto: Malaysia, Lankayan

Doto sp., Papua Neuguinea, Milne Bay

Armina semperi, Malaysia, Lankayan

Japanische Furchenschnecke *(Armina japonica)*

Japanische Furchenschnecken leben auf und in Sand- und Geröllböden und kommen vom flachen Wasser bis in größere Tiefen vor. Sie sind nachtaktive Einzelgänger, die sich von Seefedern ernähren. Tagsüber leben sie versteckt und eingegraben im Sediment. Ihr schlanker, ovaler, stark abgeflachter und zum Körperende hin spitz auslaufender Körper trägt auf schwarzem Grund helle Längslinien und Furchen. Der Kopf besitzt ein Kopfschild, das als Grabschaufel eingesetzt wird. Kopfsegel, Mantelsaum und Fußsaum sind orange gesäumt. Die kleinen Rhinophoren mit ihren orangen Spitzen sind in Taschen einziehbar und an ihrer Basis blau gefärbt. Große Tiere werden 8-10cm groß und sind im gesamten Indopazifik verbreitet.

Foto: Indonesien, Raja Ampad

Große Furchenschnecke *(Armina magna)*

Große Furchenschnecken unterschieden sich von allen anderen Furchenschnecken durch ihren schwarzen Fuß, der gelb gesäumt ist. Auch die Rhinophoren sind schwarz. Der tiefschwarze Körper der Tiere trägt eine Vielzahl heller Längslinien, die in der Mitte des Körpers von einem breiten und schwarzen Querband unterbrochen werden. Große Furchenschnecken sind nachtaktive Tiere, die sich tagsüber in weichen Sedimenten eingraben. In der Nacht suchen sie dann auf ausgedehnten Weichböden und in Seegraswiesen nach Seefedern, von denen sie sich ernähren. Erwachsene Tiere können durchaus eine Länge von 10cm erreichen. Verbreitet sind sie an den Riffen im gesamten Indopazifik.

Foto: Malaysia, Mantanani

Armina japonica, Indonesien, Raja Ampad

Armina magna, Malaysia, Mantanani

Perlboot *(Nautilus pompilius)*
Foto: Papua Neuguinea, Milne Bay

Tintenfische, auch Tintenschnecken oder Kopffüßler genannt, sind hoch entwickelte Weichtiere und die wohl am höchsten organisierten Wirbellosen, die im Meer leben. Ihr außerordentlich leistungsfähiges Nervensystem ist in einem Kopf zentralisiert, das durch eine Knorpelkapsel, ähnlich einem Schädel, geschützt wird.

Tintenschnecken zeigen, bedingt durch ihre räuberische Lebensweise, manche Konvergenz zu den Wirbeltieren. Dazu gehören zweifelsfrei die Augen und die Seitenorgane.

Die Augen sind außerordentlich leistungsfähig, bestehen aus Linse und Iris und sind ähnlich gebaut wie bei den Wirbeltieren. Mit ihrer Hilfe sind Tintenschnecken in der Lage, räumlich und farbig zu sehen, visuelle Eindrücke zu verarbeiten und die Sehschärfe auf Opfer, Feinde und auf Paarungspartner zu adaptieren. Sie sind an den Kopfseiten so angeordnet, dass sie ein Blickfeld von annähernd 360 ° abdecken. Damit sind sie in der Lage, sowohl vorwärts als auch rückwärts blicken zu können.

Die Seitenorgane, die man bisher nur von den Fischen kannte, sind erst in den letzten Jahren entdeckt worden. Dabei sind druckempfindliche Zellen am Kopf und an den Armen in Reihen angeordnet. Sie dienen dem Beutefang im trüben Wasser und in der Nacht, wobei die Tiere anhand von Druckwellen ihre Beute orten. Seitenlinien haben Sepien und Kalmare, also die im freien Wasser jagenden Tintenschnecken. Den Kraken, die benthische Überraschungsjäger sind, fehlen sie.

Allen heute im Meer lebenden Tintenschnecken, außer dem Perlboot (Nautilus pompilius), fehlt eine äußere Schale. Die Nautiliden sind lebende Fossilien und die letzten Vertreter der Vierkiemer (Tetrabranchiata), die den Höhepunkt ihrer Entwicklung bereits vor 500 Millionen von Jahren hatten. Ihre Gehäuse, die sie als Außenschale tragen, sind glatt und rötlichweiß geflammt. Das Innere der Schale ist mit Perlmutt ausgekleidet. Das gesamte Gehäuse hat die Funktion eines Auftrieborgans, mit dessen Hilfe sich die Tiere in jeder Wassertiefe stabilisieren können. Jede Kammer ist über einen Siphonalkanal mit der benachbarten Kammer verbunden. Nur in der letzten, der größten Kammer, lebt der Nautilus.

Auch das Papierboot (Argonauta) trägt noch eine äußere, sehr feine und zerbrechliche Schale, die aber eine Sekundärbildung darstellt. Nicht der Mantelrand scheidet sie ab, sondern die lappigen Verbreiterungen des ersten Armpaares. Kurios ist, dass das Papierboot zeitweise die Schale verlässt, um frei herumzuschwimmen um nach Nahrung zu suchen.

Der Körper der Tintenschnecken gliedert sich in einen Kopf und in einen Rumpf. Beide Körperabschnitte sind durch einen halsähnlichen Abschnitt deutlich voneinander getrennt. Besonders auffallend ist der Kopf. Er trägt zwei Augen und eine unterschiedlich Anzahl von Armen. Ihre Zahl ist ein Kriterium für die Zuordnung der Arten in Ordnungen. Besitzen Tiere 10 Arme, dann gehören sie zu der Ordnung der Decapoda. Zu ihnen gehören die Kalmare und die Sepien. Umstehen dem Kopf aber nur 8 Arme, dann zählen diese Tiere zur Ordnung der Octopoda. Zu den achtarmigen Tintenschnecken gehören die Kraken.

Alle Kopfarme sind Sonderbildungen des Fußes. Sie tragen Saugnäpfe in Reihen, die mit ihrer Basis den Armen aufsitzen und die gestielt sein können. Sie dienen dem Festhalten der Beute und zum Öffnen von hartschaligen Tieren wie Muscheln und Schnecken. Auch hier steuert das Nervensystem die Bewegung der Saugnäpfe. So lässt sich jeder einzelne Saugnapf unabhängig von den anderen bewegen, wobei durch Muskelkontraktion bei den aufsitzenden Saugnäpfen ein Unterdruck erzeugt wird, ähnlich einer kräftig saugenden Pumpe.

Typisch für alle Tintenschnecke ist der Trichter, der wie ein Schlot zwischen dem Kopf und Rumpf herausragt. Er wird vom Fuß gebildet und funktioniert diesem analog. Er dient auch hier der Fortbewegung und kann in verschiedene Richtungen positioniert werden, wobei die Stellung des Trichters über die Fortbewegungsrichtung der Tiere entscheidet. Und so schwimmen Tintenschnecken mit dem Rückstoßprinzip. Dabei wird das aufgenommene Atemwasser aus der geräumigen Mantelhöhle durch den Trichter hindurch nach außen gepresst, wobei der Druck darüber entscheidet, wie schnell die Tiere rückwärts schwimmen. Durch den Trichter wird aber nicht nur das verbrauchte Atemwasser ausgestoßen, sondern auch die Stoffwechselendprodukte, die Exkrete der Nieren, die Tinte des Tintenbeutels und die Geschlechtsprodukte in das Wasser entleert.
Tintenschnecken mit 10 Armen sind überwiegend Tiere des freien Wassers. Sie besitzen einen schlanken und torpedoförmigen Körper, der seitliche Flossensäume trägt. Mit gleichförmigen und undulierenden Bewegungen dieses Saumes bewegen sich die Tiere langsam vorwärts und können so auch im Wasser „stehen" bleiben.

Zwei von den 10 Armen sind stark verlängert, ihre Enden keulenförmig verdickt und dicht mit Saugnäpfen besetzt. Sie dienen dem Fang und dem Festhalten der Beute, die zum Mund geführt wird. Dieser liegt im Zentrum der Arme. Er kann durch einen chitinösen Schnabel verschlossen werden. Da die beiden Schnabelhälften denen der Schnabelform von Papageien ähneln, wird er auch als „Papageischnabel" bezeichnet. Mit seiner Hilfe zerkleinert die Tiere dann hartschalige Beute wie Schnecken, Muscheln und Krebse. Auch die für alle Weichtiere so typische Rasspelzunge (Radula) ist bei den Tintenschnecken noch in Form eines zahnbesetzten Gewebebandes in der Mundhöhle vorhanden, die letztlich die Speiseaufbereitung verfeinert und die Nahrungspartikel zur Speiseröhre transportiert.

Sepien und Kalmare besitzen noch eine innere Restschale, den Schulp. Er ist zu einem Auftriebsorgan umfunktioniert, dient der Versteifung des Körpers und bewirkt, dass Sepien und Kalmare in jeder beliebigen Tiefe ohne Abtrieb frei schwimmen können.

Der Rumpf der Tintenschnecken entspricht im Wesentlichen dem Eingeweidesack der Schnecken. Er kann sackförmig und plump oder torpedoförmig sein. So deuten verschiedene Rumpfformen schon auf verschiedene Lebendweisen hin. Tintenschnecken mit einem schlanken Rumpf sind in der Regel Dauerschwimmer, die der Fortbewegung im Wasser wenig Widerstand entgegensetzen müssen. Plumpe bis eiförmige Körperformen deutet dagegen auf Tiere hin, die am Boden leben, sich in den Boden eingraben oder in Felsspalten und Höhlen leben.

Der Mantel, der den Rumpf bedeckt, bildet eine geräumige Mantelhöhle aus, die über eine Mantelspalte mit dem Umgebungswasser in Verbindung steht. Hier in der Mantelhöhle mündet der After, die Ausführgänge der Nieren die der Geschlechtsorgane und der Kiemen, die der Atmung dienen. Es sind federförmige Kammkiemen, die bei allen Arten paarig angelegt sind. Nur das Perlboot (Nautilus) macht hier wieder eine Ausnahme. Es atmet über vier Kiemen und ist damit der einzige Vertreter der Vierkiemer (Tetrabranchiata) in unseren Meeren.

Zu den 8-armigen Tintenschnecken gehören die Kraken. Sie sind Tiere des Bodens, die kaum noch schwimmen. Wenn es schon einmal sein muss, dann schwimmen sie nur, um einem Feind zu entkommen. Ihre Anpassungsfähigkeit an ihre jeweilige Umgebung ist nicht nur erstaunlich, sondern nahezu perfekt. Sie reagieren sehr sensibel auf sich verändernde Umweltbedingungen und können ihre Haut in Farbe und Struktur so verändern, dass sie die ihrer Umgebung gleicht. Außerdem können sie mit den Farbspielen ihrer Haut Stimmungen auf Licht, Kälte, Wärme, Schatten, Furcht, Aggression, Rivalität und Paarungsbereitschaft ausdrücken. Bewirkt wird dieses Farbspiel durch Pigmentzellen der Haut, die das Nervensystem steuert. Dabei hängt die Intensität des Farbspiels vom Zusammenziehen und der Ausdehnung der Pigmentzellen (Chromatophoren) ab. Die Farbveränderungen finden schnell statt und sind eine Reaktion auf die durch die Augen wahrgenommene Umwelt. Farbveränderungen der Haut werden bei den Kraken hauptsächlich zur Tarnung genutzt und in einem gewissen Umfang auch zur Kommunikation mit Artgenossen. Allen Kraken fehlt eine innere Schale, was sie befähigt, sich in jede Spalte und Ritze zu zwängen. Außerdem kann man den Kraken eine gewisse Intelligenz nicht absprechen, wie Laborversuche zeigen konnten. So sind sie in der Lage, mit ihren Fangarmen ein Glas mit Schraubendeckel zu öffnen oder eine Flasche zu entkorken, um eine darin sich befindliche Krabbe herauszuholen. Mit jedem Versuch werden sie immer schneller und zielgerichteter, was die Aussage erhärtet, dass Kraken sich etwas merken können und damit lernfähig sind.

Bei vielen Tintenschnecken sind Leuchtorgane ausgebildet, die sehr kompliziert gebaut sind. Sie dienen überwiegend der Partnerfindung, werden aber auch zum Beuteerwerb eingesetzt. Fast alle Arten der Tiefsee besitzen sie. Die Leuchtorgane befinden sich in der Nähe der Augen, an den Armen, in der Mantelhöhle und an den Körperseiten. Wichtige Bestandteile der Leuchtkörper sind die Linsen und hohlspiegelförmigen Reflektoren. Entweder wird die Leuchtsubstanz von den Tieren selbst in speziellen Drüsen erzeugt (selbstleuchtend), oder Leuchtbakterien übernehmen die Funktion des Leuchtens (fremdleuchtend).

Tintenschnecken sind getrennt geschlechtliche Tiere. In der Regel sind die Weibchen etwas größer als die Männchen. Einer Paarung geht meist ein stundenlanges Balzspiel voraus. Bei der Kopulation werden die männlichen Geschlechtsprodukte auf unterschiedliche Art und Weise übertragen. Bei einigen Arten wird über ein bis zwei speziell umgebildete Arme des Männchens (Hektokotylus) dem Weibchen ein Samenpaket in die Mantelhöhle deponiert. Die befruchteten Eizellen, etwa 200-500 an der Zahl, werden in Form von Trauben und Schnüren abgelaicht und an Algen, Seegras, Korallen und an anderen Gegenständen befestigt und sich weitgehend selbst überlassen. Jedes Ei enthält ausreichende Nährstoffe, die für die Entwicklung des Embryos notwendig ist. Nach etwa 2 Monaten schlüpfen die Tiere. Die Entwicklung verläuft direkt und ohne Larvenstadium. Nur die Kraken betreiben Brutpflege.

Tintenschnecken sind Carnivoren, also Fleischfresser. Sie erbeuten alle Arten von Krebsen, wie Garnelen, Krabben und Langusten. Aber auch Fische, Muscheln, Schnecken und andere Tintenschnecken gehören zu ihrer Beute. Einige von ihnen fressen sogar Aas. Sie selbst besitzen aber auch zahlreiche Feinde, wie Rochen, Haie, Seeaale, Muränen und auch Wale, wobei der Mensch sich besonders hervortut und sie zur Deckung seines Eiweißbedarfes intensiv nutzt.

Tintenschnecken besiedeln alle Lebensräume im Meer. Sie kommen vom Flachwasser bis in die Tiefsee vor und leben in Löchern, Höhlen, in Seegraswiesen und bevölkern oft in großer Individuendichte die offene See. Hier führen sie horizontale und vertikale Wanderungen durch.

Ihre wirtschaftliche Bedeutung für die menschliche Ernährung ist groß. Speziell in Japan werden sie in großen Stückzahlen angelandet und kommen auf den Märkten entlang aller Küsten als Delikatessen auf den Markt. Die Art der Zubereitung ist so vielfältig wie die Phantasie der Menschen ist, die sie essen.

Perlboot *(Nautilus pompilius)*

Wir wissen aus geologischen Funden, dass sich die Nautiliden seit 500 Millionen von Jahren bis in die heutige Zeit nicht verändert haben. 5 verschiedene Arten sind bis jetzt aus dem Indopazifik bekannt, wobei die hier vorgestellte Art die häufigste und auch am weitesten verbreitete ist. Sie kommt in Wassertiefen von 50-600m von den Andamanen und den Philippinen bis nach Indonesien, Papua Neuguinea und Nordaustralien vor. Ihr auffälliges Gehäuse ist bis zu 20cm groß und mit rotbraunen Streifen verziert. Innen ist es gekammert, wobei eine jede Kammer über einen Siphonalkanal mit der benachbarten in Verbindung steht. Sie sind für den vertikalen Auf- und Abtrieb verantwortlich und werden beim Auftrieb mit Gas gefüllt. In der letzten Kammer lebt das Tier. Auffallend sind die zahlreichen und verschieden langen Fangarme. Bis zu 90 Fangarme, die keine Saugnäpfe tragen, besitzt ein Tier. Die Fangarme sind klebrig. Das Auge besteht aus einer Schlitz-Punkt-Öffnung, wobei eine Linse nicht ausgebildet ist. Auch eine Tintendrüse fehlt dem Perlboot. Da Perlboote nur in der Nacht eine vertikale Wanderung aus der Tiefsee bis in 50-60m unternehmen, hat man in der Vergangenheit nur gelegentlich an den Küsten in ihrem Verbreitungsgebiet leere Schalen gefunden. Seit man weiß, dass sie auch Aasfresser sind, fängt man sie heute in grossen Stückzahlen mit beköderten Reusen in der Tiefe und verkauft ihre wunderschönen Gehäuse in Touristenläden. Es ist absehbar, dass der Mensch diese Tiere, die 500 Millionen Jahre unverändert überlebt haben, bald ausgerottet hat.

Fotos: Nautilus pompilius, Papua Neuguinea

Australische Riesensepie *(Sepia apama)*

Soweit aus der Literatur bekannt, kommt diese Riesensepie vorwiegend in den Gewässern von Australien und Tasmanien vor. Sie kann bis zu 100cm groß werden (COLEMAN,1991), und wird an der Südküste von Australien auf den Fischmärkten angelandet und verkauft. Australische Riesensepien sind Einzelgänger, die sich nur zur Paarungszeit treffen und finden. Die Laichzeit ist in den Monaten Oktober bis Dezember. Nach der Paarung heften die Weibchen ihre Eier an Algen, an Weichkorallen und an geschützten Stellen im Riff an und betreiben keine Brutpflege, wie etwa der Krake. Riesensepien sind Räuber, die im Flachwasser und in Seegraswiesen Jagd auf Fische und Krebse machen. Sie jagen ihre Beute bevorzugt in der Dämmerung.

Foto: Australien, GBR

Nautilus pompilius, Papua Neuguinea

Sepia apama, Australien, GBR

Pharao-Tintenschnecke *(Sepia pharaonis)*

Pharao-Tintenschnecken sind Tiere des tiefen Wassers, die erst in der Nacht ins Flachwasser kommen. In den Monaten Oktober bis Juni kommen sie im Indopazifik zur Paarung auch tagsüber in flache Küstengewässer. Ihre Geschlechter sind gut voneinander zu unterscheiden, denn die Männchen sind in der Regel immer etwas größer als die Weibchen. Das Paarungsverhalten wird begleitet von einem stetigen Wechsel der Hautfarbe, der die Erregung der Tiere widerspiegelt. Voll konzentriert auf die Paarung sind sie weder schreckhaft noch scheu. In diesem Moment kann man sie über einen langen Zeitraum aus nächster Nähe beobachten. Nach der Paarung werden schwarze Eikapseln von den Weibchen an Pflanzen, Steinen und an anderen sich bietenden Gegenständen angeheftet und die Nachkommenschaft sich weitgehend selbst überlassen. Wie alle Tintenschnecken so schwimmen auch sie mit dem Rückstoßprinzip. Um ihre Gegner zu irritieren, stoßen sie auf der Flucht eine tintenähnliche Flüssigkeit in das Wasser aus, um dahinter zu verschwinden. Pharao-Tintenschnecken sind Räuber, die sich überwiegend von Garnelen ernähren, doch auch kleine Fische erbeuten. Die Beute wird mit 2 langen Kopfarmen ergriffen, die an ihren Enden Saugnäpfe tragen und mit einem papageiähnlichen Schnabel zerkleinert. Pharao-Tintenschnecken sind im Roten Meer und im gesamten Indopazifik verbreitet.

Foto: Australien, GBR

Goldene Sepia *(Sepia esculenta)*

Goldene Sepien sind auffällig durch eine goldene Querstreifung des Körpers bis hin zur Flossenbasis. Im erregten Zustand sieht man wellige Streifen über den gesamten Körper laufen und die Haut wird rau und pustelförmig. Die Tiere leben als Einzelgänger vom flachen Wasser bis in Tiefen von über 100m und schwimmen bevorzugt über Sand-und Korallenbruchböden, selten jedoch entlang der Riffe. Erwachsene Tiere werden bis zu 20cm groß. Sie ernähren sich von vielen kleinen Wirbellosen und von Fischen. Ihre Verbreitung reicht von Indonesien und den Philippinen bis nach Japan und Taiwan.

Foto: Philippinen, Gato

Sepia pharaonis, Australien, GBR

Sepia esculenta, Philippinen, Gato

Breitarm-Sepia *(Sepia latimanus)*

Breitarm-Sepien besitzen einen torpedoförmigen Körper, der relativ glatt und nur von wenigen, kleinen Zotten bedeckt ist. Auffallend ist ein transparenter Flossensaum, der ständig unduliert. Der Kopf ist breit und kräftig und trägt 8 kurze und zwei dünne und lange Arme, die an ihren Enden mit Saugnäpfen bewehrt sind. Breitarm-Sepien findet man einzeln oder paarweise im Flachwasser und in moderaten Tiefen der Riffe oder in Seegraswiesen. Große Tiere können über 50cm Länge erreichen, was unter Wasser gigantisch aussieht. Das Paarungsverhalten der Tiere wird begleitet von einem stetigen Wechsel der Hautfarbe, die die Erregung der Sepien zeigt. Voll konzentriert auf ihr Ritual sind sie auch nicht mehr scheu und schreckhaft. Das Bild zeigt ein Tier in einem außerordentlichen Erregungszustand kurz vor der Flucht vor dem Taucher mit der glänzenden Kamera. Einige Kopfarme werden zur Abwehr und zur Abschreckung aufgestellt und die Farbe der Haut wird blitzschnell gewechselt. Die Flucht erfolgt mit dem Rückstoßprinzip, indem Wasser aus der Mantelhöhle ausgepresst wird. Um ihre Feinde zu irritieren, stoßen sie auf der Flucht eine tintenähnliche Flüssigkeit in das Wasser aus, um hinter dieser Wolke zu verschwinden. Breitarm-Sepien sind Räuber, die sich von Garnelen, Krabben und Fischen ernähren. Ihre Beute ergreifen sie mit den Kopfarmen und zerkleinern sie mit einem papageiähnlichen Schnabel. Verbreitet sind sie im Roten Meer und im gesamten Indopazifik bis Neukaledonien und Australien.

Fotos: Papua Neuguinea, Milne Bay; Indonesien, Komodo

Sepia latimanus, Papua Neuguinea, Milne Bay

Sepia latimanus, Indonesien, Komodo

Papua-Tintenschnecke *(Sepia papuensis)*

Papua-Tintenschnecken sind relativ kleine Tiere, die maximal 12cm groß werden. Sie leben als nachtaktive Räuber tagsüber einzeln oder paarweise im Flachwasser in Seegrasbeständen der Gattung Halimeda versteckt und schwimmen erst in der Nacht auf der Suche nach Nahrung umher. Sie ernähren sich bevorzugt von kleinen Fischen und Krebsen. Der Rücken der Tiere trägt viele feine Hautlappen. 8 Kopfarme und 2 lange Fangarme sind mit kleinen Saugnäpfen besetzt, die dem Festhalten und dem Beutefang dienen. Die Stimmung der Tiere drückt sich in einem schnellen Wechsel ihres Aussehens aus, wobei regelrechte Farbwellen die Haut durchlaufen und ihr Aussehen sich schnell der Farbe ihrer Umgebung anpaßt. Bei Gefahr strecken sie ihre Kopfarme nach allen Seiten aus, um größer zu erscheinen und um Halimeda-Algen zu imitieren, in denen sie sich bevorzugt aufhalten. Papua-Tintenschnecken sind im Indopazifik weit verbreitet und kommen bis in den Westpazifik vor. Ihre vertikale Verbreitung reicht bis in Tiefen von über 100m.

Fotos: Papua Neuguinea, Milne Bay

Sepia papuensis, Papua Neuguinea, Milne Bay

Sepia papuensis, Papua Neuguinea, Milne Bay

Pfeffers Tintenschnecke *(Metasepia pfefferi)*

Pfeffers Tintenschnecken sind kleine und bis zu 10cm lange Tintenschnecken, die tag-und nachtaktiv sind. Sie können, wie alle Tintenschnecken, rasch ihre Farbe wechseln und sie ihrer Umgebung anpassen oder mit den Farbspiel ihrer Haut Stimmungen ausdrücken. So zeigt ihr Körper eine Farbkomposition aus Rot, Violett, Weiß, Gelb, Braun und Schwarz. Manchmal sehen diese kleinen Kopffüßler so unscheinbar aus, dass man sie für ein auf den Meeresboden gesunkenes Mangrovenblatt oder für ein Stück Alge halten könnte. Erst wenn sich das „Blatt" bewegt erkennt man seinen Irrtum. Der Körper der Tiere besitzt 2 lange, dorsale Flossen und einen ventralen Kiel. 2 lange Kopftentakel dienen dem Beutefang. Damit werden blitzschnell Krabben, Garnelen und kleine Fische geschnappt und mit einem papageiförmigen Schnabel zerkleinert und die Beute gefressen. Pfeffers Tintenschnecken sind aus den Gewässern von Indonesien, den Philippinen, Malaysia und Australien bekannt.

Fotos: Indonesien, Nord Sulawesi

Metasepia pfefferi, Indonesien, Nord Sulawesi

Metasepia pfefferi, Indonesien, Nord Sulawesi

Berryis Stummelschwanzsepie *(Euprymna berryi)*

Sepien dieser Art sieht man gelegentlich nur in der Nacht und dann auch nur, wenn sie sich bewegen und versuchen, sich in den Untergrund einzugraben. Tagsüber leben sie versteckt in Sand- und Schlammflächen des Flachwassers und jagen erst in der Nacht ihre Beute. Diese besteht aus kleinen Garnelen und Fischen. Der kleine, rundliche und blaugrün schillernde Körper der Tiere ist bedeckt mit einer Vielzahl dunkler Pigmentzellen. Diese können je nach Erregung vergrößert und verkleinert werden und so das Aussehen der Tiere verändern. Zudem besitzen sie in ihrer Mantelhöhle ein Leuchtorgan, das auf bakteriellem Weg Licht erzeugen kann. Die langen Kopfarme, die auch dem Eingraben in den Untergrund dienen, tragen 4 Reihen von Saugnäpfen. Nach der Kopulation, bei der das Männchen dem Weibchen über einen hektokotylisierten Arm ein Spermapaket übergibt, und der Befruchtung der Eizellen werden diese in Klumpen angelegt und an den Untergrund geheftet. Sie werden sich selbst überlassen. Die Verbreitung der Art reicht von Indonesien bis nach Papua Neuguinea, Australien und Südjapan.

Foto: Papua Neuguinea, Milne Bay

Kochs Flaschenschwanzsepie *(Sepiadarium kochi)*

Leider ist über die Biologie dieser kleinen Sepie nicht viel bekannt. Man weiß, dass sie bis zu 4cm groß wird, dass sie nachtaktiv ist und sich tagsüber in weichen Sedimenten versteckt. Und man weiß, wie sie aussieht: Orangeroter Körper bedeckt mit ovalen bis kreisrunden und hellen Pigmentzellen (Leukophoren), in deren Zentrum sich ein oranger Fleck befindet. Die großen Augen am Kopf weisen sie schon als nachtaktiv aus. Sie jagen in der Nacht kleine Garnelen und kleine Fische, die sie in den Untergrund ziehen und dort verspeisen. Zur Paarungszeit treffen sich beide Geschlechter Kopf an Kopf und das Männchen übergibt dem Weibchen über einen hektokotylisierten Arm ein Spermapaket, das sie später zur Befruchtung der Eizellen nutzt. Die weißen und kreisrunden Eier werden abgelegt, an den Untergrund angeheftet und sich selbst überlassen. Bei starker Belästigung und zur Feindabwehr können sie einen Schleim produzieren, der Feinde abschreckt. Die Verbreitung der Art reicht von Papua Neuguinea bis nach Japan.

Foto: Papua Neuguinea, Milne Bay

Euprymna berryi, Papua Neuguinea, Milne Bay

Sepiadarium kochi, Papua Neuguinea, Milne Bay

Pyjama-Flaschenschwanzsepie *(Sepioloidea lineolata)*

Tintenfische dieser Gattung sind kleine Tiere, die maximal 4-5cm groß werden. Tagsüber leben sie eingegraben in weichen Sedimenten und kommen nur in der Nacht aus ihren Verstecken, um in Seegraswiesen, in Sandhabitaten, in Häfen und unter Hafenanlagen einzeln oder in kleineren Gruppen nach Beute zu jagen. Es sind vor allem kleine Garnelen und Fische, die sie erbeuten und fressen. Das Farbspiel ihrer Haut ist besonders intensiv bei Belästigung. Das Streifenmuster bleibt dabei erhalten, doch verändert sich die Intensität. Bereits die Jungtiere, die aus den weißen, runden und abgelaichten Eizellen schlüpfen, besitzen die Längsstreifung der Haut. Bei der Paarung, die Kopf an Kopf stattfindet, wird von dem Männchen, der einen hektokotylisierten Arm besitzt, dem Weibchen ein Spermapaket übergeben, das sie in einer speziellen Tasche aufbewahrt. Sie benutzt es später zur Befruchtung der Eier. Das abgelegte Eigelege wird nicht bewacht. Pyjama-Sepien sind selten zu sehen und wenn, dann nur in der Nacht und das auch nur mit viel Glück. Sie sind an den Korallenriffen von Australien, Neuseeland und Papua Neuguinea verbreitet.

Foto: Papua Neuguinea, Milne Bay

Großflossen-Kalmar *(Sepioteuthis lessoniana)*

Großflossen-Kalmare besitzen einen lang gestreckten, schlanken und torpedoförmigen Körper, der große und seitliche Flossen über die gesamte Rumpflänge trägt. Im hinteren Drittel des Körpers sind sie stark verbreitet. In Relation zu den großen Augen erscheint der Kopf klein. Er trägt 8 Kopfarme, die mit zwei Reihen von Saugnäpfen ausgestattet sind und zwei lange Fangarme, die nur an ihren Enden Saugnäpfe besitzen und die zum Fangen und Festhalten der Beute dienen. Diese besteht überwiegend aus kleinen Fischen und Garnelen. Die Körperfarbe der Kalmare ist außerordentlich variabel und abhängig von ihrer Stimmung. Innerhalb von Sekunden kann ihre Haut durch Umschichten der Pigmente eine breite Farbskala durchlaufen. Großflossen-Kalmare können 40cm Länge erreichen. Sie leben gelegentlich einzeln doch häufig in kleineren Gruppen und schwimmen gestaffelt in Küstennähe nahe der Wasseroberfläche. Verbreitet sind sie im Roten Meer und im gesamten Indopazifik von Ostafrika bis Hawaii und Australien.

Foto: Indonesien, Sabolan

Sepioloidea lineolata, Papua Neuguinea, Milne Bay

Sepioteuthis lessoniana, Indonesien, Sabolan

Gemeiner Riffkrake *(Octopus cyanea)*

Gemeine Riffkraken leben im Roten Meer und im Indopazifik von der Küste von Ostafrika bis nach Hawaii und Australien. Die relativ großen Tiere, deren Armlänge 150cm sein kann, sind überwiegend nachtaktiv. Tagsüber verbergen die sich in Spalten und Höhlen. Sie ernähren sich von Muscheln, Schnecken und von Krebsen. Gemeine Riffkraken besitzen einer kleinen Kopf, einen sackförmigen Rumpf und 8 lange und muskulöse Arme, die je Arm mit zwei Saugnapfreihen ausgestattet sind und die spitz auslaufen. Mit ihrer Hilfe suchen Sie nach Beute, halten diese mit ihren Saugnäpfen fest und zerkleinern sie mit ihrem, einen Papageischnabel ähnlichen, Gebiss. Die Körperfarbe der Kraken wechselt je nach Stimmung und Umgebung. Es ist immer ein aufregendes Schauspiel, die Farbumschichtung ihrer Haut zu beobachten. Riffkraken werden gefangen und auf Märkten verkauft und gegessen. Die Muskulatur ihrer Arme gilt als Delikatesse.

Foto: Indonesien, Menjangan

Langarm-Krake *(Octopus macropus)*

Langarm-Kraken sind strikte Einzelgänger, die in allen tropischen Meeren vom Flachwasser bis in größere Tiefen leben. Tagsüber verstecken sie sich unter Korallen und Steinen, zwischen Ritzen und in dunklen Nischen. Erst bei Anbruch der Nacht verlassen sie ihre Verstecke und machen als Räuber Jagd auf kleine Fische, Krebse, Garnelen und auf verschiedene Weichtiere. Der rotbraune bis rostrote Körper der Kraken trägt eine Vielzahl weißer Flecken, die entlang der Arme in Reihen angeordnet sind. Kleine und weiße Hautlappen an den Armen und größere Hautfetzen am Mantel sind typisch für diese Art. Alle 8 langen Arme, die bis zu 150cm messen können, tragen 2 Saugnapfreihen. Bei den Männchen ist ein Arm hektokotylisiert. Auch Langarm-Kraken sind zu einem schnellen Farbwechsel ihrer Haut befähigt, der ihnen eine perfekte Tarnung erlaubt.

Foto: Mauritius, Flick en Flack

Octopus cyanea, Indonesien, Menjangan

Octopus macropus, Mauritius, Flick en Flack

Gefleckter Krake *(Octopus marginatus)*

Gefleckte Kraken sind relativ kleine Tiere, die einzeln leben und die ausgewachsen etwa 15cm groß werden. Sie sind nachtaktiv und verstecken sich tagsüber in Spalten und Ritzen oder in Zivilisationsmüll, wie in Dosen, Plastikbechern und in Gläsern. Die warzige Haut zeigt eine für die Tiere typische Musterung, die durch Farbumschichtung verändert werden kann. 8 lange und dunkelbraune Arme, die einen bläulich schimmern, besitzen 2 Reihen von Saugnäpfen, die dem Beutefang dienen. Obwohl man sehr wenig über diese Tiere weiß ist anzunehmen, dass auch sie sich von Schnecken, Muscheln, Krebsen und von kleinen Fischen ernähren. Gefleckte Kraken leben im Indopazifik vom Indischen Ozean bis nach Australien und Baja Kalifornien.

Foto: Indonesien, Komodo

Stern-Nachtkrake *(Octopus luteus)*

Stern-Nachtkraken sind nachtaktive Einzelgänger, die sich tagsüber verstecken. In der Nacht jagen sie auf ausgedehnten Sandflächen, über Korallenbruch und in Algenbeständen Weichtiere, Krebse und kleine Fische, von denen sie sich ernähren. Aufgeschreckt schieben sie sich rückwärts über den Untergrund in der Hoffnung, eine Deckung zu finden. Der sackförmige Körper der Kraken ist mit Warzen und kleinen Papillen bedeckt. Die Arme sind sehr schlank und können eine Länge von 80cm erreichen. Bei Störungen und Stimmungsänderungen erscheinen auf der Haut und auf den Papillen helle Flecken. Nur zur Paarungszeit finden sich die verschiedenen Geschlechter. Die Weibchen legen kleine Eier, aus denen auch kleine Kraken schlüpfen, die möglicherweise zuerst planktisch leben, bevor sie zu einer benthischen Lebensweise übergehen. Die Verbreitung der Art reicht von Indonesien bis nach Taiwan und Japan.

Foto: Papua Neuguinea, Milne Bay

Octopus marginatus, Indonesien, Komodo

Octopus luteus, Papua Neuguinea, Milne Bay

Blauring-Krake *(Hapalochlaena lunulata)*

Blauring-Kraken sind selten! Erstens sind sie klein (maximal 10cm lang) und zweitens führen sie ein verstecktes Dasein unter Steinen und Korallen. Und außerdem sind sie überwiegend nachtaktiv. Der Körper der Kraken ist von eiförmiger Gestalt, die Arme lang und mit Saugnäpfen bewehrt. Auf Arme und Körper verteilt befinden sich hellblaue Ringe, die von einem dunklen Außenrand umgeben werden. Diese werden erst dann intensiv in ihrem Farbspiel, wenn der Krake sich gereizt oder angegriffen fühlt. Damit warnt er seine Angreifer und zeigt an, wie gefährlich er ist. Und tatsächlich kann sein Gift auch für uns Menschen tödlich sein. Über einen Biss des Kraken kann das Gift Muskeln und Nerven lähmen. Dabei wird auch die Lungenmuskulatur beeinträchtigt, was beim Menschen zu einem verstärkten Sauerstoffmangel und letztlich zum Erstickungstod führt. Daher Vorsicht (!) beim Umgang mit diesen Tieren. Blauring-Kraken leben vom Gezeitenbereich bis in größere Tiefen. Sie ernähren sich von verschiedenen Weichtieren und von Krebsen und sind im zentralen Teil des Indopazifik verbreitet.

Fotos: Malaysia, Lankayan; Papua Neuguinea, Milne Bay

Hapalochlaena lunulata, Malaysia, Lankayan

Hapalochlaena lunulata, Papua Neuguinea, Milne Bay

Großflossen - Kalmar, Sepioteuthis lessoniana, Phillipinen, Silqujor

Abbot, D.P. (1987): Obverving marine invertebrates. Stanford University Press, Stanford, California, USA.

Allen, G.R. & Steene, R. (1994): Rff-Führer. Tiere und Pflanzen des Indopazifik. Verlag Christa Hemmen, Wiesbaden, Germany.

Behrens, D.W. (1991): Pacific Coast Nudibranchs. Sea Challengers, Monterey, California, USA.

Carefood, T. (1977): Pacific seashores. A guide to intertidal biology. University of Washington Press, Seattle, USA.

Coleman, N. (1981): What shell is that? Landsdowne Press, Sidney, Australia.

Dance, P. (1977): Das große Buch der Meeresmuscheln. Ulmer, Stuttgart, Germany

Davaney, D.M. (1977): Reef and shore fauna of Hawaii. Bernice P. Bishop Press, Honululu, Hawaii, USA.

Debelius, H. & Kuiter, R.H. (2007): Nacktschnecken der Weltmeere. Kosmos Verlag, Stuttgart, Germany.

Debelius, H. & Kuiter, R.H. (2009): Atlas der wirbellosen Meerestiere, Kosmos Verlag, Stuttgart, Germany.

Erhardt, H. & H.A. Baensch (1995): Meerwasser Atlas Bnd 2 und 3. Mergus Verlag, Melle, Germany

Erhardt, H. & H.A.Baensch (1998): Meerwasser Atlas Band 4, Wirbellose. Mergus Verlag Melle, Germany

Erhardt, H. & H.A.Baensch (2000): Meerwasser Atlas Band 5. Wirbellose. Mergus Verlag, Melle, Germany.

Erhardt, H. & Krimke, Ch. (2019): Tiere tropischer Korallenriffe. De Lange, Fritzlar, Germany.

Fechter, R. & Falkner, G. (1990): Weichtiere. Europäische Meeres- und Binnenmollusken. Steinbachs Naturführer, Mosaik Verlag, München, Germany

Fricke, H. (1972): Korallenmeer. Belser Verlag, Stuttgart, Germany

George, D. & J. George (1979): Marine Live. An Illustrated Encyclopedia of Invertebrates in the Sea. Harrap, London.

Gillett, K. (1976): The Australian Great Barrier Reef in Colour. A.W.Reed, Sidney, Australia.

Gosliner, T.M. (19987): Nudibranchs of Southern Africa, Brill, Leiden, Netherlands.

Gosliner, T.M.; D.W.Behrens & G.C. Williams (1996): Coral Reef Animals of the Indo-Pacific. Sea Challenger, Monterey, California, USA.

Gotshall, D.W. & L.L. Laurent (1979): Pacific Coast Subtidal Marine Invertebrates. Sea Chellenger, Monterey, Californis, USA:

Götting, K-J. (1974): Malakozoologie. Grundriss der Weichtierkunde. Fischer Verlag, Stuttgart, Germany.

Habe, T. (1971). Shells of Japan. Hoikusha Publishing Co., Osaka, Japan.

Hobson, E. & C.D. Hollister (1971): The face of the deep. Oxford University Press, N.Y., USA.

Hobson, E. & E.H. Chave (1972): Hawaiian reef animals. University of Hawaii Press, Honolulu, Hawaii, USA.

Humann, P. & Deloach, N. (2010): Reef Creature Identification. Tropical Pacific. New World Publications, Inc., Jacksonville, USA.

Jaeckel, S.H. (1957): Kopffüßler, Tintenfische. Neue Brem Bücherei, Zimsen Verlag, Wittenberg, Germany.

Johnson, M.E & Snook, H.J. (1927): Seashore animals of the Pacifik. Dover Publications, N.Y., USA.

Lange, J. & Kaiser, L. (1991): Niedere Tiere tropischer und kalter Meere. Ulmer Verlag, Stuttgart, Germany.

Lorenz, F. & Hubert, A. (1993): A guide to worldwide cowries. Verlag Christa Hemmen, Wiesbaden, Germany.

Lorenz, F. & Fehse, D. (2019): The living Ovulidae. A Manual of the Families of Allied Cowries. ConchBooks, Baltimore, USA.

Lindner, G. (1975): Muscheln und Schnecken der Weltmeere. BLV, München, Germany.

Nesis, K.N. (1987): Cephalopods of the world. Squids, cuttlefish, octopuses and allies. TFH Publications Inc., Neptune City, New Jersey, USA.

Oliver, P.G. (1992): Bivalved seashells of the Red Sea. Verlag Christa Hemmen, Wiesbaden, Germany.

Roper, C.F.E. , Sweeney, M.J. & Nauen, C.E. (1984): Cephalopods of the world. An anno tated and illustrated cataloque of species of intrest to fisheries. FAO, Fish.Synops. Vol. 125, Rome, Italy.

Röckel, D., Korn, W. & Kohn, A.J.C. (1995): Mannual of the living Conidae. Verlag Christina Hemmen, Wiesbaden, Germany.

Saunders, W.B. & Landmann, N.H. (1987): Nautilus. The biology and paleo-biology of the living fossil. Plenum Press, N.Y., USA.

Schuhmacher, H. & J. Hinterkircher (1996): Niedere Meerestiere. Rotes Meer, Indischer Ozean, Pazifik. BLV-Verlagsanstalt, München, Wien, Zürich.

Severns, M. (1993): Sulawesi Seas. Indonesians magnificent underwater realm. Stapels Ecenberger Publishing, California, USA.

Sharabati, D. (1984): Red Sea Shells. Routledge & Kegan Paul, Boston, USA.

Steene, R. (1991): Korallenriffe der Welt. Wunderreiche der Natur. Verlag Stephanie Naglsch mid, Stuttgart, Germany.

Steene, R. (1998): Coral Seas. New Holland Publishers, London, United Kingdom.

Stix, H., Stix, M. & Tucker, A. (1982): The Shell. Five Hundred Million Years of Inspired De sign. Abrams, INC., Publishers, N.Y., USA.

Thompson, T.E. (1976): Biology of the Opisthobranch molluscs. Ray Society, London.

Thompson, T.E. (1976): Nudibranchs. THF Publications Inc, Neptune City, New Jersey, USA.

Tucker, A. (1994): Muscheln und Meeresschnecken. Karl Müller Verlag, Erlangen, Germany.

Vine, P. (1986): Red Sea Invertebrates. Immel Publishing, London, United Kindom.

Walls, J.G. (1982): Encyclopedia of marine invertebrates. TFH Publications, N.Y., USA.

Dr. Harry Erhardt
ist Jahrgang 1938 und geboren in Riga / Lettland.

Nach dem Abitur studierte er an der Universität in Gießen und promovierte im Fach Zoologie. Dr. Erhardt taucht und fotografiert seit 1963. Zuerst im Mittelmeer und später in fast allen tropischen und gemäßigten Meeren. Beginnend in der Karibik, später im Roten Meer und im Indischen Ozean. Es folgten Tauchexpeditionen in das Arabische Meer, in die Andamanensee, in das Südchinesische Meer, die Celebessee, Australien und die Korallensee. Im Indopazifik setzte Dr. Erhardt die Schwerpunkte seiner Unterwasserarbeit in Indonesien, Papua Neuguinea, der Inselwelt der Salomonen und Mikronesien. Weitere Expeditionen folgten in den Golf von Kalifornien und in die Inselwelt der Galapagos.

Erst 2011 hat Dr. Erhardt aus Altersgründen aufgehört, Tauchexpeditionen zu unternehmen. Heute widmet es sich der Sichtung und der Digitalisierung seines umfangreichen Unterwasser-Bildarchivs. Dr. Erhardt lebt heute in Fritzlar / Hessen.

Christina Krimke
ist Jahrgang 1976 und geboren in Fritzlar / Hessen.

Nach dem Abitur studierte sie an der Universität in Gießen im Fachbereich Sozial- und Kulturwissenschaften und beendete ihr Studium als Diplom-Pädagogin. Es folgte ein Zweitstudium an der gleichen Universität im Bereich Lehramt für Gymnasien mit den Schwerpunkten Biologie und Deutsch. Heute ist Frau Krimke als Studienrätin an einer Integrierten Gesamtschule in Grünberg / Vogelsberg tätig.

Frau Krimke hat schon als Kind recht frühzeitig Tauchen gelernt und später ihren Vater auf einigen seiner Tauchreisen begleitet. Seit sie jedoch Familie hat und einen Beruf ausübt, bleibt ihr wenig Zeit für Tauchreisen und für die Fotografie. Frau Krimke ist eine ausgezeichnete Taucherin und eine excellente Fotografin. Heute lebt Frau Krimke mit ihrer Familie in Buseck / Hessen.

Bildnachweis:
Wir danken unseren Freunden und Tauchkameraden Marion Muck und Dietmar Günther für die Leihgabe ihrer schönen Bilder. Ihre Namen sind am Ender der jeweiligen Bildbeschreibungen aufgeführt.

Alle anderen Bilder entstammen dem Unterwasserbildarchiv Erhardt / Krimke